U0395772

高等数学新生突破

一元函数积分学

邵 剑 著

上海远东出版社

图书在版编目(CIP)数据

高等数学新生突破. 一元函数积分学 / 邵剑著. —
上海：上海远东出版社，2019
ISBN 978 - 7 - 5476 - 1514 - 0

Ⅰ.①高… Ⅱ.①邵… Ⅲ.①微积分—高等学校—题解 Ⅳ.①O13 - 44

中国版本图书馆 CIP 数据核字(2019)第 134109 号

责任编辑　曹　建
责任校对　祁东城
装帧设计　李　廉
责任印制　晏恒全

高等数学新生突破：一元函数积分学

邵　剑　著

出　　版　**上海远东出版社**
　　　　　　(200235　中国上海市钦州南路 81 号)
发　　行　上海人民出版社发行中心
印　　刷　上海锦佳印刷有限公司
开　　本　890×1240　1/32
印　　张　7.375
字　　数　205,000
版　　次　2019 年 8 月第 1 版
印　　次　2019 年 8 月第 1 次印刷
ISBN 978 - 7 - 5476 - 1514 - 0/G・967
定　　价　45.00 元

好人的充分必要条件是能考虑到他人,即能利他的人.

教师,就是考虑他人、为学生着想,践行着好人价值的一种职业.

合格的教师应具有较强的亲和力.师生在倾听、陪伴、互动交流中建立亲和的关系,互相尊重、互相信任、互相依恋,产生友情、恩情、不舍和爱.

教师对学生的关爱是无私的、纯真的、深远的;学生对老师的喜爱是最真情、最珍贵、最有价值的.

(摘自浙江大学学生记录的"邵爷爷语录",有改动.下同.)

前言

朋友！你我不曾相识，但高兴的是我们有幸相聚于本书之中．这是一种缘分，更是一种信任与情感的交流，愿通过本书我们能成为好朋友——真正的好朋友！因为一切的美，数情最美．

你的可爱让我陶醉，你的优秀使我感动．

你的青春令我羡慕，你的现在由我陪同．

创新，是人类社会活动永恒的主题．创新活动和科学研究需要具有一定的基础与专业知识的积累，需要具有相当的创新思维，需要具有终身学习的能力．这些都是高等教育的基本任务，希望你们先从本书的学习中得以培养和提升．

笔者一辈子坚守并实践着的教和学的理念是：创新思维的教和学，情与爱的教和学，愉悦而轻松的教和学．

非初等数学的数学皆为高等数学．二者的根本区别在于：初等数学研究的是**有限**的，又是**静态**的；高等数学研究的是**无限**的，又是**动态**的．显然，高等数学比初等数学研究的范围更广、难度更大、探索的未知更多．人们俗称的高等数学课程，仅仅涉及整个高等数学中最基础的极少部分．

按创新思维与方法，专题梳理与解悟高等数学课程中各个知识点是一种较高的思想境界，可以让你掌握创新活动中一些常规的思维和方法，会让你觉得这种学习挺好玩儿的，能提高你的终身学习能力．本书就是强调创新思维与数学知识的贯通，突出用撰写科学研究论文的路线加以阐述. 本书具有个性的"注记"就是对有关专题的剖析与延拓及其思想的最好解悟.

好人的充分必要条件是考虑到他人. 爱与情的核心也就在于尊重对方、考虑对方. 教师为学生着想,作者为读者考虑,均体现着爱与情. 学生接受这种被爱是对教师的敬重,读者喜爱并接受书中的见解和字里行间的情是对作者的肯定. 这说明双方都是好人,大家都持有"待贤者谦,待善者恭"的精神.

正是笔者考虑着你们,才把本书写成一部具有可读易懂、内容全面、方法多样、综合性强等特点的大全;又具有概念清晰、叙述严谨、思想丰富、思维活跃等特色;还在许多"注记"中提供了相关的练习题. 本书的写作风格是以朋友交流的谈话形式,是没有声音的讨论式课堂教学.

好人考虑着他人,就是让他人有收益、有快乐. 学生喜爱的好教师是这样,读者喜爱的好作者也是如此. 笔者怀着为了学生和读者有收益有快乐的理念,坦诚用心写成了本书. 当然也期望你们用心、静心研读本书,诚如是,则你一定会在系统梳理数学知识的同时,在学业上、思维上都有收益和提高,进入更高的境界,并愉悦又轻松着.

本书(一套四册)适用于工学、理学、经济学、管理学等各学科、各专业的如下几类读者:

(1) 正在学习"高等数学"(含"微积分"、"常微分方程"等)课程的读者. 本书各章节的编排是与"高等数学"(含"微积分"、"常微分方程"等)课程的常用教材及其教学顺序相一致的,故对初学者,尤其是大学新生来说它是一部极好的高等数学同步辅导用书.

另外,请读者根据自己报考研究生的专业要求,按照教育部当年颁布的数学考试大纲选用本书中有关章节的相关内容.

(2) 正在选学"数学分析"课程的读者. 本书覆盖了"数学分析"课程中纯分析理论以外的全部内容,且达到了相应的高度. 所以本书也是正在学习"数学分析"课程读者的很好的辅导用书.

(3) 从事"高等数学"课程和"数学分析"课程教学工作的教师. 本书可以作为这些教师朋友的教学参考用书,愿对大家有一定的帮助.

这里,特别感谢本书责任编辑、上海远东出版社曹建编审!感谢他的关注,使笔者长期创立的教学理念与教学风格在本书中得以部分展示. 他在每个细节中处处体现出来的考虑读者、关心作者的好人品质让我感动.

本书的不当甚至差错之处,唯望从各位同仁与朋友中多获教言以增益,谢谢!

邵　剑

2019 年 7 月于杭州

目 录

前言

第5章　一元函数积分的概念与性质 / 3

　§5.1　一元函数积分的概念与性质 / 4

　　5.1.1　不定积分与定积分的概念 / 4

　　5.1.2　不定积分与定积分的性质 / 12

　　5.1.3　广义积分的概念与性质 / 17

　§5.2　变限定积分 / 27

　　5.2.1　变限定积分函数的概念与性质 / 27

　　5.2.2　变限定积分函数的性态分析 / 33

　　5.2.3　含有变限定积分的极限的计算 / 40

　　5.2.4　变限定积分函数的连续性与可导性 / 50

　　5.2.5　变限定积分的导数与积分的计算 / 54

　§5.3　定积分的证明 / 64

　　5.3.1　定积分的若干证明 / 64

　　5.3.2　结合定积分性质讨论方程的实根 / 78

　　5.3.3　定积分不等式的证明 / 90

第6章　一元函数积分的计算与应用 / 121

　§6.1　一元函数积分的计算 / 122

　　6.1.1　不定积分的计算 / 122

　　6.1.2　定积分的计算 / 144

　　6.1.3　分段函数积分的计算 / 162

　　6.1.4　广义积分的计算 / 170

§6.2 定积分的应用 / 178

6.2.1 定积分在几何中的应用 / 180

6.2.2 定积分在物理中的应用 / 204

世上有的东西是可以补救的,但有的东西失去了便再也回不来了,比如青春.

忏悔也没有用,等到失去了才追悔莫及就一切都晚了.

当你青春渐逝,感到孤独、迷惘之时再去回望就可惜了.

你应该为自己的行为负责,你应独自承担责任.怪罪不了他人,他人也代替不了你."悟"是你最重要的伴侣,它们将伴随你终生!

希望你的优秀不要因你的细节疏忽而逊色,你的机遇不要因你的习惯不当而错失.因为良好的习惯是人生之福、生命之缘.因为细节体现着差距,习惯影响着成败.

希望你在追寻你的梦想过程中,不以己悲,不以物喜.得未必尽得,失未必尽失.

男人强有力的肌肉是一种艺术之美,又是精神之美.

一天,在校园里,几位穿着短袖T恤衫的男孩让我眼睛一亮,让我目瞪口呆.令人羡慕的、完美匀称的形体,帅哥的阳光之美映入眼帘.每人两大块胸肌让我目不转睛,雄健的双手臂的肱头肌一块一块凸显,八块腹肌显露易见,肌肉紧实线条分明,有力而富有弹性,挺胸收腹的挺拔身材,当今难以寻觅,真是罕见! 让我惊讶,让我激动,兴奋使我久久难以平静.我为他们骄傲.为他们欢呼!

他们什么时候开始力量的训练,是什么萌发他们去健身等疑问纠缠着我.他们似乎看出我的疑惑,微笑着对我说:"老师,就是你提出的男人胸肌论观点促使我们坚持每天走进了健身房.还不到半年,我们已深深感受到男人拥有胸肌的自豪与自信.老师,谢谢您!"

我真高兴! 一为他们拥有男人雄健有力的体魄与气质而高兴;二为他们善于倾听与反思的优秀品质而高兴.

第5章
一元函数积分的概念与性质

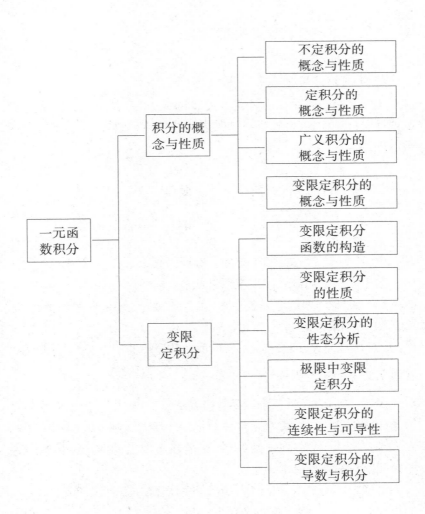

一元函数积分学是积分学的基础,它包括不定积分与定积分及其延拓的广义积分.

§5.1 一元函数积分的概念与性质

5.1.1 不定积分与定积分的概念

1. 不定积分与原函数

不定积分是作为微分法的逆运算引入的,它是求已知函数的导数或微分问题的逆问题. 即已知某个函数的导函数,求其原来这个函数的问题.

设 $f(x)$ 是定义在区间 I 上的函数,如果存在一个可微函数 $F(x)$,使得对区间 I 上的任意一点 x 都有

$$\frac{\mathrm{d}F(x)}{\mathrm{d}x} = f(x), \quad \text{或} \quad \mathrm{d}F(x) = f(x)\mathrm{d}x,$$

则称 $F(x)$ 为 $f(x)$ 在区间 I 上的一个原函数.

关于原函数的概念应注意以下几点:

$1°$ 如果 $f(x)$ 的原函数存在,设 $F(x)$ 是 $f(x)$ 的一个原函数,那么,$f(x)$ 有无限多个原函数,且 $F(x) + C$ 包含了 $f(x)$ 的所有原函数,其中 C 是任意常数. 则 $f(x)$ 的原函数全体为 $F(x) + C$,即 $f(x)$ 在该区间上的不定积分为 $\int f(x)\mathrm{d}x = F(x) + C$.

函数 $f(x)$ 的任意一个原函数可在 $F(x) + C$ 中给积分常数 C 以适当的值得到. 另外,每给定常数 C 的一个值 C_0,则 $F(x) + C_0$ 表示 $f(x)$ 的一个原函数. 同一函数 $f(x)$ 的任意取定的两个原函数在同一区间上只相差某一个确定常数.

对确定的值 C_0,$y = F(x) + C_0$ 的图形是一条曲线,称它为 $f(x)$ 的积分曲线. 当 C 取不同的数值时,就得到一簇积分曲线. 这些积分

曲线在横坐标相同的点处的切线是彼此平行的,切线斜率都等于 $f(x)$,而且它们的纵坐标只相差一个常数.

2° 若函数 $f(x)$ 在某区间 I 上连续,则 $f(x)$ 在该区间上的原函数一定存在.但这个原函数不一定是初等函数,例如,$f(x) = \mathrm{e}^{-x^2}$ 在 $(-\infty, +\infty)$ 上连续,故它的原函数存在,但它的原函数却是用无穷级数来表示的非初等函数.

这里还要强调的一点是:某函数连续只是其原函数存在的充分条件,而不是必要条件.例如,函数

$$f(x) = \begin{cases} 2x\cos\dfrac{1}{x} + \sin\dfrac{1}{x}, & x \neq 0, \\ 0, & x = 0. \end{cases}$$

由于 $\lim\limits_{x \to 0}\left(2x\cos\dfrac{1}{x} + \sin\dfrac{1}{x}\right)$ 不存在,故 $x = 0$ 是 $f(x)$ 的第二类间断点,所以 $f(x)$ 在 $(-\infty, +\infty)$ 上不连续,但它的原函数存在,如

$$F(x) = \begin{cases} x^2\cos\dfrac{1}{x}, & x \neq 0, \\ 0, & x = 0 \end{cases}$$

是 $f(x)$ 在 $(-\infty, +\infty)$ 上的一个原函数.因为当 $x \neq 0$ 时 $F'(x) = \left(x^2\cos\dfrac{1}{x}\right)' = 2x\cos\dfrac{1}{x} + \sin\dfrac{1}{x}$;而当 $x = 0$ 时,

$$F'(0) = \lim_{x \to 0}\frac{F(x) - F(0)}{x} = \lim_{x \to 0}\frac{x^2\cos\dfrac{1}{x} - 0}{x} = 0.$$

3° 在区间 I 内有第一类间断点的函数不存在原函数.

例 1 设函数 $f(x)$ 在区间 I 上有原函数 $F(x)$,即 $F'(x) = f(x)$,$x \in I$.证明:若 $x_0 \in I$ 是 $f(x)$ 的间断点,则 x_0 必为 $f(x)$ 的第二类间断点.

证明 用反证法证明如下:反设 x_0 为 $f(x)$ 的第一类间断点,则它的左右极限

$$\lim_{x \to x_0^-} f(x) = \lim_{x \to x_0^-} F'(x), \qquad \lim_{x \to x_0^+} f(x) = \lim_{x \to x_0^+} F'(x)$$

均存在. 由于 $F(x)$ 在点 x_0 处可导, 故 $F(x)$ 在点 x_0 处必连续, 从而由 3.1.1 节例 3 得

$$\lim_{x \to x_0^-} f(x) = \lim_{x \to x_0^-} F'(x) = F'_-(x_0) = f(x_0),$$

$$\lim_{x \to x_0^+} f(x) = \lim_{x \to x_0^+} F'(x) = F'_+(x_0) = f(x_0).$$

这就是说 $f(x)$ 在点 x_0 处连续, 与假设 x_0 是 $f(x)$ 的第一类间断点相矛盾, 故题设结论成立.

2. 定积分的定义

导数的定义是差商的极限, 作为它的对偶情形, 考虑乘积之和的极限就引入了定积分. 正确理解定积分的概念是十分重要的.

在定积分的定义中应强调四个"过程"、两个"有界"、两个"任意"、两个"有关"及对积分区间剖分的无限变细等.

1° 对于定义在区间 $[a, b]$ 上的有界函数 $f(x)$, 经过对区间 $[a, b]$ 的剖分, 在每个小区间上取近似、再作和、取极限四个过程, 如果得到的黎曼和的极限 $\lim_{\lambda \to 0} \sum_{i=1}^{n} f(\xi_i) \Delta x_i$ 存在, 则把它定义为 $f(x)$ 在 $[a, b]$ 上的定积分 $\int_a^b f(x) \mathrm{d}x$, 同时称 $f(x)$ 在 $[a, b]$ 上可积. 其中, λ 为所有子区间长度的最大值.

2° 要求定积分的积分区间 $[a, b]$ 是有界的, 定义在 $[a, b]$ 上的函数 $f(x)$ 是有界的. 否则, 若区间 $[a, b]$ 是无限的, 则剖分所得的子区间中至少有一个子区间长度是无限的, 故诸近似值 $f(\xi_i) \Delta x_i$ 中至少有一项没有意义. 若函数 $f(x)$ 无界, 则 $f(x)$ 至少在一个子区间上无界, 故可以通过 ξ_i 的选取使得积和式 $\sum_{i=1}^{n} f(\xi_i) \Delta x_i$ 必定是无界的, 因此, 该和式的极限不存在, 即 $f(x)$ 在 $[a, b]$ 上不可积.

上述讨论同时也说明: 函数 $f(x)$ 在 $[a, b]$ 上有界是 $f(x)$ 在

[a, b]上可积的必要条件而不是充分条件.

3° 定积分的定义中黎曼和式的极限存在,必须强调它对区间[a, b]剖分的任意性与在子区间[x_i, $x_i + \Delta x_i$]上点 ξ_i 选取的任意性. 也就是说,黎曼和式的极限存在与区间[a, b]的剖分法及各点 ξ_i 的选取无关.

反之,当 $f(x)$ 在[a, b]上可积,即定积分 $\int_a^b f(x) \mathrm{d}x$ 存在时,利用定义计算定积分可以采用对区间[a, b]的特殊分法及各点 ξ_i 的特殊取法,使积分和式的极限容易计算.

例 2 用定积分定义求定积分 $\int_0^1 \mathrm{e}^x \mathrm{d}x$.

解 因 $f(x) = \mathrm{e}^x$ 在[0, 1]上连续,故其可积. 于是可对[0, 1]作 n 等分,并取小区间 $\left[\dfrac{k-1}{n}, \dfrac{k}{n}\right] (k = 1, 2, \cdots, n)$ 的右端点为 $\xi_k = \dfrac{k}{n}$,则按定积分的定义与等比数列求和公式得

$$
\begin{aligned}
\int_0^1 \mathrm{e}^x \mathrm{d}x &= \lim_{n \to \infty} \sum_{k=1}^n \mathrm{e}^{\xi_k} \Delta x_i = \lim_{n \to \infty} \sum_{k=1}^n \mathrm{e}^{\frac{k}{n}} \frac{1}{n} \\
&= \lim_{n \to \infty} \frac{1}{n} (\mathrm{e}^{\frac{1}{n}} + \mathrm{e}^{\frac{2}{n}} + \cdots + \mathrm{e}^{\frac{n}{n}}) \\
&= \lim_{n \to \infty} \frac{1}{n} \frac{\mathrm{e}^{\frac{1}{n}} (1 - \mathrm{e}^{\frac{n}{n}})}{1 - \mathrm{e}^{\frac{1}{n}}} = \mathrm{e} - 1.
\end{aligned}
$$

4° 定积分的数值,即积分和式的极限,只与被积函数 $f(x)$ 及积分区间[a, b]有关. 所以在定积分应用中,确定被积函数 $f(x)$ 与积分区间[a, b]是十分重要的. 其中,关键的一步是在子区间[x_i, $x_i + \Delta x_i$]上近似地写出所求量 Q 的部分量 ΔQ_i 的近似值 $f(\xi_i) \Delta x_i$,一旦它确定后被积表达式也就确定.

同时可知,定积分与其积分变量的记号无关,所以有

$$
\frac{\mathrm{d}}{\mathrm{d}x} \int_a^b f(x) \mathrm{d}x = 0.
$$

5° 在定积分定义中,对积分和式求极限是要求所有小区间长

度的最大值 $\lambda \to 0$,它刻画了积分区间 $[a, b]$ 的剖分无限变细的极限过程. 显然,当积分区间无限细分时,相应的子区间的个数 n 也一定无限增加;反之,子区间的个数 n 无限增加,即 $n \to \infty$ 时,并不能保证对区间 $[a, b]$ 的无限细分. 因此,在定积分定义中必须是 $\lambda \to 0$ 的极限过程,而不能用 $n \to \infty$ 来代替对区间的无限细分的极限过程.

6° 若函数 $f(x)$ 在 $[a, b]$ 上连续,则 $f(x)$ 在 $[a, b]$ 上必定可积.

3. 利用定积分的定义求极限

如果考虑函数乘积之和形式的极限,或者是可以化为乘积之和形式的极限,则通常宜联想到定积分的定义,用定积分表示其极限.

由定积分的定义可知,必须强调对区间 $[a, b]$ 剖分的任意性与其每个子区间上点 ξ_i 选取的任意性,相应的黎曼和极限都存在,才称函数 $f(x)$ 在区间 $[a, b]$ 上可积. 反之,当函数 $f(x)$ 在区间 $[a, b]$ 上可积时,可以对区间 $[a, b]$ 作某种特殊的剖分,如 n 等分;又可以在每个子区间上取特定的点 ξ_i,如取小区间的左端点或右端点或满足某种性质的特殊点. 如果这种特定的黎曼和的极限恰为待求的极限,那么,原极限就等于定积分 $\int_b^a f(x) \mathrm{d}x$.

用定积分表示乘积之和的极限,关键是根据所给积和式确定被积函数与积分区间.

例 3 求乘积之和的极限.

$$I = \lim_{n \to \infty} \frac{1}{n} \left(\sin \frac{\pi}{n} + \sin \frac{2\pi}{n} + \cdots + \sin \frac{n-1}{n} \pi \right).$$

解法 1 把所求的极限 I 改写为 $I = \lim_{n \to \infty} \sum_{k=0}^{n-1} \left(\sin \frac{k\pi}{n} \right) \frac{1}{n}$.

若以连续函数 $\sin \pi x$ 为被积函数,因分点 $\frac{1}{n}$ 与 $\frac{n-1}{n}$ 在 $n \to \infty$ 时分别趋于零与 1,故积分区间取为 $[0, 1]$;因连续函数 $\sin \pi x$ 在 $[0, 1]$ 上可积,故可对积分区间 $[0, 1]$ 作 n 等分,$\Delta x_k = \frac{1}{n}$. 并取 ξ_k 为子区间 $\left[\frac{k-1}{n}, \frac{k}{n} \right]$ 的右端点,则

$$I = \lim_{n \to \infty} \sum_{k=0}^{n-1} \left(\sin \frac{k\pi}{n} \right) \frac{1}{n} = \int_0^1 \sin \pi x \mathrm{d}x = \frac{2}{\pi}.$$

解法2 若以连续函数 $\sin x$ 为被积函数,因分点 $\frac{\pi}{n}$ 与 $\frac{n-1}{n}\pi$ 在 $n \to \infty$ 时分别趋于零与 π,故积分区间取为 $[0, \pi]$;因连续函数 $\sin x$ 在 $[0, \pi]$ 上可积,故可对积分区间 $[0, \pi]$ 作 n 等分,$\Delta x_k = \frac{\pi}{n}$,并取 ξ_k 为子区间 $\left[\frac{(k-1)\pi}{n}, \frac{k\pi}{n} \right]$ 的右端点,则

$$I = \frac{1}{\pi} \lim_{n \to \infty} \sum_{k=0}^{n-1} \left(\sin \frac{k\pi}{n} \right) \frac{\pi}{n} = \frac{1}{\pi} \int_0^\pi \sin x \mathrm{d}x = \frac{2}{\pi}.$$

注记 对于利用定积分的定义求极限的问题,根据所求乘积之和的极限选用某一适当的被积函数及与其相应的积分区间是关键,同时还应验证该被积函数是可积的. 其中,对不同的被积函数,其相应的积分区间可能也不同. 例如,求极限

$$I = \lim_{n \to \infty} \left(\frac{1}{\sqrt{4n^2 - 1}} + \frac{1}{\sqrt{4n^2 - 2^2}} + \cdots + \frac{1}{\sqrt{4n^2 - n^2}} \right)$$

的方法之一是把它改写为 $I = \lim_{n \to \infty} \sum_{k=1}^n \frac{1}{\sqrt{4 - \left(\frac{k}{n} \right)^2}} \cdot \frac{1}{n}$. 选用连续函数 $f(x) = \frac{1}{\sqrt{4 - x^2}}$ 为被积函数,它在 $[0, 1]$ 上可积,故可对积分区间 $[0, 1]$ 作 n 等分,并取 ξ_i 为子区间 $\left[\frac{k-1}{n}, \frac{k}{n} \right]$ 的右端点,则

$$I = \lim_{n \to \infty} \sum_{k=1}^n \frac{1}{\sqrt{4 - \left(\frac{k}{n} \right)^2}} \cdot \frac{1}{n} = \int_0^1 \frac{1}{\sqrt{4 - x^2}} \mathrm{d}x = \frac{\pi}{6}.$$

求该极限 I 的方法 2 是把它改写为

$$I = \lim_{n \to \infty} \frac{1}{2n} \sum_{k=1}^n \frac{1}{\sqrt{1 - \left(\frac{k}{2n} \right)^2}}.$$

注意到分点 $\dfrac{1}{2n}$ 与 $\dfrac{n}{2n}$ 在 $n \to \infty$ 时分别趋于零与 $\dfrac{1}{2}$，故取积分区间为

$\left[0, \dfrac{1}{2}\right]$，选用连续函数 $f(x) = \dfrac{1}{\sqrt{1-x^2}}$ 为被积函数，它在

$\left[0, \dfrac{1}{2}\right]$ 上可积，故对 $\left[0, \dfrac{1}{2}\right]$ 作 n 等分，有 $\Delta x_i = \dfrac{1}{2n}$，取 ξ_i 为子区间

$\left[\dfrac{k-1}{2n}, \dfrac{k}{2n}\right]$ 的右端点，则

$$I = \lim_{n \to \infty} \sum_{k=1}^{n} \frac{1}{\sqrt{1 - \left(\dfrac{k}{2n}\right)^2}} \cdot \frac{1}{2n} = \int_0^{\frac{1}{2}} \frac{1}{\sqrt{1-x^2}} \mathrm{d}x = \frac{\pi}{6}.$$

例 4　求极限 $I = \lim\limits_{n \to \infty} \dfrac{1}{n}\left[(n+1)(n+2)\cdots(n+n)\right]^{\frac{1}{n}}$.

解　$\lim\limits_{n \to \infty} \dfrac{1}{n}\left[(n+1)(n+2)\cdots(n+n)\right]^{\frac{1}{n}} = \lim\limits_{n \to \infty} e^{\frac{1}{n}\ln\frac{(n+1)(n+2)\cdots(n+n)}{n^n}}$

$$= \frac{4}{e}.$$

其中

$$\lim_{n \to \infty} \frac{1}{n}\ln\frac{(n+1)(n+2)\cdots(n+n)}{n^n}$$

$$= \lim_{n \to \infty} \frac{1}{n}\left[\ln\left(1+\frac{1}{n}\right) + \ln\left(1+\frac{2}{n}\right) + \cdots + \ln\left(1+\frac{n}{n}\right)\right]$$

$$= \lim_{n \to \infty} \sum_{k=1}^{n} \ln\left(1+\frac{k}{n}\right)\frac{1}{n} = \int_0^1 \ln(1+x)\mathrm{d}x$$

$$= \left[(1+x)\ln(1+x) - x\right]_0^1 = \ln 4 - 1.$$

这是因为函数 $f(x) = \ln(1+x)$ 在 $[0, 1]$ 上连续，故可积，因此，

可取区间 $[0, 1]$ 为 n 等分，并取 ξ_i 为小区间 $\left[\dfrac{k}{n}, \dfrac{k+1}{n}\right]$ 的左端点，则

积和式的极限 $\lim\limits_{n \to \infty} \sum\limits_{k=1}^{n} \ln\left(1+\dfrac{k}{n}\right)\dfrac{1}{n}$ 是函数 $f(x) = \ln(1+x)$ 在

$[0, 1]$ 上的黎曼积分. 所以原极限 $I = e^{\ln 4 - 1} = \dfrac{4}{e}$.

10

注记 注意到 $\ln\left(\dfrac{\sqrt[n]{n!}}{n}\right)=\dfrac{1}{n}\left(\ln\dfrac{1}{n}+\ln\dfrac{2}{n}+\cdots+\ln\dfrac{n}{n}\right)$，利用定积分定义，读者容易求得

$$\lim_{n\to\infty}\frac{\sqrt[n]{n!}}{n}=\mathrm{e}^{\int_0^1\ln x\,\mathrm{d}x}=\frac{1}{\mathrm{e}}.$$

例 5 求极限 $I=\lim\limits_{n\to\infty}\sum\limits_{k=1}^{n}\dfrac{k}{1+kn}2^{\frac{k}{n}}$.

解 显然，$\dfrac{1}{n+1}\sum\limits_{k=1}^{n}2^{\frac{k}{n}}\leqslant\sum\limits_{k=1}^{n}\dfrac{k}{1+kn}2^{\frac{k}{n}}=\sum\limits_{k=1}^{n}\dfrac{1}{n+\dfrac{1}{k}}2^{\frac{k}{n}}$

$$\leqslant\frac{1}{n}\sum_{k=1}^{n}2^{\frac{k}{n}}.$$

由函数 $f(x)=2^x$ 在 $[0,1]$ 上连续知它必可积，故对区间 $[0,1]$ 特殊的剖分和小区间上特定的 ξ_i 点选取，积和式的极限 $\lim\limits_{n\to\infty}\dfrac{1}{n}\sum\limits_{k=1}^{n}2^{\frac{k}{n}}$ 是函数 $f(x)=2^x$ 在 $[0,1]$ 上的黎曼积分，即有

$$\lim_{n\to\infty}\frac{1}{n}\sum_{k=1}^{n}2^{\frac{k}{n}}=\int_0^1 2^x\,\mathrm{d}x=\frac{1}{\ln 2},$$

$$\lim_{n\to\infty}\frac{1}{n+1}\sum_{k=1}^{n}2^{\frac{k}{n}}=\lim_{n\to\infty}\frac{n}{n+1}\lim_{n\to\infty}\frac{1}{n}\sum_{k=1}^{n}2^{\frac{k}{n}}=\int_0^1 2^x\,\mathrm{d}x=\frac{1}{\ln 2}.$$

由夹逼准则得原极限 $I=\int_0^1 2^x\,\mathrm{d}x=\dfrac{1}{\ln 2}$.

注记 按定积分定义，读者容易求得下列极限：

$$\lim_{n\to\infty}\left[\frac{1}{1+\dfrac{1}{n}}\frac{n}{n^2+1}+\frac{1}{1+\dfrac{1}{2n}}\frac{n}{n^2+2^2}+\cdots+\frac{1}{1+\dfrac{1}{n^2}}\frac{n}{n^2+n^2}\right]=\frac{\pi}{4};$$

$$\lim_{n\to\infty}\left[\frac{1}{1+n}\ln\frac{1}{n}+\frac{2}{1+2n}\ln\frac{2}{n}+\cdots+\frac{n-1}{1+n(n-1)}\ln\frac{n-1}{n}\right]=-1.$$

例 6 在 Oxy 平面上，把连接点 $O(0,0)$，$P(1,0)$ 的线段 OP 剖分为 n 等分，各分点依次记为 P_1，P_2，$\cdots$，P_{n-1}. 从点 P_k，$k=1$，2，$\cdots$，$n-1$ 引抛物线 $y=x^2$ 的切线，切点记为 $Q_k(x_k,x_k^2)$，设三角

11

形 $\triangle Q_k P_k P$ 的面积为 S_k，求极限
$\lim\limits_{n \to \infty} \dfrac{1}{n} \sum\limits_{k=1}^{n-1} S_k$.

解 如图 5-1 所示，因抛物线
$y = x^2$ 在切点 Q_k 处的切线 $y -$
$x_k^2 = 2x_k(x - x_k)$ 过点 $P_k\left(\dfrac{k}{n}, 0\right)$，
故得切点 Q_k 的坐标 $x_k = \dfrac{2k}{n}$，$y_k =$
$\dfrac{4k^2}{n^2}$，于是 $\triangle Q_k P_k P$ 的面积

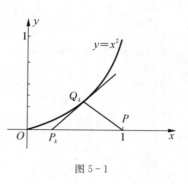

图 5-1

$$S_k = \frac{1}{2}\left(1 - \frac{k}{n}\right)\frac{4k^2}{n^2} = 2\left(1 - \frac{k}{n}\right)\left(\frac{k}{n}\right)^2.$$

因函数 $y = 2(1-x)x^2$ 在 $[0, 1]$ 上是可积的，故按定积分定义得所求的极限

$$\lim_{n \to \infty} \frac{1}{n} \sum_{k=1}^{n-1} S_k = \lim_{n \to \infty} \frac{1}{n} \sum_{k=1}^{n-1} \left\{ 2\left(1 - \frac{k}{n}\right)\left(\frac{k}{n}\right)^2 \right\}$$

$$= \int_0^1 2(1-x)x^2 \,\mathrm{d}x = \frac{1}{6}.$$

5.1.2 不定积分与定积分的性质

函数的线性组合的积分等于各个函数积分的线性组合是不定积分与定积分相类同的性质.

1. 不定积分的性质

不定积分性质是强调函数的不定积分与其微分法则的互为逆运算，即有

$$\frac{\mathrm{d}}{\mathrm{d}x}\left(\int f(x)\mathrm{d}x\right) = f(x), \quad 或 \quad \mathrm{d}\int f(x)\mathrm{d}x = f(x)\mathrm{d}x;$$

12

$$\int F'(x)\mathrm{d}x = F(x) + C, \quad 或 \quad \int \mathrm{d}F(x) = F(x) + C.$$

于是,直接由基本的求导公式,反过来就得到基本的积分公式;分别由复合函数的求导法则与两个函数乘积的求导法则,反过来就相应地得到换元积分法与分部积分法.

2. 定积分的基本性质

定积分是由函数到数值的一种映射.定积分具有一些大家熟知的基本性质:线性性、分段可加性、不等式性质、奇偶性质、周期性质、积分中值定理以及可积函数必定有界,等等.这里强调以下几点:

(1) 定积分是一种积分区间(区域)有方向的积分,即有 $\int_a^b f(x)\mathrm{d}x = -\int_b^a f(x)\mathrm{d}x$,特别有 $\int_a^a f(x)\mathrm{d}x = 0$.

反之,若 $\int_a^b f(x)\mathrm{d}x = 0$,则不一定有 $a = b$. 只有当 $f(x)$ 恒正或恒负时,由 $\int_a^b f(x)\mathrm{d}x = 0$ 才推得 $a = b$.

一个函数在一个区域上的积分可以由积分区域的有向与无向分为两种不同类型的积分,以后介绍的重积分与第一类曲线、曲面积分是区域无向的积分;定积分与第二类曲线、曲面积分是区域有向的积分.

(2) 定积分的不等式性质有两类情形.一类是被积函数 $f(x)$ 不变时比较积分区间的大小而得定积分的不等式.例如,设 $f(x)$ 是 $[a, c]$ 上非负的连续函数,则有

$$\int_a^b f(x)\mathrm{d}x \leqslant \int_a^c f(x)\mathrm{d}x, \quad a < b < c.$$

另一类情形是当积分区间不变时比较被积函数的大小而得定积分的不等式.这是读者比较熟悉的,但请再关注下述例题及其注记所给出的结果.

例 7 设 $f(x)$ 是 $[a, b]$ 上非负的连续函数,且 $f(x)$ 不恒等于零,则必有

$$\int_a^b f(x)\mathrm{d}x > 0.$$

证明 因函数 $f(x)$ 在 $[a, b]$ 上不恒等于零,且非负,故至少存在一点 $x_0 \in [a, b]$,使得 $f(x_0) \neq 0$,即 $f(x_0) > 0$.

因函数 $f(x)$ 连续,故有 $\lim\limits_{x \to x_0} f(x) = f(x_0) > 0$,按极限的保号性质知,存在 $\delta > 0$ 与 $\eta > 0$,使得当 $x \in (x_0 - \delta, x_0 + \delta)$ 时恒有 $f(x) > \eta > 0$.

根据定积分的上述不等式性质,便有

$$\int_a^b f(x)\mathrm{d}x \geqslant \int_{x_0-\delta}^{x_0+\delta} f(x)\mathrm{d}x > \eta \int_{x_0-\delta}^{x_0+\delta} \mathrm{d}x = 3\eta\delta > 0.$$

注记 对于定积分的这个性质,作如下几点说明:

1° 定积分这个性质的几何意义是明显的,它表示如果非负的连续函数有一点大于零,则在该点邻域内必有一个小曲边梯形其面积大于零.

2° 作为该命题的推论有:

若连续函数 $f(x)$, $g(x)$ 满足 $f(x) \geqslant g(x)$,且 $f(x)$ 不恒等于 $g(x)$,又 $a < b$,则必有严格不等式

$$\int_a^b f(x)\mathrm{d}x > \int_a^b g(x)\mathrm{d}x.$$

在相应的积分不等式证明与定积分值的估计中,可以利用这个结论获得严格的不等式结果.

3° 该命题的证明思想具有一般性. 对于在某个区间 I 上不恒等于常数 C 的连续函数 $f(x)$,往往可以立即给出其等价的条件:至少存在一点 $x_0 \in I$,使 $f(x_0) \neq C$. 利用后一条件去证明相应的结论. 例如,利用反证法及该命题的结果容易证得如下结果:

若 $f(x)$ 是 $[a, b]$ 上的非负连续函数,则 $\int_a^b f(x)\mathrm{d}x = 0$ 的充分必要条件是 $f(x)$ 在 $[a, b]$ 上恒等于零.

例 8 证明不等式 $\dfrac{1}{3} < \displaystyle\int_{\frac{\pi}{4}}^{\frac{\pi}{3}} \dfrac{\tan x}{x}\mathrm{d}x < \dfrac{\sqrt{3}}{4}$.

证明　显然 $f(x) = \dfrac{\tan x}{x}$ 在 $\left[\dfrac{\pi}{4}, \dfrac{\pi}{3}\right]$ 上连续. 因 $\dfrac{\mathrm{d}}{\mathrm{d}x}(x -$

$\sin x \cos x) = 1 - \cos 2x > 0,\ \dfrac{\pi}{4} < x < \dfrac{\pi}{3}$,故 $y = x - \sin x \cos x$ 严

格单调增加,则有 $x - \sin x \cos x > 0$. 于是

$$f'(x) = \left(\frac{\tan x}{x}\right)' = \frac{x - \sin x \cos x}{x^2 \cos^2 x} > 0,$$

从而 $f(x) = \dfrac{\tan x}{x}$ 在 $\left[\dfrac{\pi}{4}, \dfrac{\pi}{3}\right]$ 上严格单调增加,即有

$$\frac{4}{\pi} = \frac{4}{\pi}\tan\frac{\pi}{4} < \frac{\tan x}{x} < \frac{3}{\pi}\tan\frac{\pi}{3} = \frac{3\sqrt{3}}{\pi}.$$

它意味着 $f(x) = \dfrac{\tan x}{x}$ 不恒等于 $f\left(\dfrac{\pi}{4}\right) = \dfrac{4}{\pi}$,又不恒等于

$f\left(\dfrac{\pi}{3}\right) = \dfrac{3\sqrt{3}}{\pi}$,所以,根据上述注记中推论必有严格不等式 $\dfrac{1}{3} <$

$\displaystyle\int_{\frac{\pi}{4}}^{\frac{\pi}{3}} \frac{\tan x}{x}\mathrm{d}x < \dfrac{\sqrt{3}}{4}$.

（3）定积分中值定理与微分中值定理,都是微积分学中的重要定理,它在理论上与应用上都有着重要的意义.请注意二者的不同之处:积分中值定理要求函数 $f(x)$ 在 $[a, b]$ 上连续,但没有可导的要求;而微分中值定理除了 $f(x)$ 在 $[a, b]$ 上连续之外,还要求 $f(x)$ 在 (a, b) 内可导.

再注意:定积分中值定理与微分中值定理都是关心中值 ξ 的存在,而且它们的中值 ξ 必能在开区间 (a, b) 内取得.

读者还应该关注积分第一中值定理的一般形式为:

设 $f(x),\ g(x)$ 在 $[a, b]$ 上连续,且 $g(x)$ 在 $[a, b]$ 上不变号,则至少存在一点 $\xi \in (a, b)$ 使得

$$\int_a^b f(x)g(x)\mathrm{d}x = f(\xi)\int_a^b g(x)\mathrm{d}x.$$

它也是由连续函数的最优值定理、介值定理以及定积分的不等

式性质证得的,请读者完成其证明.

(4) 设 $f(x)$ 为 $[a, b]$ 上的连续函数,且 $f(x) \geqslant 0$. 那么,定积分 $\int_a^b f(x)\mathrm{d}x$ 的几何意义是以 $y = f(x)$ 为曲边的曲边梯形的面积. 于是根据定积分的几何意义容易推得如下性质.

例 9 证明如下性质与不等式:

(1) 若 $f(x)$ 为连续的偶函数,则有 $\int_a^b f(x)\mathrm{d}x = \int_{-b}^{-a} f(x)\mathrm{d}x$, $0 < a < b$;若 $f(x)$ 为连续的奇函数,则

$$\int_a^b f(x)\mathrm{d}x = -\int_{-b}^{-a} f(x)\mathrm{d}x, \quad 0 < a < b.$$

(2) $\int_{-\frac{\pi}{2}}^{-\frac{\pi}{4}} \frac{\sin x}{x}\mathrm{d}x > \int_{\frac{\pi}{4}}^{\frac{\pi}{3}} \frac{\cos x}{x}\mathrm{d}x$; $\quad \int_{0}^{-\frac{\pi}{4}} \frac{\cos x}{x}\mathrm{d}x > \int_{\frac{\pi}{6}}^{\frac{\pi}{4}} \frac{\sin x}{x}\mathrm{d}x$.

证明 (1) 根据定积分的几何意义的分析,即得这个性质. 或者令 $t = -x$,则

当 $f(-x) = f(x)$ 时,

$$\int_a^b f(x)\mathrm{d}x = -\int_{-a}^{-b} f(-t)\mathrm{d}t = \int_{-b}^{-a} f(x)\mathrm{d}x;$$

当 $f(-x) = -f(x)$ 时,

$$\int_a^b f(x)\mathrm{d}x = -\int_{-a}^{-b} f(-t)\mathrm{d}t = -\int_{-b}^{-a} f(x)\mathrm{d}x, \quad 0 < a < b.$$

(2) 利用上述性质以及定积分的不等式性质,容易比较两定积分的大小. 注意到 $\sin x$ 与 $\cos x$ 的奇偶性以及它们在相应区间上的大小,便有

$$\int_{-\frac{\pi}{2}}^{-\frac{\pi}{4}} \frac{\sin x}{x}\mathrm{d}x = \int_{\frac{\pi}{4}}^{\frac{\pi}{2}} \frac{\sin x}{x}\mathrm{d}x > \int_{\frac{\pi}{4}}^{\frac{\pi}{2}} \frac{\cos x}{x}\mathrm{d}x > \int_{\frac{\pi}{4}}^{\frac{\pi}{3}} \frac{\cos x}{x}\mathrm{d}x;$$

$$\int_{0}^{-\frac{\pi}{4}} \frac{\cos x}{x}\mathrm{d}x = \int_{0}^{\frac{\pi}{4}} \frac{\cos x}{x}\mathrm{d}x > \int_{0}^{\frac{\pi}{4}} \frac{\sin x}{x}\mathrm{d}x > \int_{\frac{\pi}{6}}^{\frac{\pi}{4}} \frac{\sin x}{x}\mathrm{d}x.$$

注记 设连续函数 $y = f(x)$ 在区间 $[-3, -2]$,$[2, 3]$ 上的图形分别是直径为 1 的上、下半圆周,在区间 $[-2, 0]$,$[0, 2]$ 上的图形分别是直径为 2 的下、上半圆周,则显然 $y = f(x)$ 为奇函数. 记 $F(x)$

$= \int_0^x f(t) \mathrm{d}t$,则读者利用本例性质（1）容易推得

$$F(-3) = \int_0^{-3} f(t) \mathrm{d}t = -\int_3^0 f(t) \mathrm{d}t = \int_0^3 f(t) \mathrm{d}t = F(3).$$

并由定积分的几何意义直接推得 $F(-3) = F(3) = \dfrac{\pi}{2} - \dfrac{\pi}{8} = \dfrac{3\pi}{8}$.

5.1.3　广义积分的概念与性质

定积分考虑的前提是积分区间有限与被积函数有界. 如果违背了积分区间有限的条件，则考虑无穷限积分区间的广义积分；如果破坏了被积函数有界的条件，则是无界函数的广义积分（瑕积分）. 两类广义积分都是定积分的延拓.

1. 广义积分的定义

（1）两类广义积分都定义为相应常义变限积分的极限. 若其相应的极限存在，则称该广义积分收敛，否则为发散.

定义无穷限积分区间的广义积分

$$\int_{-\infty}^{+\infty} f(x) \mathrm{d}x = \int_{-\infty}^a f(x) \mathrm{d}x + \int_a^{+\infty} f(x) \mathrm{d}x$$
$$= \lim_{\xi \to -\infty} \int_\xi^a f(x) \mathrm{d}x + \lim_{\eta \to +\infty} \int_a^\eta f(x) \mathrm{d}x,$$

其中，ξ 与 η 是两个独立的变量，a 是任意取定的常数. 只有当 $\int_{-\infty}^a f(x) \mathrm{d}x$ 与 $\int_a^{+\infty} f(x) \mathrm{d}x$ 两个广义积分都收敛时，广义积分 $\int_{-\infty}^{+\infty} f(x) \mathrm{d}x$ 才收敛，否则为发散.

设函数 $f(x)$ 在点 $c \in (a, b)$ 的邻域内无界，定义无界函数的广义积分（瑕积分）

$$\int_a^b f(x) \mathrm{d}x = \int_a^c f(x) \mathrm{d}x + \int_c^b f(x) \mathrm{d}x$$

$$= \lim_{\varepsilon \to 0^+} \int_a^{c-\varepsilon} f(x)\mathrm{d}x + \lim_{\eta \to 0^+} \int_{c+\eta}^b f(x)\mathrm{d}x.$$

注意,这里的 ε 与 η 是两个独立的变量,c 为瑕点,只有当 $\int_a^c f(x)\mathrm{d}x$ 与 $\int_c^b f(x)\mathrm{d}x$ 两个无界函数的广义积分都收敛时,$\int_a^b f(x)\mathrm{d}x$ 才收敛,否则为发散.

根据上述定义可以证明如下结论:

$\int_a^{+\infty} \dfrac{1}{x^p}\mathrm{d}x, a>0$,在 $p>1$ 时收敛,在 $p \leqslant 1$ 时发散;

$\int_0^a \dfrac{1}{x^p}\mathrm{d}x, a>0$,在 $p<1$ 时收敛,在 $p \geqslant 1$ 时发散.

大家知道,广义积分收敛还分为绝对收敛与条件收敛两种.

例 10 判断积分 $\int_{-\frac{\pi}{4}}^{\frac{3\pi}{4}} \dfrac{1}{\cos^2 x}\mathrm{d}x$ 的敛散性.

解 因为点 $x = \dfrac{\pi}{2}$ 是被积函数 $f(x) = \dfrac{1}{\cos^2 x}$ 的无穷型间断点,故该积分是无界函数的广义积分,为此考虑:

$$\int_{-\frac{\pi}{4}}^{\frac{3\pi}{4}} \frac{1}{\cos^2 x}\mathrm{d}x = \int_{-\frac{\pi}{4}}^{\frac{\pi}{2}} \frac{1}{\cos^2 x}\mathrm{d}x + \int_{\frac{\pi}{2}}^{\frac{3\pi}{4}} \frac{1}{\cos^2 x}\mathrm{d}x.$$

根据广义积分的定义知,只有当两个极限 $\lim\limits_{\varepsilon \to 0^+} \int_{-\frac{\pi}{4}}^{\frac{\pi}{2}-\varepsilon} \dfrac{1}{\cos^2 x}\mathrm{d}x$ 与 $\lim\limits_{\eta \to 0^+} \int_{\frac{\pi}{2}+\eta}^{\frac{3\pi}{4}} \dfrac{1}{\cos^2 x}\mathrm{d}x$ 都存在时,才称广义积分 $\int_{-\frac{\pi}{4}}^{\frac{3\pi}{4}} \dfrac{1}{\cos^2 x}\mathrm{d}x$ 收敛,否则就发散,且其中的两个极限过程是互相独立的,即 ε 与 η 是两个互相独立的变量. 现由

$$\int_{-\frac{\pi}{4}}^{\frac{\pi}{2}} \frac{1}{\cos^2 x}\mathrm{d}x = \lim_{\varepsilon \to 0^+} \int_{-\frac{\pi}{4}}^{\frac{\pi}{2}-\varepsilon} \frac{1}{\cos^2 x}\mathrm{d}x = \lim_{\varepsilon \to 0^+}\left[\tan\left(\frac{\pi}{2}-\varepsilon\right)+1\right] = +\infty$$

知,广义积分 $\int_{-\frac{\pi}{4}}^{\frac{\pi}{2}} \dfrac{1}{\cos^2 x}\mathrm{d}x$ 发散. 所以原广义积分 $\int_{-\frac{\pi}{4}}^{\frac{3\pi}{4}} \dfrac{1}{\cos^2 x}\mathrm{d}x$ 发散.

注记 因无界函数的广义积分(瑕积分)在表达形式上与常义定

积分一样,故有些人在求解积分题时往往只注意找被积函数的原函数,而忽略了考虑在积分区间上被积函数是否可积这一首要问题,把瑕积分误认为常义定积分.这一点要特别引起注意.为此,在求解积分题时,首先要检查被积函数在积分区间上是否有无穷型的间断点,以确定其是常义定积分还是广义积分.

(2) 当然,常义的定积分可以看成是一种特殊的广义积分.

注意,若常义定积分不存在,但相应的广义积分可能是存在的.例如,$\dfrac{1}{\sqrt{x}}$ 在(0,1]上是无界的,故它作为常义定积分是不存在的,但作为广义积分却是存在的,即

$$\int_0^1 \frac{1}{\sqrt{x}}\mathrm{d}x = \lim_{\varepsilon \to 0^+}\int_\varepsilon^1 \frac{1}{\sqrt{x}}\mathrm{d}x = \lim_{\varepsilon \to 0^+}(2 - 2\sqrt{\varepsilon}) = 2.$$

(3) 两类广义积分及其敛散性的各种判断方法是相似的,它们之间有着密切的联系.事实上,在许多情况下可以经变量替换把一类广义积分化为另一类广义积分.例如,设点 a 是 $\int_a^b f(x)\mathrm{d}x$ 中函数 $f(x)$ 的瑕点,即 $\lim\limits_{x \to a^+}f(x) = \infty$,则令 $y = \dfrac{1}{x-a}$,就有

$$\int_a^b f(x)\mathrm{d}x = \int_{\frac{1}{b-a}}^{+\infty} \frac{1}{y^2}f\left(a + \frac{1}{y}\right)\mathrm{d}y,$$

即把无界函数的广义积分化为无穷限的广义积分.反之亦可.

2. 广义积分的性质

广义积分也具有类似于定积分的线性性、分段可加性、不等式性质等性质.例如,由广义积分的定义容易推得如下结果:

(1) 若 $\int_a^{+\infty}f(x)\mathrm{d}x$ 与 $\int_a^{+\infty}g(x)\mathrm{d}x$ 都收敛,则 $\int_a^{+\infty}[f(x) + g(x)]\mathrm{d}x$ 也收敛,且

$$\int_a^{+\infty}[f(x) + g(x)]\mathrm{d}x = \int_a^{+\infty}f(x)\mathrm{d}x + \int_a^{+\infty}g(x)\mathrm{d}x;$$

(2) 若 $\int_a^{+\infty} f(x)\mathrm{d}x$ 收敛，$\int_a^{+\infty} g(x)\mathrm{d}x$ 发散，则 $\int_a^{+\infty} [f(x) + g(x)]\mathrm{d}x$ 必发散. 而当 $\int_a^{+\infty} f(x)\mathrm{d}x$ 与 $\int_a^{+\infty} g(x)\mathrm{d}x$ 都发散时，$\int_a^{+\infty} [f(x) + g(x)]\mathrm{d}x$ 未必发散.

例 11 设广义积分 $\int_0^{+\infty} f(x)\mathrm{d}x$ 收敛，且有 $\lim\limits_{x \to +\infty} f(x) = A$，证明 $A = 0$.

证明 不妨设 $A > 0$. 因 $\lim\limits_{x \to +\infty} f(x) = A$，故由极限的保号性知：必存在正数 $X > 0$ 与 $\eta > 0$，当 $x > X$ 时有 $f(x) > \eta > 0$.

显然，广义积分 $\int_X^{+\infty} \eta\,\mathrm{d}x$ 发散，则 $\int_X^{+\infty} f(x)\mathrm{d}x$ 也发散，于是 $\int_0^{+\infty} f(x)\mathrm{d}x$ 发散. 这与题设条件矛盾，故 $\lim\limits_{x \to +\infty} f(x) = A$，$A = 0$.

注记 (i) 该命题就是说，如果广义积分 $\int_a^{+\infty} f(x)\mathrm{d}x$ 的被积函数 $f(x)$ 在 $x \to +\infty$ 时的极限不为零，则该广义积分必发散. 利用这个方法来判断广义积分的发散十分方便.

若 $\lim\limits_{x \to +\infty} f(x) = 0$，则不能肯定广义积分 $\int_a^{+\infty} f(x)\mathrm{d}x$ 收敛，即广义积分 $\int_a^{+\infty} f(x)$ 可能收敛也可能发散. 例如，$\lim\limits_{x \to +\infty} \dfrac{1}{x^p} = 0$，$p > 0$，$\int_1^{+\infty} \dfrac{1}{x^2}\mathrm{d}x$ 收敛，而 $\int_1^{+\infty} \dfrac{1}{x}\mathrm{d}x$ 发散. 也就是说，$\lim\limits_{x \to +\infty} f(x) = 0$ 只是 $\int_a^{+\infty} f(x)\mathrm{d}x$ 收敛的必要条件，而非充分条件.

(ii) 如果仅仅设 $\int_a^{+\infty} f(x)\mathrm{d}x$ 收敛，且 $f(x)$ 在 $[a, +\infty)$ 上连续，则不一定有 $\lim\limits_{x \to +\infty} f(x) = 0$. 例如，广义积分 $\int_1^{+\infty} \sin x^2\,\mathrm{d}x$ 是收敛的，且 $f(x) = \sin x^2$ 在 $[1, +\infty)$ 上连续，但极限 $\lim\limits_{x \to +\infty} \sin x^2$ 不存在.

例 12 设 $f(x)$ 在 $[0, +\infty)$ 上连续，$0 < a < b$，且 $\lim\limits_{x \to +\infty} f(x) =$

k,证明

$$\int_0^{+\infty} \frac{f(ax) - f(bx)}{x} \mathrm{d}x = [f(0) - k]\ln\frac{b}{a}.$$

证明 题给的积分是一无穷限广义积分,又是以 $x = 0$ 为瑕点的瑕积分,则根据广义积分的定义与性质有

$$\int_0^{+\infty} \frac{f(ax) - f(bx)}{x}\mathrm{d}x = \lim_{\varepsilon \to 0^+}\int_\varepsilon^1 \frac{f(ax) - f(bx)}{x}\mathrm{d}x$$
$$+ \lim_{t \to +\infty}\int_1^t \frac{f(ax) - f(bx)}{x}\mathrm{d}x.$$

令 $u = ax$,$v = bx$,并利用积分中值定理得

$$\int_\varepsilon^1 \frac{f(ax) - f(bx)}{x}\mathrm{d}x = \int_\varepsilon^1 \frac{f(ax)}{x}\mathrm{d}x - \int_\varepsilon^1 \frac{f(bx)}{x}\mathrm{d}x$$
$$= \int_{a\varepsilon}^a \frac{f(u)}{u}\mathrm{d}u - \int_{b\varepsilon}^b \frac{f(v)}{v}\mathrm{d}v$$
$$= \int_{a\varepsilon}^{b\varepsilon} \frac{f(u)}{u}\mathrm{d}u - \int_a^b \frac{f(u)}{u}\mathrm{d}u$$
$$= f(\xi)\int_{a\varepsilon}^{b\varepsilon} \frac{1}{u}\mathrm{d}u - \int_a^b \frac{f(u)}{u}\mathrm{d}u$$
$$= f(\xi)\ln\frac{b}{a} - \int_a^b \frac{f(u)}{u}\mathrm{d}u, \quad a\varepsilon < \xi < b\varepsilon;$$

$$\int_1^t \frac{f(ax) - f(bx)}{x}\mathrm{d}x = \int_1^t \frac{f(ax)}{x}\mathrm{d}x - \int_1^t \frac{f(bx)}{x}\mathrm{d}x$$
$$= \int_a^{at} \frac{f(u)}{u}\mathrm{d}u - \int_b^{bt} \frac{f(v)}{v}\mathrm{d}v$$
$$= \int_a^b \frac{f(u)}{u}\mathrm{d}u - \int_{at}^{bt} \frac{f(u)}{u}\mathrm{d}u$$
$$= \int_a^b \frac{f(u)}{u}\mathrm{d}u - f(\eta)\int_{at}^{bt} \frac{1}{u}\mathrm{d}u$$

$$= \int_a^b \frac{f(u)}{u} \mathrm{d}u - f(\eta) \ln \frac{b}{a}, \quad at < \eta < bt.$$

于是,由 $f(x)$ 在 $[0, +\infty)$ 上连续得

$$\int_0^{+\infty} \frac{f(ax) - f(bx)}{x} \mathrm{d}x = \lim_{\varepsilon \to 0^+} f(\xi) \ln \frac{b}{a} - \lim_{t \to +\infty} f(\eta) \ln \frac{b}{a}$$

$$= [f(0) - k] \ln \frac{b}{a}.$$

注记 设 $f(x)$ 在 $[0, +\infty)$ 上连续,$0 < a < b$,且 $\int_a^{+\infty} \frac{f(x)}{x} \mathrm{d}x$ 收敛,请读者按同样方法证明

$$\int_0^{+\infty} \frac{f(ax) - f(bx)}{x} \mathrm{d}x = f(0) \ln \frac{b}{a}.$$

*3. 广义积分的敛散性判别

判断广义积分敛散性的方法之一是根据广义积分敛散性的定义与性质加以判断;其方法之二是利用广义积分收敛与发散的各种充分条件,这些充分条件是大家熟悉的. 这里给出一个广义积分收敛的充分必要条件:

若函数 $f(x)$ 是非负的,则 $\int_a^{\infty} f(x) \mathrm{d}x$ 收敛的充分必要条件是 $F(u) = \int_a^u f(x) \mathrm{d}x$ 是有界函数. 这是因为单调有界函数必有极限之故.

注意到无穷限广义积分与无穷级数的类比关系,读者容易理解无穷限广义积分与无穷级数敛散性的判别方法的类同. 如果读者已经熟练掌握了无穷级数的各种敛散性的判别方法,那么,对无穷限广义积分的敛散性判别也就轻而易举.

例 13 判断广义积分 $\int_1^{+\infty} \frac{x+2}{\sqrt{x^3-1}} \mathrm{d}x$ 的敛散性.

解 本例是一个混合型的广义积分,它是以 $x = 1$ 为瑕点的瑕积

分,又是无穷限广义积分. 为此,在$(1, +\infty)$上任取一点,不妨取$x = 2$,把原广义积分分成两个积分

$$\int_1^{+\infty} \frac{x+2}{\sqrt{x^3-1}}\mathrm{d}x = \int_1^2 \frac{x+2}{\sqrt{x^3-1}}\mathrm{d}x + \int_2^{+\infty} \frac{x+2}{\sqrt{x^3-1}}\mathrm{d}x.$$

由于

$$\lim_{x\to 1^+}(x-1)^{\frac{1}{2}} \frac{x+2}{\sqrt{x^3-1}} = \lim_{x\to 1^+} \frac{x+2}{\sqrt{x^2+x+1}} = \sqrt{3},$$

其中$p = \frac{1}{2} < 1$,故$\int_1^2 \frac{x+2}{\sqrt{x^3-1}}\mathrm{d}x$收敛. 由于

$$\lim_{x\to +\infty} x^{\frac{1}{2}} \frac{x+2}{\sqrt{x^3-1}} = 1, \quad p = \frac{1}{2} < 1,$$

故$\int_2^{+\infty} \frac{x+2}{\sqrt{x^3-1}}\mathrm{d}x$发散. 所以按广义积分的性质得原广义积分$\int_1^{+\infty} \frac{x+2}{\sqrt{x^3-1}}\mathrm{d}x$发散.

例 14　证明下列等式.

(1) $\int_0^1 \frac{x^{\alpha-1}}{x+1}\mathrm{d}x = \int_1^{+\infty} \frac{x^{-\alpha}}{x+1}\mathrm{d}x$, $\alpha > 0$;

(2) $\int_0^{+\infty} \frac{x^{\alpha-1}}{x+1}\mathrm{d}x = \int_0^{+\infty} \frac{x^{-\alpha}}{x+1}\mathrm{d}x$, $0 < \alpha < 1$.

证明　(1) 由广义积分定义,令$x = \frac{1}{t}$得

$$\int_0^1 \frac{x^{\alpha-1}}{x+1}\mathrm{d}x = \lim_{\varepsilon\to 0^+}\int_\varepsilon^1 \frac{x^{\alpha-1}}{x+1}\mathrm{d}x = \lim_{\varepsilon\to 0^+}\int_{\frac{1}{\varepsilon}}^1 \frac{t^{1-\alpha}}{1+t^{-1}}(-t^{-2})\mathrm{d}t$$

$$= \lim_{b\to +\infty}\int_1^b \frac{t^{-\alpha}}{t+1}\mathrm{d}t = \int_1^{+\infty} \frac{x^{-\alpha}}{x+1}\mathrm{d}x, \quad \alpha > 0, b = \frac{1}{\varepsilon}.$$

(2) 当$0 < \alpha < 1$时,因$\lim_{x\to +\infty} x^{2-\alpha} \frac{x^{\alpha-1}}{x+1} = 1, 2-\alpha > 1$,故由极限形式的比较判别法知$\int_0^{+\infty} \frac{x^{\alpha-1}}{x+1}\mathrm{d}x$收敛;因$\lim_{x\to +\infty} x^{1+\alpha} \frac{x^{-\alpha}}{x+1} = 1, 1+\alpha$

>1，故 $\displaystyle\int_0^{+\infty}\dfrac{x^{-\alpha}}{x+1}\mathrm{d}x$ 收敛. 则由广义积分的性质及等式 (1) 得

$$\int_0^{+\infty}\frac{x^{\alpha-1}}{x+1}\mathrm{d}x=\int_0^1\frac{x^{\alpha-1}}{x+1}\mathrm{d}x+\int_1^{+\infty}\frac{x^{\alpha-1}}{x+1}\mathrm{d}x$$

$$=\int_1^{+\infty}\frac{x^{-\alpha}}{x+1}\mathrm{d}x+\int_1^{+\infty}\frac{x^{\alpha-1}}{x+1}\mathrm{d}x.$$

令 $x=\dfrac{1}{t}$，得积分

$$\int_1^{+\infty}\frac{x^{\alpha-1}}{x+1}\mathrm{d}x=\lim_{b\to+\infty}\int_1^b\frac{x^{\alpha-1}}{x+1}\mathrm{d}x=\lim_{b\to+\infty}\int_{\frac{1}{b}}^1\frac{t^{-\alpha}}{t+1}\mathrm{d}t$$

$$=\int_0^1\frac{x^{-\alpha}}{x+1}\mathrm{d}x.$$

把它代入上一式即证得等式 (2) 成立.

例 15 讨论广义积分 $\displaystyle\int_0^{+\infty}\dfrac{x^\alpha}{1+x^\beta}\mathrm{d}x$ 的敛散性.

解 $\displaystyle\int_0^{+\infty}\frac{x^\alpha}{1+x^\beta}\mathrm{d}x=\int_0^1\frac{x^\alpha}{1+x^\beta}\mathrm{d}x+\int_1^{+\infty}\frac{x^\alpha}{1+x^\beta}\mathrm{d}x.$

(1) 若 $\beta>0$，因

$$\lim_{x\to0^+}x^{-\alpha}\frac{x^\alpha}{1+x^\beta}=1,$$

则由瑕积分的敛散性判别法知，瑕积分 $\displaystyle\int_0^1\dfrac{x^\alpha}{1+x^\beta}\mathrm{d}x$ 在 $-\alpha<1$ 时收敛，在 $-\alpha\geqslant1$ 时发散. 又因

$$\lim_{x\to+\infty}x^{\beta-\alpha}\frac{x^\alpha}{1+x^\beta}=\lim_{x\to+\infty}\frac{x^\beta}{1+x^\beta}=1,$$

则由无穷限广义积分的敛散性判别法知，广义积分 $\displaystyle\int_1^{+\infty}\dfrac{x^\alpha}{1+x^\beta}\mathrm{d}x$ 在 $\beta-\alpha>1$ 时收敛，在 $\beta-\alpha\leqslant1$ 时发散.

(2) 若 $\beta<0$，有 $\dfrac{x^\alpha}{1+x^\beta}=\dfrac{x^{\alpha-\beta}}{x^{-\beta}+1}$，因

24

$$\lim_{x \to 0^+} x^{\beta - \alpha} \frac{x^{\alpha - \beta}}{x^{-\beta} + 1} = 1,$$

则由瑕积分的敛散性判别法知,瑕积分 $\int_0^1 \frac{x}{1 + x^\beta} \mathrm{d}x$ 在 $\beta - \alpha < 1$ 时收敛,在 $\beta - \alpha \geqslant 1$ 时发散. 又因

$$\lim_{x \to +\infty} x^{-\alpha} \frac{x^{\alpha - \beta}}{x^{-\beta} + 1} = 1,$$

则由无穷限广义积分的敛散性判别法知,广义积分 $\int_1^{+\infty} \frac{x^\alpha}{1 + x^\beta} \mathrm{d}x$ 在 $-\alpha > 1$ 时收敛,在 $-\alpha \leqslant 1$ 时发散.

(3) 若 $\beta = 0$,则

$$\int_0^{+\infty} \frac{x^\alpha}{1 + x^\beta} \mathrm{d}x = \frac{1}{2} \int_0^1 \frac{1}{x^{-\alpha}} \mathrm{d}x + \frac{1}{2} \int_1^{+\infty} \frac{1}{x^{-\alpha}} \mathrm{d}x.$$

瑕积分 $\int_0^1 \frac{1}{x^{-\alpha}} \mathrm{d}x$ 在 $0 < -\alpha < 1$ 时收敛,$-\alpha \geqslant 1$ 时发散;无穷限广义积分 $\int_1^{+\infty} \frac{1}{x^{-\alpha}} \mathrm{d}x$ 在 $-\alpha > 1$ 时收敛,$-\alpha \leqslant 1$ 时发散. 故当 $\beta = 0$ 时,广义积分 $\int_0^{+\infty} \frac{x^\alpha}{1 + x^\beta} \mathrm{d}x$ 发散.

综合上述,原广义积分在 $\beta > 0$, $\alpha > -1$, $\beta > \alpha + 1$ 时收敛,在 $\beta < 0$, $\alpha < -1$, $\beta < \alpha + 1$ 时也收敛,其余情形时都发散.

注记 对含有参数的广义积分,应对参数进行讨论.

例 16 研究广义积分 $\int_2^{+\infty} \frac{1}{(\sqrt{x} + x)(\ln(1 + x))^p} \mathrm{d}x$ 的敛散性.

解法 1 当 $x \geqslant 2$ 时,有不等式

$$0 < \frac{1}{(\sqrt{x} + x)(\ln(1 + x))^p} \leqslant \frac{1}{x(\ln x)^p},$$

而广义积分

$$\int_2^{+\infty} \frac{1}{x(\ln x)^p} \mathrm{d}x = \frac{1}{1 - p} (\ln x)^{1 - p} \Big|_2^{+\infty}$$

在 $p > 1$ 时是收敛的,故由比较判别法知原广义积分在 $p > 1$ 时收敛.

再考虑不等式

$$\frac{1}{(\sqrt{x}+x)(\ln(1+x))^p} \geqslant \frac{1}{2(x+1)(\ln(1+x))^p} > 0, \quad x \geqslant 2.$$

当 $p = 1$ 与 $p < 1$ 时,广义积分

$$\int_2^{+\infty} \frac{1}{2(x+1)\ln(1+x)}\mathrm{d}x = \frac{1}{2}\ln\ln(1+x)\Big|_2^{+\infty},$$

$$\int_2^{+\infty} \frac{1}{2(x+1)(\ln(1+x))^p}\mathrm{d}x = \frac{1}{2(1-p)}(\ln(1+x))^{1-p}\Big|_2^{+\infty}$$

都发散,故按比较判别法得原广义积分在 $p \leqslant 1$ 时发散.

解法 2 显然有

$$\lim_{x \to +\infty} \frac{1}{(\sqrt{x}+x)(\ln(1+x))^p}\left(\frac{1}{x(\ln x)^p}\right)^{-1} = 1,$$

而广义积分 $\int_2^{+\infty} \frac{1}{x(\ln x)^p}\mathrm{d}x$ 在 $p = 1$ 时,发散于 $+\infty$, $p \neq 1$ 时,有

$$\int_2^{+\infty} \frac{1}{x(\ln x)^p}\mathrm{d}x = \frac{1}{1-p}(\ln x)^{1-p}\Big|_2^{+\infty} = \begin{cases} 0, & p > 1, \\ +\infty, & p < 1. \end{cases}$$

根据广义积分敛散性的判别法,由上式即知,原广义积分在 $p > 1$ 时收敛,在 $p \leqslant 1$ 时发散.

例 17 证明广义积分 $\int_1^{+\infty} \frac{\sin x}{x}\mathrm{d}x$ 是收敛的.

证明 利用分部积分法得

$$\int_1^{+\infty} \frac{\sin x}{x}\mathrm{d}x = -\frac{\cos x}{x}\Big|_1^{+\infty} - \int_1^{+\infty} \frac{\cos x}{x^2}\mathrm{d}x = \cos 1 - \int_1^{+\infty} \frac{\cos x}{x^2}\mathrm{d}x.$$

因为 $\left|\frac{\cos x}{x^2}\right| \leqslant \frac{1}{x^2}$,而 $\int_1^{+\infty} \frac{1}{x^2}\mathrm{d}x$ 收敛,则由比较判别法知,广义积分

$\int_1^{+\infty} \dfrac{\cos x}{x^2} \mathrm{d}x$ 绝对收敛, 所以原广义积分 $\int_1^{+\infty} \dfrac{\sin x}{x} \mathrm{d}x$ 收敛.

注记 (i) 如果直接对原广义积分施行比较判别法, 难以证得结论, 故利用分部积分法提高其分母的 x 幂次, 把它转化为判断广义积分 $\int_1^{+\infty} \dfrac{\cos x}{x^2} \mathrm{d}x$ 是收敛的. 这一方法具有普遍意义. 例如, 证明广义积分 $\int_1^{+\infty} \dfrac{\sin x}{x^{\alpha}} \mathrm{d}x$ 及 $\int_1^{+\infty} \dfrac{\cos x}{x^{\alpha}} \mathrm{d}x$ 当 $0 < \alpha < 1$ 时都是条件收敛的, 都可采用这个方法来做. 广义积分 $\int_1^{+\infty} \sin x^2 \mathrm{d}x$ 经变量替换 $y = x^2$ 化为 $\dfrac{1}{2} \int_1^{+\infty} \dfrac{\sin y}{\sqrt{y}} \mathrm{d}y$, 它是该类型的广义积分.

(ii) 广义积分 $\int_1^{+\infty} \dfrac{\sin x}{x} \mathrm{d}x$ 是收敛的, 但不是绝对收敛, 即 $\int_1^{+\infty} \left| \dfrac{\sin x}{x} \right| \mathrm{d}x$ 发散, 这是因为

$$\frac{|\sin x|}{x} \geqslant \frac{\sin^2 x}{x} = \frac{1}{2x} - \frac{\cos 2x}{2x},$$

其中, $\int_1^{+\infty} \dfrac{1}{2x} \mathrm{d}x$ 是发散的, 而用本例的证明方法可证得 $\int_1^{+\infty} \dfrac{\cos 2x}{2x} \mathrm{d}x$ 是收敛的. 故按广义积分的性质知 $\int_1^{+\infty} \left(\dfrac{1}{2x} - \dfrac{\cos 2x}{2x} \right) \mathrm{d}x$ 是发散的, 所以由比较判别法得 $\int_1^{+\infty} \left| \dfrac{\sin x}{x} \right| \mathrm{d}x$ 发散, 即原广义积分 $\int_1^{+\infty} \dfrac{\sin x}{x} \mathrm{d}x$ 是条件收敛的.

§5.2 变限定积分

5.2.1 变限定积分函数的概念与性质

定积分 $\int_a^b f(t) \mathrm{d}t$ 的值取决于积分区间 $[a, b]$ 与被积函数 $f(t)$,

如果它的积分上、下限是参变量 x 的函数,即 $a=v(x)$,$b=u(x)$,被积函数也是参变量 x 的函数,那么积分

$$F(x)=\int_{v(x)}^{u(x)}f(t,x)\mathrm{d}t$$

便是一般情况下的含有参变量 x 的具有变上、下限的定积分.

1. 变上限定积分 $F(x)=\int_a^x f(t)\mathrm{d}t$ 的基本性质

(1) 若函数 $f(t)$ 在 $[a,b]$ 上连续,则变上限定积分 $F(x)=\int_a^x f(t)\mathrm{d}t$,$x\in[a,b]$,关于 x 在 $[a,b]$ 上连续,且它的导函数存在,有

$$\frac{\mathrm{d}}{\mathrm{d}x}F(x)=\frac{\mathrm{d}}{\mathrm{d}x}\int_a^x f(t)\mathrm{d}t=f(x).$$

该变上限定积分对其上限求导的定理,又称为原函数存在定理,它是导出牛顿-莱布尼兹公式的根据. 它们是微积分学的核心内容与理论基础,这是大家熟悉的性质.

根据这条性质与复合函数求导法则得变上、下限定积分的求导公式:

设函数 $u(x)$,$v(x)$ 在 $[a,b]$ 上可导,且当 $a\leqslant x\leqslant b$ 时有 $A\leqslant u(x)\leqslant B$,$A\leqslant v(x)\leqslant B$,又函数 $f(t)$ 在 $[A,B]$ 上连续,则 $F(x)=\int_{v(x)}^{u(x)}f(t)\mathrm{d}t$,$a\leqslant x\leqslant b$,在 $[a,b]$ 上可导,且有

$$\frac{\mathrm{d}}{\mathrm{d}x}\int_{v(x)}^{u(x)}f(t)\mathrm{d}t=u'(x)f(u(x))-v'(x)f(v(x)).$$

通常,对于含有变限定积分的问题,往往需要利用变限定积分的上述求导公式进行求导运算. 为此,大家应熟练掌握该求导公式.

(2) 若函数 $f(t)$ 在 $[a,b]$ 上可积,则变上限定积分 $F(x)=\int_a^x f(t)\mathrm{d}t$,$x\in[a,b]$,关于 x 在 $[a,b]$ 上必连续,但不一定可导.

证明 设 x 是 $[a,b]$ 上的任意一点,取 $|\Delta x|$ 充分小,使得 $x+\Delta x$

$\in [a, b]$. 其中,若 $x = a$,因只考虑 $F(x)$ 在 $x = a$ 处的右连续,故取 $\Delta x > 0$;若 $x = b$,因只考虑 $F(x)$ 在 $x = b$ 处的左连续,故 $\Delta x < 0$.

因 $f(t)$ 在 $[a, b]$ 上可积,故 $f(t)$ 在 $[a, b]$ 上有界,设 $\mid f(t) \mid \leqslant M$. 于是由定积分的性质得

$$
\begin{aligned}
\mid F(x + \Delta x) - F(x) \mid &= \left| \int_a^{x+\Delta x} f(t)\mathrm{d}t - \int_a^x f(t)\mathrm{d}t \right| \\
&= \left| \int_x^{x+\Delta x} f(t)\mathrm{d}t \right| \\
&\leqslant \left| \int_x^{x+\Delta x} \mid f(t) \mid \mathrm{d}t \right| \leqslant M \mid \Delta x \mid,
\end{aligned}
$$

所以 $\lim\limits_{\Delta x \to 0} \mid F(x + \Delta x) - F(x) \mid = 0$,即 $\lim\limits_{\Delta x \to 0} F(x + \Delta x) = F(x)$,$x \in [a, b]$. 注意到 x 在 $[a, b]$ 上的任意性,就证明了变上限积分 $F(x) = \int_a^x f(t)\mathrm{d}t$ 在 $[a, b]$ 上是连续的.

显然,$f(t) = \operatorname{sgn} t$ 在 $[-1, 1]$ 上是可积的,但是易见

$$
F(x) = \int_{-1}^x \operatorname{sgn} t \mathrm{d}t = \mid x \mid - 1, \quad x \in [-1, 1]
$$

在 $x = 0$ 处是不可导的.

2. 变限定积分与原函数

根据变限定积分求导的定理即知:若 $f(x)$ 在某区间 I 上连续,则 $f(x)$ 在 I 上的原函数 $F(x)$ 一定存在,且 $F(x) = \int_a^x f(t)\mathrm{d}t$ 是 $f(x)$ 的一个原函数,其中,a 是 I 上一定点,$x \in I$. 它揭示了定积分与原函数两个概念之间的重要联系,但是二者却是完全不同的概念. 定积分是一种乘积之和形式的极限,它是一个数;而原函数则是函数,不定积分是函数簇,且当用不同的方法求不定积分时,所得结果的形式可能不同.

例 1 连续的奇函数的一切原函数都是偶函数;连续的偶函数的原函数中仅有一个原函数是奇函数.

证明 设 $f(x)$ 是连续函数,则其一个原函数为 $F(x) = $

29

$\int_a^x f(t)\mathrm{d}t.$ 若 $f(x)$ 是连续的奇函数,即有 $f(x) = -f(-x)$,且 $\int_{-a}^a f(t)\mathrm{d}t = 0$,则令 $t = -u$ 得 $F(-x) = \int_a^{-x} f(t)\mathrm{d}t = -\int_{-a}^x f(-u)\mathrm{d}u = \int_{-a}^a f(u)\mathrm{d}u + \int_a^x f(u)\mathrm{d}u = 0 + F(x).$

若 $f(x)$ 是连续的偶函数,即有 $f(-x) = f(x)$,则令 $t = -u$ 得

$$F(-x) = \int_a^{-x} f(t)\mathrm{d}t = -\int_{-a}^x f(-u)\mathrm{d}u = -\int_{-a}^a f(u)\mathrm{d}u - \int_a^x f(u)\mathrm{d}u$$

$$= -2\int_0^a f(u)\mathrm{d}u - F(x).$$ 只有当 $\int_0^a f(u)\mathrm{d}u = 0$ 时 $F(-x) = -F(x)$,

即在连续的偶函数 $f(x)$ 的原函数中仅有一个原函数为奇函数.

注记 根据本命题容易直接判断如下结果:

当 $f(x)$ 为连续函数时,$\int_0^x f(t^2)\mathrm{d}t$,$\int_0^x [f(t) + f(-t)]\mathrm{d}t$ 都为奇函数;而 $\int_0^x [f(t) - f(-t)]\mathrm{d}t$,$\int_1^x [f(t) - f(-t)]\mathrm{d}t$ 都为偶函数.

例 2 设 $f(x)$ 是奇函数,且当 $x \neq 0$ 时处处连续,而 $x = 0$ 是 $f(x)$ 的第一类间断点,试证明 $F(x) = \int_0^x f(t)\mathrm{d}t$ 是连续的偶函数.

证明 由题设条件知,$f(x)$ 在 $x = 0$ 处的左、右极限都存在,设 $\lim_{x \to 0^+} f(x) = a$,则有 $\lim_{x \to 0^-} f(x) = -a$. 构造辅助函数

$$g(x) = \begin{cases} f(x) - a, & x > 0, \\ 0, & x = 0, \\ f(x) + a, & x < 0. \end{cases}$$

显然,$g(x)$ 是连续的奇函数,则根据连续的奇、偶函数的原函数性质知,$G(x) = \int_0^x g(t)\mathrm{d}t$ 是连续的偶函数,即有 $G(-x) = G(x)$. 于是当 $x > 0$ 时 $-x < 0$,有

$$F(-x) = \int_0^{-x} f(t)\mathrm{d}t = \int_0^{-x} [g(t) - a]\mathrm{d}t = G(-x) + ax$$

$$= G(x) + ax,$$

$$F(x) = \int_0^x f(t)\,dt = \int_0^x [g(t) + a]\,dt = G(x) + ax,$$

故 $F(-x) = F(x)$. 同理可证当 $x < 0$ 时也有 $F(-x) = F(x)$. 又因变限定积分必定连续, 所以 $F(x)$ 为连续的偶函数.

注记 可以判断本例的 $F(x) = \int_0^x f(t)\,dt$ 不是连续的奇函数, 又不是在 $x = 0$ 处间断的奇函数, 也不是在 $x = 0$ 处间断的偶函数. 请读者以 $f(x) = \begin{cases} -x, & x \neq 0, \\ 1, & x = 0 \end{cases}$ 为例讨论.

3. 定积分与不定积分之间的联系与区别

定积分与不定积分之间有如下的联系与区别:

(1) 在区间 $[a, b]$ 上其原函数存在的函数 $f(x)$ 未必是可积的, 即 $f(x)$ 在 $[a, b]$ 上的定积分未必存在; 反之, 在区间 $[a, b]$ 上可积的函数不一定有原函数.

因为函数

$$F(x) = \begin{cases} x^2 \sin \dfrac{1}{x^2}, & x \neq 0, \\ 0, & x = 0, \end{cases}$$

在 $[-1, 1]$ 上处处有导数

$$F'(x) = f(x) = \begin{cases} 2x \sin \dfrac{1}{x^2} - \dfrac{2}{x} \cos \dfrac{1}{x^2}, & x \neq 0, \\ 0, & x = 0. \end{cases}$$

因此, 函数 $f(x)$ 在 $[-1, 1]$ 上有原函数 $F(x)$, 但是 $f(x)$ 在 $[-1, 1]$ 上无界, 故 $f(x)$ 在 $[-1, 1]$ 上不可积.

由于符号函数 $f(x) = \operatorname{sgn} x$ 只有一个第一类间断点 $x = 0$, 故它在 $[-1, 1]$ 上可积, 但是该函数在区间 $[-1, 1]$ 上不存在原函数, 这是因为有第一类间断点的函数不存在原函数.

(2) 连续函数的定积分之值等于它的任意一个原函数在积分区间上的改变量, 即牛顿-莱布尼兹公式, 它建立起连续函数的定积分与其原函数之间的一种关系,它揭示了定积分与不定积分之间的内在联系,也为积分计算找到了一条捷径.

在应用牛顿-莱布尼兹公式时,一定要注意它成立的条件,即在积分区间内被积函数是连续的.否则不能使用牛顿-莱布尼兹公式.

牛顿-莱布尼兹公式把连续函数 $f(x)$ 的定积分 $\int_a^b f(x)\mathrm{d}x$ 之值表示为 $f(x)$ 的某一个原函数 $F(x)$ 在区间$[a,b]$的边界点 $x=b$ 与 $x=a$ 处的值 $F(b)$ 与 $F(a)$ 之差,其揭示了它们的内部与边界的关系.

以后,若遇到某个可导的函数 $F(x)$ 在某两点 $x=a$,$x=b$ 的函数值之差 $F(b)-F(a)$,除应联想到拉格朗日微分中值定理

$$F(b)-F(a)=F'(\xi)(b-a) \quad (a<\xi<b)$$

之外,还可以构造一定积分 $\int_a^b F'(t)\mathrm{d}t$ 使 $F(b)-F(a)=\int_a^b F'(t)\mathrm{d}t$.
这是处理有关问题的两种有效的途径.

4. 变限定积分的周期性质

例3 证明变限定积分的下列周期性质.

(1) 设 $f(x)$ 是$(-\infty,+\infty)$内连续的奇函数,且是以 $2T$ 为周期的周期函数,则 $F(x)=\int_0^x f(t)\mathrm{d}t$ 也是以 $2T$ 为周期的周期函数.

(2) 设 $f(x)$ 是$(-\infty,+\infty)$内连续的以 $2T$ 为周期的周期函数,则 $F(x)=\int_a^x f(t)\mathrm{d}t$ 能表示成线性函数与以 $2T$ 为周期的周期函数之和.

证明 (1) 因 $f(x+2T)=f(x)$,故由周期函数的定积分性质与奇函数的定积分性质得

$$F(x+2T)=\int_0^{x+2T}f(t)\mathrm{d}t=\int_0^{2T}f(t)\mathrm{d}t+\int_{2T}^{x+2T}f(t)\mathrm{d}t$$

$$=\int_{-T}^{T}f(t)\mathrm{d}t+\int_{2T}^{x+2T}f(t)\mathrm{d}t=\int_{2T}^{x+2T}f(t)\mathrm{d}t.$$

令 $u = t - 2T$,则

$$F(x + 2T) = \int_0^x f(u + 2T) \mathrm{d}u = \int_0^x f(u) \mathrm{d}u = F(x),$$

即 $F(x)$ 是以 $2T$ 为周期的周期函数.

(2) 对任意的 k 都有

$$F(x) = \int_a^x [f(t) - k + k] \mathrm{d}t = \int_a^x [f(t) - k] \mathrm{d}t + k(x - a),$$

其中, $k(x - a)$ 是线性函数,故只需证明 $g(x) = \int_a^x [f(t) - k] \mathrm{d}t$ 在 k 取某一值时为以 $2T$ 为周期的周期函数. 由于 $f(x + 2T) = f(x)$,故有

$$\begin{aligned}
g(x + 2T) &= \int_a^{x+2T} [f(t) - k] \mathrm{d}t \\
&= \int_a^x [f(t) - k] \mathrm{d}t + \int_x^{x+2T} [f(t) - k] \mathrm{d}t \\
&= g(x) + \int_0^{2T} f(t) \mathrm{d}t - 2kT.
\end{aligned}$$

当 $\int_0^{2T} f(t) \mathrm{d}t \neq 0$ 时,取 $k = \dfrac{1}{2T} \int_0^{2T} f(t) \mathrm{d}t$;当 $\int_0^{2T} f(t) \mathrm{d}t = 0$ 时取 $k = 0$,则便得 $g(x + 2T) = g(x)$.

注记 如果周期函数 $f(x)$ 不是奇函数,那么,$F(x) = \int_0^x f(t) \mathrm{d}t$ 不一定是周期函数. 例如,$f(x) = 1 + \sin x$ 是周期性函数,而 $F(x) = \int_0^x (1 + \sin t) \mathrm{d}t = x - \cos x + 1$ 却不是周期函数.

5.2.2 变限定积分函数的性态分析

变限定积分 $F(x) = \int_{v(x)}^{u(x)} f(t, x) \mathrm{d}t$ 确定了关于参变量 x 的一个函数,它是产生新的函数关系的有力工具. 或者说,用变限定积分定义的函数是一种新的函数的表示法.

变限定积分作为函数,可以对它进行有关函数的各种性质与运算的研究. 如讨论变限定积分函数关于参变量的定义域、奇偶性、单调性、有界性、周期性等初等性质以及极值与凹性等性态分析.

例 4 设 $f(x)$ 为已知的连续函数, $t > 0$, $s > 0$, 积分 $y = \int_0^{\frac{t}{s}} sf(sx)\,\mathrm{d}x$, 试求 $\dfrac{\mathrm{d}y}{\mathrm{d}x}$, $\dfrac{\mathrm{d}y}{\mathrm{d}s}$, $\dfrac{\mathrm{d}y}{\mathrm{d}t}$.

解 令 $u = sx$, 则积分

$$y = \int_0^{\frac{t}{s}} sf(sx)\,\mathrm{d}x = \int_0^t f(u)\,\mathrm{d}u.$$

于是,这个变限积分函数仅仅是 t 的函数,而不依赖于变量 x, s, u. 故得

$$\frac{\mathrm{d}y}{\mathrm{d}x} = 0, \qquad \frac{\mathrm{d}y}{\mathrm{d}s} = 0, \qquad \frac{\mathrm{d}y}{\mathrm{d}t} = f(t).$$

注记 在变限积分函数中务必分清各个变量所承担的角色,确定它是积分变量还是参变量是很重要的. 例如,考虑 $\int_x^{2y} \sin t^2\,\mathrm{d}t$, 其中, x, y 是与积分无关的两个独立的参变量,则有

$$\frac{\mathrm{d}}{\mathrm{d}t}\int_x^{2y} \sin t^2\,\mathrm{d}t = 0; \quad \frac{\mathrm{d}}{\mathrm{d}y}\int_x^{2y} \sin t^2\,\mathrm{d}t = 2\sin(4y^2);$$

$$\frac{\mathrm{d}}{\mathrm{d}x}\int_x^{2y} \sin t^2\,\mathrm{d}t = -\sin x^2.$$

例 5 (1) 求 $f(x) = \int_{x^2}^{\frac{\pi}{2}} \dfrac{\sin t}{t}\,\mathrm{d}t$ 的定义域.

(2) 设 $\begin{cases} x - \mathrm{e}^x \cos t + 1 = 0, \\ y = \int_{\frac{\pi}{2}}^{t} \dfrac{\sin u}{u}\,\mathrm{d}u, \end{cases}$ 求曲线 $y = y(x)$ 在 $t = \dfrac{\pi}{2}$ 对应点处的切线方程.

解 (1) 因 $\lim\limits_{x \to 0} \dfrac{\sin x}{x} = 1$, 故 $x = 0$ 是被积函数 $g(x) = \dfrac{\sin x}{x}$ 的第一类(可去)间断点,于是由可积的充分条件知该积分在包含 $x = 0$

34

的区间内是有意义的. 因此, 以变限积分表达的该函数 $f(x)$ 的定义域为 $(-\infty, +\infty)$. 注意, 这里不能轻率地误认为 $f(x)$ 的定义域为 $x \neq 0$.

（2）当参数 $t = \dfrac{\pi}{2}$ 时, 由曲线 $y = y(x)$ 的参数方程即知 $x = -1$, $y = 0$. 注意到

$$\frac{\mathrm{d}x}{\mathrm{d}t} = \frac{\mathrm{e}^x \sin t}{\mathrm{e}^x \cos t - 1}, \qquad \frac{\mathrm{d}y}{\mathrm{d}t} = \frac{\sin t}{t},$$

得

$$\frac{\mathrm{d}y}{\mathrm{d}x}\bigg|_{t=\frac{\pi}{2}} = \frac{\mathrm{e}^x \cos t - 1}{t \mathrm{e}^x}\bigg|_{t=\frac{\pi}{2}} = -\frac{2\mathrm{e}}{\pi}.$$

则所求的切线方程为 $y = -\dfrac{2\mathrm{e}}{\pi}(x + 1)$.

例 6 设 $f(x) = \displaystyle\int_x^{x+\frac{\pi}{2}} |\sin t|\, \mathrm{d}t$.

（1）证明 $f(x)$ 是以 π 为周期的连续函数;

（2）求 $f(x)$ 的解析表达式及其值域.

解 （1）显然, $y = |\sin t|$ 是连续函数, 故变限定积分 $f(x)$ 必是连续函数, 且可导. 令 $t = u + \pi$, 则有

$$f(x+\pi) = \int_{x+\pi}^{x+\frac{3\pi}{2}} |\sin t|\, \mathrm{d}t = \int_x^{x+\frac{\pi}{2}} |\sin u|\, \mathrm{d}u = f(x),$$

即 $f(x)$ 是以 π 为周期的连续函数.

（2）由（1）知, 只要写出在 $[0, \pi]$ 上 $f(x)$ 的解析表达式即可. 当 $x \in \left[0, \dfrac{\pi}{2}\right]$ 时, $x + \dfrac{\pi}{2} \in \left[\dfrac{\pi}{2}, \pi\right]$, $|\sin t| = \sin t$, 则有

$$f(x) = \int_x^{x+\frac{\pi}{2}} |\sin t|\, \mathrm{d}t = \int_x^{x+\frac{\pi}{2}} \sin t\, \mathrm{d}t = \cos x + \sin x;$$

当 $x \in \left(\dfrac{\pi}{2}, \pi\right]$ 时, $x + \dfrac{\pi}{2} \in \left(\pi, \dfrac{3\pi}{2}\right]$, 则有

$$f(x) = \int_x^{x+\frac{\pi}{2}} |\sin t| \, dt = \int_x^{\pi} \sin t \, dt + \int_{\pi}^{x+\frac{\pi}{2}} (-\sin t) \, dt$$
$$= 2 + \cos x - \sin x.$$

因 $f(x)$ 是以 π 为周期的可导函数,故只要在 $[0, \pi]$ 上讨论 $f(x)$ 的值域,而讨论闭区间上连续函数的值域等价于求闭区间上连续函数的最小值与最大值.

由上述知连续函数 $f(x) = \begin{cases} \cos x + \sin x, & 0 \leqslant x \leqslant \dfrac{\pi}{2}, \\ 2 + \cos x - \sin x, & \dfrac{\pi}{2} \leqslant x \leqslant \pi. \end{cases}$

则由分段函数的求导法则得

$$f'(x) = \begin{cases} \cos x - \sin x, & 0 \leqslant x \leqslant \dfrac{\pi}{2}, \\ -\cos x - \sin x, & \dfrac{\pi}{2} \leqslant x \leqslant \pi, \end{cases}$$

其中,$f'\left(\dfrac{\pi}{2}\right) = -1$ 是由导数定义与性质求得的.

令 $f'(x) = 0$ 得驻点 $x_1 = \dfrac{\pi}{4}$,$x_2 = \dfrac{3\pi}{4}$,而 $f\left(\dfrac{\pi}{4}\right) = \int_{\frac{\pi}{4}}^{\frac{3\pi}{4}} \sin t \, dt = \sqrt{2}$;$f\left(\dfrac{3\pi}{4}\right) = \int_{\frac{3\pi}{4}}^{\pi} \sin t \, dt + \int_{\pi}^{\frac{5\pi}{4}} (-\sin t) \, dt = 2 - \sqrt{2}$. 又 $f(0) = \int_0^{\frac{\pi}{2}} \sin t \, dt = 1$,$f(\pi) = \int_{\pi}^{\frac{3\pi}{2}} (-\sin t) \, dt = 1$.

相比较后得连续函数 $f(x)$ 在 $[0, \pi]$ 上的最小值为 $2 - \sqrt{2}$,最大值为 $\sqrt{2}$. 所以 $f(x)$ 的值域为 $[2 - \sqrt{2}, \sqrt{2}]$.

注记 显然,闭区间上连续函数的值域就是其最小值与最大值所构成的闭区间.

例 7 证明 $f(x) = xe^{-x^2} \int_0^x e^{t^2} \, dt$ 在 $(-\infty, +\infty)$ 上有界.

解 由于 e^{t^2} 是 $(-\infty, +\infty)$ 上连续的偶函数,所以 $\int_0^x e^{t^2} \, dt$ 是连

续的奇函数,从而 $f(x)$ 是 $(-\infty, +\infty)$ 上连续的偶函数. 故只需证明 $f(x)$ 在 $[0, +\infty)$ 上有界. 由洛必达法则得

$$\lim_{x \to +\infty} f(x) = \lim_{x \to +\infty} \frac{\int_0^x e^{t^2} dt}{\frac{1}{x} e^{x^2}} = \lim_{x \to +\infty} \frac{e^{x^2}}{2e^{x^2} - \frac{1}{x^2} e^{x^2}} = \frac{1}{2},$$

则由保号性知存在 $X > 0$,使当 $x > X$ 时,$0 < f(x) < 1$,即 $f(x)$ 在 $(X, +\infty)$ 内有界. 又因为 $f(x)$ 在 $[0, X]$ 上连续,所以其在 $[0, X]$ 上有界. 因此,$f(x)$ 在 $[0, +\infty)$ 上有界,从而在 $(-\infty, +\infty)$ 上有界.

例 8 设 $f(x)$ 是 $(-\infty, +\infty)$ 上的连续函数,且 $f(x) > 0$,函数

$$F(x) = \int_{-t}^{t} |x - u| f(u) du, \quad -t \leqslant x \leqslant t, \ t > 0.$$

(1) 证明 $F'(x)$ 是严格单调增加函数,而曲线 $y = F(x)$ 向上凹;

(2) 证明当 $f(x)$ 是偶函数时,$F'(x)$ 是奇函数;

(3) 求函数 $F(x)$ 的最小值点;

(4) 当 $f(x)$ 是偶函数时,把函数 $F(x)$ 最小值作为 t 的函数,使它等于 $f(t) - t^2 - 1$,试求函数 $f(x)$.

解 (1) 由定积分的分段可加性,有

$$F(x) = \int_{-t}^{t} |x - u| f(u) du$$

$$= \int_{-t}^{x} (x - u) f(u) du + \int_{x}^{t} (u - x) f(u) du$$

$$= x \int_{-t}^{x} f(u) du - \int_{-t}^{x} u f(u) du + \int_{x}^{t} u f(u) du - x \int_{x}^{t} f(u) du.$$

因为 $f(x)$ 连续,故由变限积分求导公式得

$$F'(x) = \int_{-t}^{x} f(u) du - \int_{x}^{t} f(u) du,$$

$$F''(x) = f(x) - (-f(x)) = 2f(x).$$

由 $f(x) > 0$ 知，$F''(x) > 0$，故 $F'(x)$ 是严格单调增加函数，曲线 $y = F(x)$ 向上凹.

（2）令 $v = -u$，并由 $f(-x) = f(x)$ 得

$$F'(-x) = \int_{-t}^{-x} f(u)\mathrm{d}u - \int_{-x}^{t} f(u)\mathrm{d}u$$

$$= -\int_{t}^{x} f(-v)\mathrm{d}v + \int_{x}^{-t} f(-v)\mathrm{d}v$$

$$= \int_{x}^{t} f(v)\mathrm{d}v - \int_{-t}^{x} f(v)\mathrm{d}v = -F'(x),$$

故 $F'(x)$ 是奇函数.

（3）因 $f(x)$ 连续，故变限积分 $F'(x)$ 连续. 因 $f(x) > 0$，故在 $F'(x)$ 中令 $x = t$ 与 $-t$ 分别得

$$F'(t) = \int_{-t}^{t} f(u)\mathrm{d}u > 0, \quad F'(-t) = -\int_{-t}^{t} f(u)\mathrm{d}u < 0.$$

则由闭区间上连续函数性质以及 $F'(x)$ 严格单调增加得，$F'(x)$ 在 $(-t, t)$ 内有且仅有一个零点 x_0，即有 $F'(x_0) = 0$.

由 $F'(x_0) = 0$ 及 $F''(x_0) = 2f(x_0) > 0$ 可知，x_0 是函数 $F(x)$ 在 $(-t, t)$ 内唯一的极小值点，即为最小值点，$F(x_0)$ 为函数 $F(x)$ 的最小值. 由 $F'(x_0) = \int_{-t}^{x_0} f(u)\mathrm{d}u - \int_{x_0}^{t} f(u)\mathrm{d}u = 0$ 得 $\int_{t}^{x_0} f(u)\mathrm{d}u = -\int_{-t}^{x_0} f(u)\mathrm{d}u$. 令 $v = -u$，并注意到 $f(-x) = f(x)$，就有 $\int_{t}^{x_0} f(u)\mathrm{d}u = \int_{t}^{-x_0} f(v)\mathrm{d}v$. 所以点 $x_0 = 0$，即函数 $F(x)$ 的最小值点是 $x_0 = 0$，其最小值是

$$F(0) = -\int_{-t}^{0} uf(u)\mathrm{d}u + \int_{0}^{t} uf(u)\mathrm{d}u$$

$$= 2\int_{0}^{t} uf(u)\mathrm{d}u - \int_{-t}^{t} uf(u)\mathrm{d}u.$$

（4）因为 $f(x)$ 是偶函数，故 $xf(x)$ 是奇函数，所以

$$F(0) = 2\int_0^t uf(u)\,\mathrm{d}u = f(t) - t^2 - 1.$$

上式两边对 t 求导,得 $2tf(t) = f'(t) - 2t$,且有 $f(0) = 1$,即

$$\frac{f'(x)}{f(x)+1} = 2x, \quad f(0) = 1.$$

积分得 $\ln(f(x)+1) = x^2 + C$,$C = \ln 2$,故 $f(x) = 2\mathrm{e}^{x^2} - 1$.

注记 设 $f(x)$ 在 $(-\infty, +\infty)$ 内连续,且

$$F(x) = \int_0^x (x-2t)f(t)\,\mathrm{d}t.$$

证明:(1) 若 $f(x)$ 为偶函数,则 $F(x)$ 也是偶函数. (2) 若 $f(x)$ 单调增加,则 $F(x)$ 单调减少.

例9 研究函数 $f(x) = \int_0^{x^2} \mathrm{e}^{-t^2}\,\mathrm{d}t$,$-\infty < x < +\infty$ 的性态,并求定积分 $\int_{-2}^3 x^2 f'(x)\,\mathrm{d}x$ 的值.

解 显然 $f(x)$ 是偶函数,由变限积分的求导公式得

$$f'(x) = 2x\mathrm{e}^{-x^4}, \quad f''(x) = 2(1-4x^4)\mathrm{e}^{-x^4}.$$

(1) 令 $f'(x) = 0$ 得驻点 $x = 0$,且当 $x < 0$ 时,$f'(x) < 0$,故 $f(x)$ 单调下降;当 $x > 0$ 时,$f'(x) > 0$,故 $f(x)$ 单调上升. 所以 $x = 0$ 是函数 $f(x)$ 的极小点,$f(0) = 0$ 是极小值.

(2) 令 $f''(x) = 0$,得 $x_1 = -\dfrac{1}{\sqrt{2}}$,$x_2 = \dfrac{1}{\sqrt{2}}$,且当 $-\dfrac{1}{\sqrt{2}} < x < \dfrac{1}{\sqrt{2}}$ 时,$f''(x) > 0$,故曲线 $y = f(x)$ 向上凹;当 $|x| > \dfrac{1}{\sqrt{2}}$ 时,$f''(x) < 0$,故 $y = f(x)$ 向下凹,所以 $x_1 = -\dfrac{1}{\sqrt{2}}$,$x_2 = \dfrac{1}{\sqrt{2}}$ 都是曲线 $y = f(x)$ 拐点的横坐标.

(3) 因为 $\lim\limits_{x \to \pm\infty} f(x) = \int_0^{+\infty} \mathrm{e}^{-t^2}\,\mathrm{d}t = \dfrac{\sqrt{\pi}}{2}$,故曲线 $y = f(x)$ 有水平

渐近线 $y = \dfrac{\sqrt{\pi}}{2}$.

（4）把 $f'(x) = 2x\mathrm{e}^{-x^4}$ 代入定积分，得

$$\int_{-2}^{3} x^2 f'(x)\,\mathrm{d}x = 2\int_{-2}^{3} x^3 \mathrm{e}^{-x^4}\,\mathrm{d}x = \frac{1}{2}\int_{-2}^{3} \mathrm{e}^{-x^4}\,\mathrm{d}x^4$$

$$= \frac{1}{2}(\mathrm{e}^{-16} - \mathrm{e}^{-81}).$$

注记　设 $f(x) = ax^3 + bx^2 + cx + d$ 满足关系式 $\dfrac{\mathrm{d}}{\mathrm{d}x}\displaystyle\int_{x}^{x+1} f(t)\,\mathrm{d}t = 12x^2 + 18x + 1$，求 $f(x)$ 的极值点.

5.2.3　含有变限定积分的极限的计算

讨论含有变限定积分的极限计算是研究函数极限的一项重要工作.

1. 极限的计算

例 10　求下列极限.

（1）$I_1 = \lim\limits_{x \to +\infty} \left(\displaystyle\int_0^x \mathrm{e}^{t^2}\,\mathrm{d}t\right)^2 \left(\displaystyle\int_0^x \mathrm{e}^{2t^2}\,\mathrm{d}t\right)^{-1}$；

（2）$I_2 = \lim\limits_{x \to 0} \dfrac{\displaystyle\int_0^x \left(\displaystyle\int_0^{u^2} \arctan(1+t)\,\mathrm{d}t\right)\mathrm{d}u}{(x+x^2)(1-\cos x)}$.

解　（1）因被积函数连续，且大于零，则本例是"$\dfrac{\infty}{\infty}$"型极限，且其变限积分可导，故由洛必达法则得

$$I_1 = \lim_{x \to +\infty} \frac{\left(\displaystyle\int_0^x \mathrm{e}^{t^2}\,\mathrm{d}t\right)^2}{\displaystyle\int_0^x \mathrm{e}^{2t^2}\,\mathrm{d}t} = \lim_{x \to +\infty} \frac{\left(2\displaystyle\int_0^x \mathrm{e}^{t^2}\,\mathrm{d}t\right)\mathrm{e}^{x^2}}{\mathrm{e}^{2x^2}}$$

$$= \lim_{x \to +\infty} \frac{2\displaystyle\int_0^x \mathrm{e}^{t^2}\,\mathrm{d}t}{\mathrm{e}^{x^2}} = \lim_{x \to +\infty} \frac{2\mathrm{e}^{x^2}}{2x\mathrm{e}^{x^2}} = 0.$$

（2）本例是"$\dfrac{0}{0}$"型极限. 因当 $x \to 0$ 时 $x + x^2 \sim x$，$1 - \cos x \sim$

$\dfrac{1}{2} x^2$，则由等价无穷小替代与洛必达法则得

$$
\begin{aligned}
I_2 &= \lim_{x \to 0} \frac{\displaystyle \int_0^x \left(\int_0^{u^2} \arctan(1 + t)\, \mathrm{d}t \right) \mathrm{d}u}{(x + x^2)(1 - \cos x)} \\
&= \lim_{x \to 0} \frac{\displaystyle \int_0^x \left(\int_0^{u^2} \arctan(1 + t)\, \mathrm{d}t \right) \mathrm{d}u}{\dfrac{1}{2} x^3} \\
&= \lim_{x \to 0} \frac{\displaystyle \int_0^{x^2} \arctan(1 + t)\, \mathrm{d}t}{\dfrac{3}{2} x^2} \\
&= \lim_{x \to 0} \frac{2x \arctan(1 + x^2)}{3x} = \frac{\pi}{6}.
\end{aligned}
$$

例 11　求极限 $\displaystyle \lim_{x \to 0} \frac{\displaystyle \int_0^x (x - t) \sin t^2\, \mathrm{d}t}{(x^2 + x^3)(1 - \sqrt{1 - x^2})}$.

解　因为当 $x \to 0$ 时，$1 - \sqrt{1 - x^2} \sim -\dfrac{1}{2}(-x^2)$，又 $x^2 + x^3 \sim$

x^2，故该极限的分母可用相应的等价无穷小 $\dfrac{1}{2} x^4$ 替代. 其分子是被积

函数与积分上限都含有参变量 x 的变上限积分，它的导数是

$$
\frac{\mathrm{d}}{\mathrm{d}x} \int_0^x (x - t) \sin t^2\, \mathrm{d}t = \frac{\mathrm{d}}{\mathrm{d}x} \left(x \int_0^x \sin t^2\, \mathrm{d}t - \int_0^x t \sin t^2\, \mathrm{d}t \right) = \int_0^x \sin t^2\, \mathrm{d}t.
$$

原极限是"$\dfrac{0}{0}$"型未定型，利用两次洛必达法则，求得原极限

$$
\lim_{x \to 0} \frac{\displaystyle \int_0^x (x - t) \sin t^2\, \mathrm{d}t}{(x^2 + x^3)(1 - \sqrt{1 - x^2})} = \lim_{x \to 0} \frac{\displaystyle x \int_0^x \sin t^2\, \mathrm{d}t - \int_0^x t \sin t^2\, \mathrm{d}t}{\dfrac{1}{2} x^4}
$$

$$= \lim_{x \to 0} \frac{\int_0^x \sin t^2 \, \mathrm{d}t}{2x^3} = \lim_{x \to 0} \frac{\sin x^2}{6x^2} = \frac{1}{6}.$$

注记 对一般情况下的变限积分求导时,应设法把被积函数中含有参变量 x 的因子提到积分号外面去,使其化为参变量 x 仅在积分上、下限中,而被积函数中不再含有参变量 x 的变限积分,然后利用变限定积分的求导公式求导.

例 12 设 $f(x)$ 连续,$f(0) \neq 0$,求极限

$$I = \lim_{x \to 0} \frac{\int_0^x (x-t) f(t) \, \mathrm{d}t}{x \int_0^x f(x-t) \, \mathrm{d}t}.$$

解 令 $u = x - t$,则 $\int_0^x f(x-t) \, \mathrm{d}t = \int_0^x f(u) \, \mathrm{d}u$.

因 $f(x)$ 连续,故题给极限中的变限积分都可导,且可应用积分中值定理有

$$\int_0^x f(u) \, \mathrm{d}u = x f(\xi), \quad 0 < \xi < x \text{ 或 } x < \xi < 0.$$

则由洛必达法则得

$$I = \lim_{x \to 0} \frac{\int_0^x (x-t) f(t) \, \mathrm{d}t}{x \int_0^x f(x-t) \, \mathrm{d}t} = \lim_{x \to 0} \frac{x \int_0^x f(t) \, \mathrm{d}t - \int_0^x t f(t) \, \mathrm{d}t}{x \int_0^x f(u) \, \mathrm{d}u}$$

$$= \lim_{x \to 0} \frac{\int_0^x f(t) \, \mathrm{d}t}{\int_0^x f(u) \, \mathrm{d}u + x f(x)} = \lim_{x \to 0} \frac{x f(\xi)}{x f(\xi) + x f(x)}$$

$$= \frac{f(0)}{2 f(0)} = \frac{1}{2},$$

其中,由 $f(x)$ 连续得 $\lim_{x \to 0} f(\xi) = \lim_{\xi \to 0} f(\xi) = f(0)$.

注记 　因题设条件仅为 $f(x)$ 连续,故对极限

$$\lim_{x \to 0} \frac{\int_0^x f(t)\mathrm{d}t}{\int_0^x f(u)\mathrm{d}u + xf(x)}$$ 不能再使用洛必达法则,而应该用积分中值

定理.然而,注意到 $\lim_{x \to 0} \dfrac{\int_0^x f(t)\mathrm{d}t}{x} = \lim_{x \to 0} f(x) = f(0)$,则本例的极限也

可以化为

$$I = \lim_{x \to 0} \frac{\dfrac{1}{x}\int_0^x f(t)\mathrm{d}t}{\dfrac{1}{x}\int_0^x f(u)\mathrm{d}u + f(x)} = \frac{f(0)}{2f(0)} = \frac{1}{2}.$$

例 13 　求下列极限.

(1) $\lim\limits_{n \to +\infty} \int_n^{n+1} x^2 \mathrm{e}^{-x^2} \mathrm{d}x$; 　　(2) $\lim\limits_{n \to +\infty} \int_n^{n+c} \dfrac{\sin x}{x}\mathrm{d}x$, 　　其中,常数 $c > 0$.

证明 　(1) 显然,$f(x) = x^2 \mathrm{e}^{-x^2}$ 连续,则由积分中值定理,便知,存在 ξ, $n < \xi < n+1$,即得

$$\lim_{n \to \infty} \int_n^{n+1} x^2 \mathrm{e}^{-x^2} \mathrm{d}x = \lim_{n \to +\infty} \xi^2 \mathrm{e}^{-\xi^2} = \lim_{\xi \to +\infty} \xi^2 \mathrm{e}^{-\xi^2} = 0.$$

(2) 因 $f(x) = \dfrac{\sin x}{x}$ 在 $x > 0$ 时连续,则由积分中值定理知,存在 ξ, $n < \xi < n+c$,使得

$$\lim_{n \to +\infty} \int_n^{n+c} \frac{\sin x}{x}\mathrm{d}x = c \lim_{n \to +\infty} \frac{\sin \xi}{\xi} = c \lim_{\xi \to +\infty} \frac{1}{\xi}\sin \xi = 0.$$

注记 　利用积分中值定理等定积分性质也是求相应极限的一个很不错的方法.同理,请证明:

(1) $\lim\limits_{n \to +\infty} \int_0^1 \dfrac{x^n}{1+x}\mathrm{d}x = 0$; 　　(2) $\lim\limits_{n \to +\infty} \int_0^{\frac{\pi}{2}} \sin^n x\,\mathrm{d}x = 0$.

2. 无穷小阶数的确定

例 14 　试确定当 $x \to 0$ 时下列无穷小关于 x 的阶数.

(1) $\alpha_1(x) = \displaystyle\int_0^{1-\cos x} \sin t^2 \, dt$;

(2) $\alpha_2(x) = \displaystyle\int_0^x t^{n-1} f(x^n - t^n) \, dt$,其中,$f(u)$ 连续,且 $f(0) = 0$,$f'(0) = 1$.

解 (1) 显然,无穷小 $\alpha_1(x)$ 可导,则由洛必达法则与等价无穷小替代得

$$\lim_{x \to 0} \frac{\alpha_1(x)}{x^k} = \lim_{x \to 0} \frac{\sin x \sin(1 - \cos x)^2}{k x^{k-1}} = \frac{1}{k} \lim_{x \to 0} \frac{\sin(1 - \cos x)^2}{x^{k-2}}$$

$$= \frac{1}{k} \lim_{x \to 0} \frac{(1 - \cos x)^2}{x^{k-2}} = \frac{1}{k} \lim_{x \to 0} \frac{\left(\dfrac{1}{2} x^2\right)^2}{x^{k-2}} = \frac{1}{4k} \lim_{x \to 0} x^{6-k},$$

要使该极限存在且为非零常数,必须取 $k=6$,即当 $x \to 0$ 时 $\alpha_1(x)$ 是 x 的六阶无穷小.

(2) 显然,无穷小 $\alpha_2(x)$ 可导. 令 $u = x^n - t^n$,则

$$\alpha_2(x) = \frac{1}{n} \int_0^{x^n} f(u) \, du.$$

按导数定义知

$$\lim_{x \to 0} \frac{f(x^n) - f(0)}{x^n - 0} = f'(0).$$

则由洛必达法则得

$$\lim_{x \to 0} \frac{\alpha_2(x)}{x^k} = \lim_{x \to 0} \frac{x^{n-1} f(x^n)}{k x^{k-1}} = \frac{1}{k} \lim_{x \to 0} \frac{f(x^n) - f(0)}{x^n - 0} \lim_{x \to 0} \frac{1}{x^{k-2n}}$$

$$= \frac{f'(0)}{k} \lim_{x \to 0} \frac{1}{x^{k-2n}},$$

要使该极限存在且为非零常数,必须取 $k=2n$,即当 $x \to 0$ 时 $\alpha_2(x)$ 是 x 的 $2n$ 阶无穷小.

注记 对于同一个极限过程 $x \to x_0$,在确定各个量关于 x 的无穷小阶数后,如果要求按使排在后面的量是前一个量的高阶无穷小

的规则确定它们的排列次序,那是很容易的.例如,在 $x \to 0^+$ 时无穷

小量 $\alpha_1(x) = \int_0^x \cos t^2 \, dt$, $\alpha_2(x) = \int_0^{x^2} \tan\sqrt{t} \, dt$, $\alpha_3(x) = \int_0^{\sqrt{x}} \sin t^3 \, dt$.

按这个排列规则的正确次序是 $\alpha_1(x)$, $\alpha_3(x)$, $\alpha_2(x)$.读者容易验证这个结论.

3. 极限中参数值的确定

例 15 设函数 $f(x) = \int_0^x e^{2t}\sqrt{3t^2+1} \, dt$, $g(x) = x^\alpha e^{2x}$ 且

$\lim\limits_{x \to +\infty} \dfrac{f(x)}{g(x)} = \dfrac{\sqrt{3}}{2}$,试确定常数 α 的值.

解 因为 $e^{2t}\sqrt{3t^2+1}$ 在 $[0, +\infty)$ 内是单调增加且无上界函数,

故 $\lim\limits_{x \to +\infty} f(x) = \int_0^{+\infty} e^{2t}\sqrt{3t^2+1} \, dt = +\infty$. 又显然 $\lim\limits_{x \to +\infty} g(x) =$

$\lim\limits_{x \to +\infty} x^\alpha e^{2x} = +\infty$. 所以由洛必达法则,有

$$\lim_{x \to +\infty} \frac{f(x)}{g(x)} = \lim_{x \to +\infty} \frac{e^{2x}\sqrt{3x^2+1}}{\alpha x^{\alpha-1} e^{2x} + 2x^\alpha e^{2x}} = \lim_{x \to +\infty} \frac{x\sqrt{3+x^{-2}}}{x^\alpha(2+\alpha x^{-1})} = \frac{\sqrt{3}}{2}.$$

要使该式成立,当然必须取 $\alpha = 1$.

例 16 试确定常数 a, b,使极限

$$I = \lim_{x \to 0}\left(\frac{a}{x^2} + \frac{1}{x^4} + \frac{b}{x^5}\int_0^x e^{-t^2} \, dt\right)$$

为有限值,并求该极限值.

解 经通分,知该极限为 "$\dfrac{\infty}{\infty}$" 型,应用洛必达法则得原极限

$$I = \lim_{x \to 0} \frac{ax^3 + x + b\int_0^x e^{-t^2} \, dt}{x^5} = \lim_{x \to 0} \frac{3ax^2 + 1 + be^{-x^2}}{5x^4}.$$

显然,要使上式后一极限为有限值,必须取

$$\lim_{x \to 0}(3ax^2 + 1 + be^{-x^2}) = 1 + b = 0.$$

由此得 $b = -1$. 把 $b = -1$ 代入前一式子,并利用洛必达法则有

$$I = \lim_{x \to 0} \frac{3ax^2 + 1 - e^{-x^2}}{5x^4} = \lim_{x \to 0} \frac{6ax + 2xe^{-x^2}}{20x^3} = \lim_{x \to 0} \frac{3a + e^{-x^2}}{10x^2}.$$

同理要使上式后一极限为有限值,必须取 $\lim_{x \to 0}(3a + e^{-x^2}) = 3a + 1 = 0$,即 $a = -\dfrac{1}{3}$,$b = -1$,于是对原极限再利用洛必达法则得

$$\lim_{x \to 0}\left(\frac{a}{x^2} + \frac{1}{x^4} + \frac{b}{x^5}\int_0^x e^{-t^2}\,\mathrm{d}t \right) = \lim_{x \to 0} \frac{e^{-x^2} - 1}{10x^2} = \lim_{x \to 0} \frac{-2xe^{-x^2}}{20x}$$
$$= -\frac{1}{10}.$$

例 17 试确定非零常数 a,b,c,使极限

$$I = \lim_{x \to 0} \frac{1}{e^x - bx + a}\int_0^x \frac{\sin t}{\sqrt{t+c}}\,\mathrm{d}t = 1.$$

解 当 $x \to 0$ 时,分子的变限积分为无穷小,且原极限存在,故必有

$$\lim_{x \to 0}(e^x - bx + a) = 1 + a = 0.$$

由此得 $a = -1$. 对原极限使用洛必达法则得

$$I = \lim_{x \to 0} \frac{\sin x}{(e^x - b)\sqrt{x + c}} = 1.$$

要使该式成立,必须取其分母的极限 $\lim_{x \to 0}(e^x - b)\sqrt{x+c} = (1 - b)\sqrt{c} = 0$,$c \neq 0$,故 $b = 1$. 于是,利用等价无穷小替代法则,原极限化为

$$I = \lim_{x \to 0} \frac{\sin x}{(e^x - 1)\sqrt{x + c}} = \lim_{x \to 0} \frac{x}{x\sqrt{x + c}} = \frac{1}{\sqrt{c}} = 1,$$

则 $c = 1$. 所以所求的非零常数 $a = -1$,$b = 1$,$c = 1$.

例 18 求常数 a 使极限

$$I = \lim_{x \to 0}\int_{-x}^x \frac{1}{x}\left(1 - \frac{|t|}{x} \right)\cos(a - t)\,\mathrm{d}t$$

存在,并求该极限值.

解 记 $f(x) = \dfrac{1}{x}\displaystyle\int_{-x}^{x}\left(1 - \dfrac{|t|}{x}\right)\cos(a-t)\mathrm{d}t$. 因其被积函数关于 t 连续,故 $f(x)$ 必可导. 整理题设极限,并由变限积分的求导公式用洛必达法则得

$$
\begin{aligned}
I &= \lim_{x\to 0}\frac{\displaystyle\int_{-x}^{x}\cos(a-t)\mathrm{d}t}{x} - \lim_{x\to 0}\frac{\displaystyle\int_{-x}^{x}|t|\cos(a-t)\mathrm{d}t}{x^2}\\
&= \lim_{x\to 0}[\cos(a-x)+\cos(a+x)]\\
&\quad - \lim_{x\to 0}\frac{|x|\cos(a-x)+|-x|\cos(a+x)}{2x}.
\end{aligned}
$$

分别考虑该极限在 $x=0$ 处的左、右极限如下:

$$
\begin{aligned}
f(0-0) &= \lim_{x\to 0^-}[\cos(a-x)+\cos(a+x)]\\
&\quad - \lim_{x\to 0^-}\frac{-x\cos(a-x)-x\cos(a+x)}{2x}\\
&= 2\cos a + \cos a = 3\cos a;\\
f(0+0) &= \lim_{x\to 0^+}[\cos(a-x)+\cos(a+x)]\\
&\quad - \lim_{x\to 0^+}\frac{x\cos(a-x)+x\cos(a+x)}{2x} = \cos a.
\end{aligned}
$$

根据分段函数极限存在准则知,要使前一式的后一极限存在的充分必要条件是 $f(0-0)=3\cos a = \cos a = f(0+0)$,故必须取常数 $a = n\pi + \dfrac{\pi}{2}$ 时极限 I 存在,且其极限值 $I = \cos\left(n\pi + \dfrac{\pi}{2}\right) = 0$,其中,$n$ 为整数.

4. 极限存在的证明

例 19 设 $f(x)$ 是 $[0,+\infty)$ 上单调减少且非负的连续函数,$a_n = \displaystyle\sum_{k=1}^{n} f(k) - \int_{1}^{n} f(x)\mathrm{d}x$, $n=1,2,\cdots$,证明数列 $\{a_n\}$ 的极限 $\lim_{n\to\infty} a_n$ 是存在的.

证明 由于连续函数 $f(x)$ 在 $[0,+\infty)$ 上单调减少且非负,故对

$x>0$,存在正整数 k 有 $k \leqslant x < k+1$,且 $0 \leqslant f(k+1) \leqslant f(x) \leqslant f(k)$,因此由定积分的性质得

$$f(k+1) = \int_k^{k+1} f(k+1)\mathrm{d}x \leqslant \int_k^{k+1} f(x)\mathrm{d}x$$

$$\leqslant \int_k^{k+1} f(k)\mathrm{d}x = f(k), \quad k = 1, 2, \cdots,$$

于是得

$$a_n = \sum_{k=1}^n f(k) - \int_1^n f(x)\mathrm{d}x = \sum_{k=1}^n f(k) - \sum_{k=1}^{n-1} \int_k^{k+1} f(x)\mathrm{d}x$$

$$= f(n) + \sum_{k=1}^{n-1} \int_k^{k+1} [f(k) - f(x)]\mathrm{d}x \geqslant 0,$$

$$a_{n+1} - a_n = f(n+1) - \int_n^{n+1} f(x)\mathrm{d}x$$

$$= \int_n^{n+1} [f(n+1) - f(x)]\mathrm{d}x \leqslant 0.$$

这表示数列 $\{a_n\}$ 是单调减少且有下界. 根据单调有界准则知数列 $\{a_n\}$ 的极限 $\lim\limits_{n \to \infty} a_n$ 存在.

例 20 证明极限 $\lim\limits_{x \to +\infty} \dfrac{1}{x} \int_0^x |\sin t| \mathrm{d}t$ 是存在的,并求该极限值.

解 因 $|\sin t|$ 是以 π 为周期的周期函数,故对任一正整数 k 有

$$\int_{k\pi}^{(k+1)\pi} |\sin t| \mathrm{d}t = \int_0^\pi |\sin t| \mathrm{d}t = \int_0^\pi \sin t \mathrm{d}t = 2.$$

对于任意的正数 x,总存在正整数 n 使 $n\pi \leqslant x < (n+1)\pi$,所以由定积分的性质得

$$2n = \sum_{k=0}^{n-1} \int_{k\pi}^{(k+1)\pi} |\sin t| \mathrm{d}t = \int_0^{n\pi} |\sin t| \mathrm{d}t \leqslant \int_0^x |\sin t| \mathrm{d}t$$

$$< \int_0^{(n+1)\pi} |\sin t| \mathrm{d}t = \sum_{k=0}^n \int_{k\pi}^{(k+1)\pi} |\sin t| \mathrm{d}t < 2(n+1),$$

于是有

$$\frac{2n}{(n+1)\pi} \leqslant \frac{1}{x}\int_0^x |\sin t| \, dt < \frac{2(n+1)}{n\pi}.$$

当 $x \to +\infty$ 时，$n \to +\infty$. 则由夹逼准则得 $\lim\limits_{x \to +\infty} \frac{1}{x}\int_0^x |\sin t| \, dt = \frac{2}{\pi}$.

注记 由于 $\lim\limits_{x \to +\infty}\int_0^x |\sin t| \, dt = +\infty$，故该极限属于"$\frac{\infty}{\infty}$"型未定型，但是它不能使用洛必达法则，这是因为分子的导数与分母的导数之比的极限 $\lim\limits_{x \to +\infty} |\sin x|$ 不存在.

例 21 证明下列极限是存在的：

(1) $I_1 = \lim\limits_{x \to +\infty}\int_1^x \frac{\cos t}{t^2} \, dt$; (2) $I_2 = \lim\limits_{x \to +\infty}\int_1^x \frac{\sin t}{t} \, dt$.

证明 （1）记 $F(x) = \int_1^x \left(\frac{\cos t}{t^2} + \left| \frac{\cos t}{t^2} \right| \right) \, dt$, $G(x) = \int_1^x \left| \frac{\cos t}{t^2} \right| \, dt$. 显然有

$$0 \leqslant \frac{\cos x}{x^2} + \left| \frac{\cos x}{x^2} \right| \leqslant 2\left| \frac{\cos x}{x^2} \right|.$$

由定积分性质即知 $F(x)$ 与 $G(x)$ 在 $[1, +\infty)$ 上都单调增加，且有

$$F(x) = \int_1^x \left(\frac{\cos t}{t^2} + \left| \frac{\cos t}{t^2} \right| \right) \, dt \leqslant 2G(x) = 2\int_1^x \left| \frac{\cos t}{t^2} \right| \, dt$$

$$\leqslant 2\int_1^x \frac{1}{t^2} \, dt = 2 - \frac{2}{x} \leqslant 2,$$

即 $F(x)$ 与 $G(x)$ 在 $[1, +\infty)$ 上都有上界，则根据单调有界准则得极限 $\lim\limits_{x \to +\infty} G(x)$ 与 $\lim\limits_{x \to +\infty} F(x)$ 都存在. 于是，按极限的四则运算法则得极限

$$I_1 = \lim\limits_{x \to +\infty}\int_1^x \frac{\cos t}{t^2} \, dt$$

$$= \lim\limits_{x \to +\infty}\left[\int_1^x \left(\frac{\cos t}{t^2} + \left| \frac{\cos t}{t^2} \right| \right) \, dt - \int_1^x \left| \frac{\cos t}{t^2} \right| \, dt \right]$$

$$= \lim\limits_{x \to +\infty} F(x) - \lim\limits_{x \to +\infty} G(x)$$

是存在的.

（2）利用分部积分法得

$$\int_1^x \frac{\sin t}{t}\mathrm{d}t = -\left.\frac{\cos t}{t}\right|_1^x - \int_1^x \frac{-\cos t}{-t^2}\mathrm{d}t$$

$$= \cos 1 - \frac{\cos x}{x} - \int_1^x \frac{\cos t}{t^2}\mathrm{d}t.$$

由（1）知极限 $\lim\limits_{x\to+\infty}\int_1^x \frac{\cos t}{t^2}\mathrm{d}t$ 存在，又有 $\lim\limits_{x\to+\infty}\frac{\cos x}{x}=0$，则按极限的四则运算法则证得极限 $I_2=\lim\limits_{x\to+\infty}\int_1^x \frac{\sin t}{t}\mathrm{d}t$ 是存在的.

注记 本例实际上也就是证明广义积分 $\int_1^{+\infty}\frac{\cos t}{t^2}\mathrm{d}t$ 与 $\int_1^{+\infty}\frac{\sin t}{t}\mathrm{d}t$ 是收敛的.

5.2.4 变限定积分函数的连续性与可导性

讨论变限定积分函数的连续性与可导性问题时，首先应熟练掌握函数连续与可导的定义与性质，同时还应掌握变限定积分函数的求导公式及其条件.

例 22 讨论函数 $F(x)$ 在 $x=0$ 处的连续性与可导性，其中

$$F(x)=\begin{cases} \dfrac{2(1-\cos x)}{x^2}, & x<0, \\[2mm] 1, & x=0, \\[2mm] \dfrac{1}{x}\displaystyle\int_0^x \cos t^2\,\mathrm{d}t, & x>0. \end{cases}$$

解 因 $\lim\limits_{x\to0^-}F(x)=\lim\limits_{x\to0^-}\frac{2(1-\cos x)}{x^2}=1$，且由洛必达法则得

$$\lim\limits_{x\to0^+}F(x)=\lim\limits_{x\to0^+}\frac{1}{x}\int_0^x \cos t^2\,\mathrm{d}t=\lim\limits_{x\to0^+}\cos x^2=1,$$

故 $\lim\limits_{x\to 0}F(x)=\lim\limits_{x\to 0^-}F(x)=\lim\limits_{x\to 0^+}F(x)=1=F(0)$. 所以函数 $F(x)$ 在 $x=0$ 处连续.

按导数定义,经通分后由洛必达法则得

$$F_-'(0)=\lim_{x\to 0^-}\frac{1}{x}\left[\frac{2(1-\cos x)}{x^2}-1\right]=\lim_{x\to 0^-}\frac{2(1-\cos x)-x^2}{x^3}$$

$$=\lim_{x\to 0^-}\frac{2\sin x-2x}{3x^2}=2\lim_{x\to 0^-}\frac{\cos x-1}{6x}=0,$$

$$F_+'(0)=\lim_{x\to 0^+}\frac{1}{x}\left(\frac{1}{x}\int_0^x\cos t^2\,\mathrm{d}t-1\right)=\lim_{x\to 0^+}\frac{1}{x^2}\left(\int_0^x\cos t^2\,\mathrm{d}t-x\right)$$

$$=\lim_{x\to 0^+}\frac{\cos x^2-1}{2x}=0.$$

则函数 $F(x)$ 在 $x=0$ 处可导,且 $F'(0)=F_-'(0)=F_+'(0)=0$.

例 23 设函数 $f(x)$ 连续,且 $\lim\limits_{x\to 0}\dfrac{f(x)}{x}=2$,记函数 $F(x)=3\displaystyle\int_0^1 f(3xt)\mathrm{d}t$. (1) 证明 $F(x)$ 连续;(2) 求 $F'(x)$,并证明 $F'(x)$ 连续;(3) 求常数 $k>0$ 的取值范围,使得极限 $\lim\limits_{x\to 0^+}\dfrac{F(x)}{x^k+x^{k+1}}$ 存在.

解 (1) 因设 $\lim\limits_{x\to 0}\dfrac{f(x)}{x}$ 存在,故有 $\lim\limits_{x\to 0}f(x)=0$. 又因 $f(x)$ 连续,故得 $f(0)=0$. 从而还得

$$F(0)=3\int_0^1 f(0)\mathrm{d}t=0.$$

令 $u=3xt$,则 $x\neq 0$ 时 $F(x)=\dfrac{1}{x}\displaystyle\int_0^{3x}f(u)\mathrm{d}u$. 因 $f(x)$ 连续,故 $\displaystyle\int_0^{3x}f(u)\mathrm{d}u$ 必连续,且可导,则 $F(x)$ 在 $x\neq 0$ 时连续. 又因

$$\lim_{x\to 0}F(x)=\lim_{x\to 0}\frac{\displaystyle\int_0^{3x}f(u)\mathrm{d}u}{x}=\lim_{x\to 0}3f(3x)=3f(0)=0=F(0),$$

则 $F(x)$ 在 $x=0$ 处也连续,所以 $F(x)$ 为连续函数.

（2）由变限积分的求导公式得

$$F'(x) = \frac{3f(3x)}{x} - \frac{1}{x^2}\int_0^{3x} f(u)\,\mathrm{d}u.$$

同理可知，$F'(x)$ 在 $x \neq 0$ 时连续.

$$F'(0) = \lim_{x\to 0}\frac{F(x) - F(0)}{x - 0} = \lim_{x\to 0}\frac{\int_0^{3x} f(u)\,\mathrm{d}u}{x^2}$$

$$= \frac{9}{2}\lim_{x\to 0}\frac{f(3x)}{3x} = 9.$$

按函数连续的定义以及上式极限的结果有

$$\lim_{x\to 0}F'(x) = 9\lim_{x\to 0}\frac{f(3x)}{3x} - \lim_{x\to 0}\frac{\int_0^{3x} f(u)\,\mathrm{d}u}{x^2}$$

$$= 18 - 9 = 9 = F'(0),$$

则 $F'(x)$ 在 $x=0$ 处也连续.

（3）注意到当 $x\to 0$ 时 $x^k + x^{k+1} \sim x^k$，则由等价无穷小替代与洛必达法则得

$$\lim_{x\to 0^+}\frac{F(x)}{x^k + x^{k+1}} = \lim_{x\to 0^+}\frac{F(x)}{x^k} = \lim_{x\to 0^+}\frac{\int_0^{3x} f(u)\,\mathrm{d}u}{x^{k+1}}$$

$$= \frac{3}{k+1}\lim_{x\to 0^+}\frac{f(3x)}{x^k}$$

$$= \frac{9}{k+1}\lim_{x\to 0^+}\frac{f(3x)}{3x}\cdot\frac{1}{x^{k-1}}.$$

因 $\lim\limits_{x\to 0}\dfrac{f(3x)}{3x} = 2 \neq 0$，要使得上式极限存在，则按极限的运算法则可知就是要使 $\lim\limits_{x\to 0^+}x^{1-k}$ 存在，故必须取 $0 < k \leqslant 1$.

注记 （i）本例是一类综合性很强的问题，它要求读者对一元函数的极限、连续、可导、定积分与变限定积分等众多知识点的概念与

性质都十分清晰,请读者细细品味.

(ii) 对于被积函数中含有参变量的定积分,如这里的 $\int_0^1 f(3xt)\,\mathrm{d}t$,通常经变量代换,如令 $u = 3xt$,把它化为变限定积分.

例 24 设函数 $f(x)$ 在 $[0, +\infty)$ 内连续,且 $f(x) > 0$,记

$$F(x) = \begin{cases} \left(\displaystyle\int_0^x tf(t)\,\mathrm{d}t\right)\left(\displaystyle\int_0^x f(t)\,\mathrm{d}t\right)^{-1}, & x > 0, \\[2mm] k, & x = 0. \end{cases}$$

(1) 试确定常数 k 使 $F(x)$ 在 $[0, +\infty)$ 内连续;(2) 试在(1)确定的常数 k 时,求 $F'_+(0)$;(3) 在(1)确定的 k 值下,证明在 $[0, +\infty)$ 内 $F'(x) > 0$.

解 (1) 因 $f(x)$ 连续,故题给的变限积分也连续且可导,于是当 $x > 0$ 时 $F(x)$ 必连续. 现讨论 $F(x)$ 在 $x = 0$ 处的连续性. 因 $f(x) > 0$,则由洛必达法则得

$$\lim_{x \to 0^+} F(x) = \lim_{x \to 0^+} \frac{\displaystyle\int_0^x tf(t)\,\mathrm{d}t}{\displaystyle\int_0^x f(t)\,\mathrm{d}t} = \lim_{x \to 0^+} \frac{xf(x)}{f(x)} = 0.$$

于是,当 $k = 0$ 时,$F(0) = 0$,有 $\lim\limits_{x \to 0^+} F(x) = F(0)$,即 $k = 0$ 时,$F(x)$ 在 $[0, +\infty)$ 内连续.

(2) 因 $f(x)$ 连续,故应用积分中值定理得 $\int_0^x f(t)\,\mathrm{d}t = xf(\xi)$,$0 < \xi < x$. 又因 $k = 0$ 时,$F(0) = 0$. 则按导数定义、洛必达法则与积分中值定理得

$$F'_+(0) = \lim_{x \to 0^+} \frac{F(x) - F(0)}{x - 0} = \lim_{x \to 0^+} \frac{\displaystyle\int_0^x tf(t)\,\mathrm{d}t}{x\displaystyle\int_0^x f(t)\,\mathrm{d}t}$$

$$= \lim_{x \to 0^+} \frac{xf(x)}{xf(x) + \displaystyle\int_0^x f(t)\,\mathrm{d}t}$$

$$= \lim_{x \to 0^+} \frac{xf(x)}{xf(x) + xf(\xi)} = \frac{f(0)}{2f(0)} = \frac{1}{2},$$

其中,由 $f(x)$ 在 $x=0$ 处右连续有 $\lim_{x \to 0^+} f(x) = f(0)$,$\lim_{x \to 0^+} f(\xi) = \lim_{\xi \to 0^+} f(\xi) = 0$.

(3) 当 $x>0$ 时,由导数的四则运算法则得

$$F'(x) = f(x) \left[x \int_0^x f(t)\mathrm{d}t - \int_0^x tf(t)\mathrm{d}t \right] \left(\int_0^x f(t)\mathrm{d}t \right)^{-2}.$$

记 $\varphi(x) = x \int_0^x f(t)\mathrm{d}t - \int_0^x tf(t)\mathrm{d}t$. 因为在 $x>0$, $f(x)>0$ 时,

$\varphi'(x) = \int_0^x f(t)\mathrm{d}t > 0$,故 $\varphi(x)$ 严格单调增加,即有 $\varphi(x) > \varphi(0) = 0$.

所以在 $x>0$ 时 $F'(x) > 0$. 再注意到 $F'_+(0) = \frac{1}{2} > 0$,就得到在 $[0, +\infty)$ 内 $F'(x) > 0$.

注记 设 $f(x)$ 具有连续的导数,且 $f(0)=0$,记

$$F(x) = \begin{cases} \dfrac{1}{x^2} \displaystyle\int_0^x tf(t)\mathrm{d}t, & x \neq 0, \\ k, & x = 0. \end{cases}$$

作为练习,请读者求常数 k 使 $F(x)$ 连续,并讨论 $F'(x)$ 的连续性.

5.2.5 变限定积分的导数与积分的计算

变限定积分作为函数,当然还可以对它实施求导数和积分运算.

1. 变限定积分的导数

例 25 求解下列各题.

(1) 设 $f(x)$ 连续,求 $\dfrac{\mathrm{d}}{\mathrm{d}x} \int_0^a f(x^2 - t)\mathrm{d}t$.

(2) 设函数 $f(x)$ 二阶可导,记 $F(x) = \displaystyle\int_{x^2}^{2x} (x^2 - t)f(t)\mathrm{d}t$,求

$F'(x)$, $F''(x)$, $F'''(x)$.

解 （1）令 $u = x^2 - t$，则由变限定积分的求导公式得

$$\frac{\mathrm{d}}{\mathrm{d}x}\int_0^a f(x^2 - t)\mathrm{d}t = \frac{\mathrm{d}}{\mathrm{d}x}\int_{x^2-a}^{x^2} f(u)\mathrm{d}u = 2xf(x^2) - 2xf(x^2 - a).$$

（2）由变限积分的求导公式与复合函数求导法则得

$$\begin{aligned}
F'(x) &= \frac{\mathrm{d}}{\mathrm{d}x}\int_{x^2}^{2x} (x^2 - t)f(t)\mathrm{d}t \\
&= \frac{\mathrm{d}}{\mathrm{d}x}\Big[x^2\int_{x^2}^{2x} f(t)\mathrm{d}t - \int_{x^2}^{2x} tf(t)\mathrm{d}t\Big] \\
&= 2x\int_{x^2}^{2x} f(t)\mathrm{d}t + x^2\big[2f(2x) - 2xf(x^2)\big] \\
&\quad - \big[4xf(2x) - 2xx^2 f(x^2)\big] \\
&= 2x\int_{x^2}^{2x} f(t)\mathrm{d}t + 2(x^2 - 2x)f(2x).
\end{aligned}$$

$$\begin{aligned}
F''(x) &= 2\int_{x^2}^{2x} f(t)\mathrm{d}t + 2x\big[2f(2x) - 2xf(x^2)\big] \\
&\quad + 2(2x - 2)f(2x) + 4(x^2 - 2x)f'(2x) \\
&= 2\int_{x^2}^{2x} f(t)\mathrm{d}t + 4(2x - 1)f(2x) \\
&\quad - 4x^2 f(x^2) + 4(x^2 - 2x)f'(2x).
\end{aligned}$$

$$\begin{aligned}
F'''(x) &= 4f(2x) - 4xf(x^2) + 8f(2x) + 8(2x - 1)f'(2x) \\
&\quad - 8xf(x^2) - 8x^3 f'(x^2) + 4(2x - 2)f'(2x) \\
&\quad + 8(x^2 - 2x)f''(2x) \\
&= 12f(2x) - 12xf(x^2) + 8(3x - 2)f'(2x) - 8x^3 f'(x^2) \\
&\quad + 8(x^2 - 2x)f''(2x).
\end{aligned}$$

例 26 设非零函数 $x = x(t)$ 可导，且 $x^2(t) = 2\int_0^t x(u)\cos u^2\,\mathrm{d}u$，

而 $y(t) = \int_0^{t^2} \frac{\sin u}{\sqrt{u}}\mathrm{d}u$，$t > 0$，求 $\dfrac{\mathrm{d}y}{\mathrm{d}x}$，$\dfrac{\mathrm{d}^2 y}{\mathrm{d}x^2}$.

解 按隐函数的求导法则对 $x^2(t) = 2\int_0^t x(u)\cos u^2\, \mathrm{d}u$ 关于 t 求导得 $2x(t)\dfrac{\mathrm{d}x}{\mathrm{d}t} = 2x(t)\cos t^2$，故 $\dfrac{\mathrm{d}x}{\mathrm{d}t} = \cos t^2$，又 $\dfrac{\mathrm{d}y}{\mathrm{d}t} = 2t\dfrac{\sin t^2}{t} = 2\sin t^2$，则按参数式函数求导法则得

$$\frac{\mathrm{d}y}{\mathrm{d}x} = \frac{\mathrm{d}y}{\mathrm{d}t} \cdot \frac{\mathrm{d}t}{\mathrm{d}x} = 2\tan t^2,$$

$$\frac{\mathrm{d}^2 y}{\mathrm{d}x^2} = \frac{\mathrm{d}}{\mathrm{d}t}\left(\frac{\mathrm{d}y}{\mathrm{d}x}\right)\frac{\mathrm{d}t}{\mathrm{d}x} = \frac{4t\sec^2(t^2)}{\cos t^2} = 4t\sec^3(t^2).$$

例 27 已知 $f(x) = \int_{x^2}^2 \dfrac{1}{\sqrt{1+x^3}}\mathrm{d}x$，$x \neq 0$，且 $x = g(y)$ 是 $y = f(x)$ 的反函数，求 $\dfrac{\mathrm{d}^2 x}{\mathrm{d}y^2}$.

解 显然，变限积分函数 $y = f(x)$ 是可导的，且 $\dfrac{\mathrm{d}y}{\mathrm{d}x} = f'(x) = -2x\dfrac{1}{\sqrt{1+(x^2)^3}}$，则由反函数的求导法则得

$$\frac{\mathrm{d}x}{\mathrm{d}y} = \left(\frac{\mathrm{d}y}{\mathrm{d}x}\right)^{-1} = -\frac{\sqrt{1+x^6}}{2x}.$$

根据复合函数的求导法则得

$$\frac{\mathrm{d}^2 x}{\mathrm{d}y^2} = \frac{\mathrm{d}}{\mathrm{d}x}\left(\frac{\mathrm{d}x}{\mathrm{d}y}\right)\frac{\mathrm{d}x}{\mathrm{d}y} = \frac{\mathrm{d}}{\mathrm{d}x}\left(-\frac{\sqrt{1+x^6}}{2x}\right)\left(-\frac{\sqrt{1+x^6}}{2x}\right)$$

$$= \frac{\sqrt{1+x^6}}{2x}\frac{1}{4x^2}\left(\frac{2x6x^5}{2\sqrt{1+x^6}} - 2\sqrt{1+x^6}\right) = \frac{2x^6 - 1}{4x^3}.$$

注记 由复合函数与反函数的求导法则知

$$\frac{\mathrm{d}^2 x}{\mathrm{d}y^2} = -\left(\frac{\mathrm{d}x}{\mathrm{d}y}\right)^3 \frac{\mathrm{d}^2 y}{\mathrm{d}x^2}, \quad \text{或} \quad \frac{\mathrm{d}^2 y}{\mathrm{d}x^2} = -\left(\frac{\mathrm{d}x}{\mathrm{d}y}\right)^{-3}\frac{\mathrm{d}^2 x}{\mathrm{d}y^2}.$$

例 28 设函数 $y = y(x)$ 由方程 $x = \int_1^{y-x} \mathrm{e}^{-u^2}\mathrm{d}u$ 确定，试求 $y(0)$，

$\dfrac{dy}{dx}\Big|_{x=0}$, $\dfrac{d^2y}{dx^2}\Big|_{x=0}$ 之值,并写出 $y(x)$ 的二阶带皮亚诺余项的麦克劳林公式.

解 由方程及定积分性质易得,$y(0)=1$. 按隐函数的求导法则对给定的方程关于 x 求导,有

$$1=\left(\frac{dy}{dx}-1\right)e^{-(y-x)^2}.$$

把 $y(0)=1$ 代入上式得 $\dfrac{dy}{dx}\Big|_{x=0}=1+e$. 对上式两边再关于 x 求导,有

$$0=\left[\frac{d^2y}{dx^2}-2(y-x)\left(\frac{dy}{dx}-1\right)^2\right]e^{-(y-x)^2}.$$

则当 $x=0$ 时,$\dfrac{d^2y}{dx^2}\Big|_{x=0}=2y(0)\left(\dfrac{dy}{dx}\Big|_{x=0}-1\right)^2=2e^2$. 于是 $y(x)$ 的二阶麦克劳林公式是

$$y(x)=y(0)+y'(0)x+\frac{1}{2}y''(0)x^2+o(x^2)$$
$$=1+(1+e)x+e^2x^2+o(x^2).$$

注记 建立函数 $y=y(x)$ 在点 x_0 处的泰勒公式的关键是求出 $y=y(x)$ 在点 x_0 处的各阶导数 $y^{(n)}(x_0)$, $n=0,1,2,\cdots$,然后把它们直接代入相应阶的泰勒公式即可.

例 29 设连续函数 $f(x)$ 满足 $\displaystyle\int_0^x f(x-t)e^t\,dt=\sin x$,求定积分 $\displaystyle\int_0^{\frac{\pi}{2}}f(t)e^{-t}\,dt$;并求 $f(x)$.

解 令 $u=x-t$,则题设的关系式化为

$$\int_0^x f(x-t)e^t\,dt=e^x\int_0^x f(u)e^{-u}\,du=\sin x.$$

即 $f(x)$ 满足 $\int_0^x f(u) e^{-u} du = e^{-x} \sin x$.

令 $x = \dfrac{\pi}{2}$，则定积分 $\int_0^{\frac{\pi}{2}} f(t) e^{-t} dt = e^{-\frac{\pi}{2}}$.

对上一变限积分式两边求导得 $f(x) = \cos x - \sin x$.

例 30 设函数 $f(x)$ 连续，且 $\int_a^{\frac{1}{x}} f(t) dt = 1 - \dfrac{1}{x}(1 + \ln x)$，$x > 0$，求 $f(x)$ 与常数 a 的值.

解法 1 对题给的等式两边关于 x 求导，由变限定积分的求导公式得

$$-\frac{1}{x^2} f\left(\frac{1}{x}\right) = \frac{1}{x^2} \ln x, \quad f\left(\frac{1}{x}\right) = -\ln x.$$

令 $t = \dfrac{1}{x}$ 得 $f(t) = \ln t$，即 $f(x) = \ln x$.

把 $f(t) = \ln t$ 代入题给的积分，由分部积分法得

$$\int_a^{\frac{1}{x}} \ln t \, dt = t \ln t \Big|_a^{\frac{1}{x}} - \int_a^{\frac{1}{x}} dt = a(1 - \ln a) - \frac{1}{x}(1 + \ln x).$$

要让它等于 $1 - \dfrac{1}{x}(1 + \ln x)$ 必须取常数 $a = 1$.

解法 2 因 $F(x) = \int_a^x f(t) dt$ 是 $f(x)$ 的一个原函数，且 $F(a) = 0$，$F'(x) = f(x)$，则

$$F\left(\frac{1}{x}\right) = F\left(\frac{1}{x}\right) - F(a) = \int_a^{\frac{1}{x}} F'(t) dt = \int_a^{\frac{1}{x}} f(t) dt$$

$$= 1 - \frac{1}{x}(1 + \ln x).$$

令 $u = \dfrac{1}{x}$，得 $F(u) = 1 - u(1 - \ln u)$，求导后便得

$$f(u) = F'(u) = \ln u, \quad 即 f(x) = \ln x.$$

同解法 1 可得常数 $a = 1$.

注记 设 $f(x)$ 连续,且 $\int_a^{\sqrt{x}} f(t)\mathrm{d}t = \dfrac{1}{2} - \dfrac{1}{2}x(1-\ln x)$,求 $f(x)$ 与常数 a.

2. 变限定积分的积分

例 31 设函数 $f(x) = \int_x^1 \mathrm{e}^{-y^2}\mathrm{d}y$,计算 $\int_0^1 x^2 f(x)\mathrm{d}x$.

解 显然,$f(1) = 0$,且 $f'(x) = -\mathrm{e}^{-x^2}$,则由分部积分法得

$$
\begin{aligned}
\int_0^1 x^2 f(x)\mathrm{d}x &= \int_0^1 x^2 \left(\int_x^1 \mathrm{e}^{-y^2}\mathrm{d}y \right)\mathrm{d}x \\
&= \frac{1}{3}x^3 \int_x^1 \mathrm{e}^{-y^2}\mathrm{d}y \Big|_0^1 - \frac{1}{3}\int_0^1 x^3 (-\mathrm{e}^{-x^2})\mathrm{d}x \\
&= 0 + \frac{1}{3}\int_0^1 x^3 \mathrm{e}^{-x^2}\mathrm{d}x = \frac{1}{6}\int_0^1 x^2 \mathrm{e}^{-x^2}\mathrm{d}x^2 \\
&= -\frac{1}{6}(x^2+1)\mathrm{e}^{-x^2} \Big|_0^1 = \frac{1}{6} - \frac{1}{3\mathrm{e}}.
\end{aligned}
$$

注记 (i) 计算这类以变限积分为被积函数的定积分,通常采用分部积分方法,其中,对变限积分的函数求导.

也可以把这类积分看作累次积分,利用交换积分次序求出它们的积分值.

事实上,所求的积分为累次积分 $\int_0^1 x^2 \mathrm{d}x \int_x^1 \mathrm{e}^{-y^2}\mathrm{d}y$,它相应的二重积分的积分区域为 $\sigma = \{(x,\,y)\,|\,x \leqslant y \leqslant 1,\,0 \leqslant x \leqslant 1\}$. 交换该累次积分的积分次序得

$$
\begin{aligned}
\int_0^1 x^2 f(x)\mathrm{d}x &= \int_0^1 x^2 \mathrm{d}x \int_x^1 \mathrm{e}^{-y^2}\mathrm{d}y = \int_0^1 \mathrm{e}^{-y^2}\mathrm{d}y \int_0^y x^2 \mathrm{d}x \\
&= \frac{1}{3}\int_0^1 y^3 \mathrm{e}^{-y^2}\mathrm{d}y = \frac{1}{6} - \frac{1}{3\mathrm{e}}.
\end{aligned}
$$

(ii) 设 $f(x) = \int_0^x \dfrac{\sin t}{\pi - t}\mathrm{d}t$,请用上述方法计算验证 $\int_0^\pi f(x)\mathrm{d}x = 2$.

3. 含有变限定积分的积分方程的求解

通常称积分号下含有未知函数的方程为积分方程；称含有未知函数的导数或微分的方程为微分方程.

现在考虑这样一类简单的积分方程问题：设在一方程中含有连续的未知函数外，还含有该连续的未知函数的变限积分，欲求解这个连续的未知函数. 它的求解路线是：利用连续函数的变限积分是可导的，对这类积分方程求导后把它化为微分方程，然后求解该微分方程.

求解微分方程，一般还需要给出初始条件. 这些初始条件，有的是给定的，有的是根据积分方程中变限积分的积分限来确定的.

这里的问题是不同于含有未知函数的确定上、下限值的定积分问题，后者往往采用对其再积分的方法. 请注意这两类问题及其求解方法的区别，并参阅 6.1.2 节的有关例解.

例 32 求连续函数 $f(x)$，使它满足

$$\int_0^1 f(tx)\mathrm{d}t = f(x) + x\sin x, x \neq 0.$$

解 令 $u = tx$，则原式化为

$$\int_0^x f(u)\mathrm{d}u = xf(x) + x^2\sin x.$$

因 $f(x)$ 连续，故上式左边可导，所以上式的右边的 $f(x)$ 也可导，对上式关于 x 求导，得 $f(x) = f(x) + xf'(x) + 2x\sin x + x^2\cos x$，即有微分方程

$$f'(x) = -2\sin x - x\cos x.$$

对这个方程直接积分得连续函数

$$f(x) = -\int(2\sin x + x\cos x)\mathrm{d}x = \cos x - x\sin x + C.$$

注记 (i) 本例所得的连续函数 $f(x) = \cos x - x\sin x + C$ 对任

意的常数 C 都满足原积分方程,因此,不必再由原积分方程确定其初始条件.

(ii) 如果设连续函数 $f(x)$ 满足

$$2\int_0^1 f(x)\mathrm{d}x = f(x) + x\sin x,$$

求解 $f(x)$,并指出它与本例问题的区别.

例 33 求连续函数 $f(x)$,使得当 $x > -1$ 时满足方程 $f(x)\left(1 + \int_0^x f(t)\mathrm{d}t\right) = \dfrac{x\mathrm{e}^x}{2(1+x)^2}$.

解 记 $F(x) = 1 + \int_0^x f(t)\mathrm{d}t$,则 $F(x)$ 可导,且 $F(0) = 1$, $F'(x) = f(x)$. 于是原方程化为

$$\left(F^2(x)\right)' = 2F(x)F'(x) = 2f(x)F(x) = \frac{x\mathrm{e}^x}{(1+x)^2}.$$

对该式两边分别积分有

$$\int_0^x \left(F^2(x)\right)'\mathrm{d}x = F^2(x) - F^2(0) = F^2(x) - 1;$$

$$\int_0^x \frac{x\mathrm{e}^x}{(1+x)^2}\mathrm{d}x = \int_0^x x\mathrm{e}^x \frac{1}{(1+x)^2}\mathrm{d}x$$

$$= -\frac{1}{1+x}x\mathrm{e}^x\bigg|_0^x + \int_0^x \frac{(1+x)\mathrm{e}^x}{1+x}\mathrm{d}x$$

$$= -\frac{x}{1+x}\mathrm{e}^x + \mathrm{e}^x - 1 = \frac{\mathrm{e}^x}{1+x} - 1,$$

则 $F^2(x) = \dfrac{\mathrm{e}^x}{1+x}$. 因 $F(0) = 1$,故

$$F(x) = \sqrt{\frac{\mathrm{e}^x}{1+x}}, \quad f(x) = F'(x) = \frac{x\mathrm{e}^{\frac{x}{2}}}{2(1+x)^{3/2}}, \quad x > -1.$$

注记 当 $f(x)$ 连续时,$F(x) = C_0 + \int_a^x f(t)\mathrm{d}t$ 是 $f(x)$ 的原函

61

数，有 $F'(x) = f(x)$，于是对题中出现的因子 $f(x)\Big(C_0 + \int_a^x f(t)\mathrm{d}t\Big)$，可以把它表示为 $f(x)F(x) = F'(x)F(x) = (F^2(x))'$. 这是一种不错的策略. 例如，设 $f(x)$ 连续且有界，而 $G(x) = f(x)\int_0^x f(t)\mathrm{d}t$ 单调减少，请证明 $f(x) = 0$.

例 34 设函数 $u(x)$ 与其反函数 $v(x)$ 都可微，求函数 $u(x)$ 使其满足关系式

$$\int_1^{u(x)} v(t)\mathrm{d}t = \frac{1}{3}(x^{\frac{3}{2}} - 8).$$

解 对所给关系式两边求导得

$$u'(x)v(u(x)) = \frac{1}{2}x^{\frac{1}{2}},$$

其中因为 $v(x)$ 是 $u(x)$ 的反函数，故 $v(u(x)) = x$. 又因为当 $u(x) = 1$ 时有 $x^{\frac{3}{2}} - 8 = 0$，得 $x = 4$. 于是，构成关于 $u(x)$ 的如下微分方程初值问题.

$$u'(x) = \frac{1}{2}x^{-\frac{1}{2}}, \quad u(4) = 1.$$

解此初值问题得函数 $u(x) = \sqrt{x} - 1$.

注记 设 $u(x)$ 在 $[0, +\infty)$ 上可导，$u(0) = 0$，且 $u(x)$ 与 $v(x)$ 互为反函数，求 $u(x)$ 使得 $\int_0^{u(x)} v(t)\mathrm{d}t = x^2 \mathrm{e}^x$. 注意因 $u(x)$ 在 $x = 0$ 处右连续，故有 $\lim\limits_{x \to 0^+} u(x) = u(0) = 0$.

例 35 求可微函数 $f(x)$ 使其满足关系式

$$\int_0^x f(t)\mathrm{d}t = x + \int_0^x tf(x-t)\mathrm{d}t.$$

解 令 $u = x - t$，则

$$\int_0^x tf(x-t)\mathrm{d}t = \int_0^x (x-u)f(u)\mathrm{d}u = x\int_0^x f(t)\mathrm{d}t - \int_0^x tf(t)\mathrm{d}t.$$

故原方程化为

$$\int_0^x f(t)\mathrm{d}t = x + x\int_0^x f(t)\mathrm{d}t - \int_0^x tf(t)\mathrm{d}t.$$

该式两边对 x 求导两次,得

$$f(x) = 1 + \int_0^x f(t)\mathrm{d}t; \quad f'(x) = f(x).$$

积分后得 $f(x) = C\mathrm{e}^x$. 由 $f(x) = 1 + \int_0^x f(t)\mathrm{d}t$,易得 $f(0) = 1$,故 $C = 1$,于是所求的函数 $f(x) = \mathrm{e}^x$.

例 36 设函数 $f(x)$ 在 $(0, +\infty)$ 上连续,且对任何的 $x > 0$, $y > 0$,有关系式

$$\int_1^{xy} f(t)\mathrm{d}t = y\int_1^x f(t)\mathrm{d}t + x\int_1^y f(t)\mathrm{d}t, \qquad (*)$$

又 $f(1) = 3$,求函数 $f(x)$, $x > 0$.

解 因 $f(x)$ 在 $x > 0$ 时连续,故对关系式 $(*)$ 的两边关于 x 求导,得

$$yf(xy) = yf(x) + \int_1^y f(t)\mathrm{d}t.$$

考虑到 $f(1) = 3$,取 $xy = 1$,由上式及关系式 $(*)$ 分别得

$$\frac{3}{x} = \frac{f(x)}{x} + \int_1^{\frac{1}{x}} f(t)\mathrm{d}t; \quad 0 = \frac{1}{x}\int_1^x f(t)\mathrm{d}t + x\int_1^{\frac{1}{x}} f(t)\mathrm{d}t.$$

联立这两式,并化简得

$$xf(x) = \int_1^x f(t)\mathrm{d}t + 3x.$$

由于该式右边可导,故其左边也可导,对该式关于 x 求导,有 $f(x) + xf'(x) = f(x) + 3$,故对 $x > 0$ 有

$$f'(x) = \frac{3}{x}, \qquad f(1) = 3.$$

积分上式,并确定积分常数得函数 $f(x) = 3 + 3\ln x$.

§5.3 定积分的证明

本节首先利用定积分的基本概念与性质以及其计算方法等再证明定积分的若干性质和有关极限的某些结论;其次,构造变限定积分函数证明有关定积分的不等式;然后,结合定积分性质讨论方程的实根问题.

5.3.1 定积分的若干证明

1. 定积分的若干性质(续)

下述例题给出的定积分性质对于简化定积分的计算是很有帮助的.

例1 设函数 $f(x)$ 连续,证明:

(1) $\int_{-l}^{l} f(x)\mathrm{d}x = \int_{0}^{l} \big[f(x) + f(-x)\big]\mathrm{d}x, \quad l > 0.$

特别,$\int_{-l}^{l} f(x)\mathrm{d}x = \begin{cases} 0, & \text{当 } f(-x) = -f(x) \text{ 时}; \\ 2\int_{0}^{l} f(x)\mathrm{d}x, & \text{当 } f(-x) = f(x) \text{ 时}. \end{cases}$

(2) $\int_{0}^{2\pi} f(\sin^2 x)\mathrm{d}x = \int_{0}^{2\pi} f(\cos^2 x)\mathrm{d}x = 4\int_{0}^{\frac{\pi}{2}} f(\sin^2 x)\mathrm{d}x.$

特别,$\int_{0}^{2\pi} \sin^{2n}x\,\mathrm{d}x = \int_{0}^{2\pi} \cos^{2n}x\,\mathrm{d}x = 4\int_{0}^{\frac{\pi}{2}} \sin^{2n}x\,\mathrm{d}x.$

证明 (1) 令 $x = -t$,有

$$\int_{-l}^{0} f(x)\mathrm{d}x = -\int_{l}^{0} f(-t)\mathrm{d}t = \int_{0}^{l} f(-x)\mathrm{d}x.$$

按定积分的分段可加性性质有

64

$$\int_{-l}^{l} f(x)\mathrm{d}x = \int_{-l}^{0} f(x)\mathrm{d}x + \int_{0}^{l} f(x)\mathrm{d}x = \int_{0}^{l} [f(-x) + f(x)]\mathrm{d}x.$$

其特别情形显然成立.

（2）因为以 $2l$ 为周期的连续函数 $g(x)$ 对任一实数 a 有性质：

$$\int_{a}^{a+2l} g(x)\mathrm{d}x = \int_{0}^{2l} g(x)\mathrm{d}x = \int_{-l}^{l} g(x)\mathrm{d}x.$$

而 2π 是 $f(\sin^2 x)$ 的一个周期，且 $f(\sin^2 x)$ 为连续的偶函数，故有

$$\int_{0}^{2\pi} f(\sin^2 x)\mathrm{d}x = \int_{-\pi}^{\pi} f(\sin^2 x)\mathrm{d}x = 2\int_{0}^{\pi} f(\sin^2 x)\mathrm{d}x.$$

又因为 π 是偶函数 $f(\sin^2 x)$ 的一个周期，故有

$$\int_{0}^{2\pi} f(\sin^2 x)\mathrm{d}x = 2\int_{0}^{\pi} f(\sin^2 x)\mathrm{d}x = 2\int_{-\frac{\pi}{2}}^{\frac{\pi}{2}} f(\sin^2 x)\mathrm{d}x$$
$$= 4\int_{0}^{\frac{\pi}{2}} f(\sin^2 x)\mathrm{d}x.$$

其次，令 $x = \dfrac{\pi}{2} - t$，并注意到 2π 是 $f(\cos^2 x)$ 的一个周期，则有

$$\int_{0}^{2\pi} f(\sin^2 x)\mathrm{d}x = -\int_{\frac{\pi}{2}}^{-\frac{3}{2}\pi} f\left(\sin^2\left(\frac{\pi}{2} - t\right)\right)\mathrm{d}t = \int_{-\frac{3}{2}\pi}^{\frac{\pi}{2}} f(\cos^2 t)\mathrm{d}t$$
$$= \int_{0}^{2\pi} f(\cos^2 x)\mathrm{d}x.$$

特别情形显然成立.

注记 本例的结论是定积分的又两个重要性质，它们在定积分的计算过程中担当着重要的角色.请读者务必熟练掌握它们，其中要格外关注当连续的 $f(x)$ 在 $[-l, l]$ 上既不是奇函数又不是偶函数时的公式(1).

例 2 设函数 $f(x)$ 连续，证明：

（1）$\displaystyle\int_{0}^{\pi} f(\sin x)\mathrm{d}x = 2\int_{0}^{\frac{\pi}{2}} f(\sin x)\mathrm{d}x = 2\int_{0}^{\frac{\pi}{2}} f(\cos x)\mathrm{d}x.$

（2）$\displaystyle\int_{0}^{\pi} x f(\sin x)\mathrm{d}x = \frac{\pi}{2}\int_{0}^{\pi} f(\sin x)\mathrm{d}x$，并求 $\displaystyle\int_{0}^{\pi} \frac{x\sin x}{1 + \cos^2 x}\mathrm{d}x.$

证明 (1) 令 $x = \pi - t$, 则有

$$\int_{\frac{\pi}{2}}^{\pi} f(\sin x)\mathrm{d}x = -\int_{\frac{\pi}{2}}^{0} f(\sin(\pi - t))\mathrm{d}t = \int_{0}^{\frac{\pi}{2}} f(\sin t)\mathrm{d}t.$$

则由定积分的分段可加性得

$$\int_{0}^{\pi} f(\sin x)\mathrm{d}x = \int_{0}^{\frac{\pi}{2}} f(\sin x)\mathrm{d}x + \int_{\frac{\pi}{2}}^{\pi} f(\sin x)\mathrm{d}x$$

$$= 2\int_{0}^{\frac{\pi}{2}} f(\sin x)\mathrm{d}x.$$

其次, 令 $x = \dfrac{\pi}{2} - t$, 容易证得 $\int_{0}^{\frac{\pi}{2}} f(\sin x)\mathrm{d}x = \int_{0}^{\frac{\pi}{2}} f(\cos x)\mathrm{d}x$.

(2) 令 $x = \pi - t$, 则有

$$\int_{0}^{\pi} x f(\sin x)\mathrm{d}x = -\int_{\pi}^{0} (\pi - t) f(\sin t)\mathrm{d}t$$

$$= \pi\int_{0}^{\pi} f(\sin t)\mathrm{d}t - \int_{0}^{\pi} x f(\sin x)\mathrm{d}x.$$

移项后便证得 $\int_{0}^{\pi} x f(\sin x)\mathrm{d}x = \dfrac{\pi}{2}\int_{0}^{\pi} f(\sin x)\mathrm{d}x$.

利用这个公式, 或仍令 $x = \pi - t$ 后移项得

$$\int_{0}^{\pi} \frac{x\sin x}{1 + \cos^2 x}\mathrm{d}x = \frac{\pi}{2}\int_{0}^{\pi} \frac{\sin x}{1 + \cos^2 x}\mathrm{d}x = -\frac{\pi}{2}\int_{0}^{\pi} \frac{\mathrm{d}\cos x}{1 + \cos^2 x}$$

$$= -\frac{\pi}{2}\arctan(\cos x)\Big|_{0}^{\pi} = \frac{\pi^2}{4}.$$

注记 请读者熟悉这两个公式, 并掌握这类定积分的求解方法, 应作什么变量替换, 用什么性质等. 本例(1)也可以令 $x = \dfrac{\pi}{2} + t$ 后由三角函数公式与定积分的性质得

$$\int_{0}^{\pi} f(\sin x)\mathrm{d}x = \int_{-\frac{\pi}{2}}^{\frac{\pi}{2}} f(\cos t)\mathrm{d}t = 2\int_{0}^{\frac{\pi}{2}} f(\cos t)\mathrm{d}t.$$

2. 定积分的极限的论证

例 3 设函数 $f(x)$ 在 $(-\infty, +\infty)$ 内有连续导数，且 $m \leqslant f(x) \leqslant M$，证明：

(1) $\lim\limits_{x \to 0^+} \dfrac{1}{4x^2} \displaystyle\int_{-x}^{x} [f(t+x) - f(t-x)] \mathrm{d}t = f'(0)$；

(2) $\left| \dfrac{1}{2x} \displaystyle\int_{-x}^{x} f(t) \mathrm{d}t - f(x) \right| \leqslant M - m, \quad x > 0.$

证明 (1) **方法 1** 令 $u = t + x$，有

$$\int_{-x}^{x} f(t+x) \mathrm{d}t = \int_0^{2x} f(u) \mathrm{d}u = \int_0^{2x} f(t) \mathrm{d}t,$$

令 $v = t - x$，有

$$\int_{-x}^{x} f(t-x) \mathrm{d}t = \int_{-2x}^{0} f(v) \mathrm{d}v = -\int_0^{-2x} f(t) \mathrm{d}t.$$

于是两次利用洛必达法则，并由导函数 $f'(x)$ 的连续性，得原极限

$$\lim_{x \to 0^+} \frac{1}{4x^2} \int_{-x}^{x} [f(t+x) - f(t-x)] \mathrm{d}t$$

$$= \lim_{x \to 0^+} \frac{\displaystyle\int_0^{2x} f(t) \mathrm{d}t + \int_0^{-2x} f(t) \mathrm{d}t}{4x^2} = \lim_{x \to 0^+} \frac{2f(2x) - 2f(-2x)}{8x}$$

$$= \lim_{x \to 0^+} \frac{4f'(2x) + 4f'(-2x)}{8} = f'(0).$$

方法 2 因为函数 $f(x)$ 具有连续导数，故可由积分中值定理与微分中值定理得

$$\lim_{x \to 0^+} \frac{1}{4x^2} \int_{-x}^{x} [f(t+x) - f(t-x)] \mathrm{d}t$$

$$= \lim_{x \to 0^+} \frac{x - (-x)}{4x^2} [f(\xi + x) - f(\xi - x)]$$

$$= \lim_{x \to 0^+} f'(\eta) = \lim_{\eta \to 0^+} f'(\eta) = f'(0),$$

其中，$-x \leqslant \xi \leqslant x$，$-2x \leqslant \xi - x < \eta < \xi + x \leqslant 2x$，$x > 0$.

（2）由 $m \leqslant f(x) \leqslant M$ 及定积分的不等式性质有

$$-M \leqslant -f(x) \leqslant -m, \quad m \leqslant \frac{1}{2x}\int_{-x}^{x} f(t)\mathrm{d}t \leqslant M,$$

故有

$$-(M-m) \leqslant \frac{1}{2x}\int_{-x}^{x} f(t)\mathrm{d}t - f(x) \leqslant M-m,$$

它就是所要证明的不等式.

注记 值得注意的是,如果函数 $f(x)$ 不具有连续的导数,那么,问题（1）中证法 1 的最后一步不一定成立,证法 2 的最后一步也不一定成立.此时,通常需要按导数定义去做.

例 4 证明下列等式.

（1）$\lim\limits_{n\to\infty}\int_{0}^{2\pi} \dfrac{\sin nx}{x^2+n^2}\mathrm{d}x = 0$;

（2）$\lim\limits_{n\to\infty}\int_{0}^{2\pi} \dfrac{\cos nx}{1+x}\mathrm{d}x = 0$.

证明 （1）由定积分的不等式性质得

$$0 \leqslant \left|\int_{0}^{2\pi} \frac{\sin nx}{x^2+n^2}\mathrm{d}x\right| \leqslant \int_{0}^{2\pi} \left|\frac{\sin nx}{x^2+n^2}\right| \mathrm{d}x \leqslant \int_{0}^{2\pi} \frac{1}{x^2+n^2}\mathrm{d}x$$
$$\leqslant \int_{0}^{2\pi} \frac{1}{n^2}\mathrm{d}x = \frac{2\pi}{n^2},$$

则由极限的夹逼准则得原等式（1）成立.

（2）利用分部积分法有

$$\int_{0}^{2\pi} \frac{\cos nx}{1+x}\mathrm{d}x = \frac{\sin nx}{n(1+x)}\bigg|_{0}^{2\pi} + \int_{0}^{2\pi} \frac{\sin nx}{n(1+x)^2}\mathrm{d}x$$
$$= \int_{0}^{2\pi} \frac{\sin nx}{n(1+x)^2}\mathrm{d}x.$$

由定积分的不等式性质得

$$0 \leqslant \left|\int_{0}^{2\pi} \frac{\cos nx}{1+x}\mathrm{d}x\right| = \left|\int_{0}^{2\pi} \frac{\sin nx}{n(1+x)^2}\mathrm{d}x\right| \leqslant \int_{0}^{2\pi} \left|\frac{\sin nx}{n(1+x)^2}\right| \mathrm{d}x$$

$$\leqslant \frac{1}{n}\int_0^{2\pi}\frac{1}{(1+x)^2}\mathrm{d}x = \Big(1-\frac{1}{1+2\pi}\Big)\frac{1}{n}.$$

则由极限的夹逼准则得原极限等于零成立.

注记　比较两小题的解法,读者就容易理解第(2)小题的积分应先施行分部积分的理由.

例 5　设 $f(x)$ 是以 T 为周期的连续函数,证明

$$\lim_{x\to+\infty}\frac{1}{x}\int_0^x f(t)\mathrm{d}t = \frac{1}{T}\int_0^T f(t)\mathrm{d}t.$$

证明　要使此结果成立,就是证明

$$\lim_{x\to+\infty}\frac{1}{x}\Big(\int_0^x f(t)\mathrm{d}t - \frac{x}{T}\int_0^T f(t)\mathrm{d}t\Big) = 0.$$

根据无穷小性质知,只要证明 $\int_0^x f(t)\mathrm{d}t - \dfrac{x}{T}\int_0^T f(t)\mathrm{d}t$ 有界即可.

令 $F(x)=\int_0^x f(t)\mathrm{d}t - \dfrac{x}{T}\int_0^T f(t)\mathrm{d}t$,则由定积分的分段可积性质与周期性质得

$$\begin{aligned}
F(x+T) &= \int_0^{x+T} f(t)\mathrm{d}t - \frac{x+T}{T}\int_0^T f(t)\mathrm{d}t\\
&= \int_0^x f(t)\mathrm{d}t + \int_x^{x+T} f(t)\mathrm{d}t - \frac{x}{T}\int_0^T f(t)\mathrm{d}t - \int_0^T f(t)\mathrm{d}t\\
&= \int_0^x f(t)\mathrm{d}t - \frac{x}{T}\int_0^T f(t)\mathrm{d}t = F(x).
\end{aligned}$$

即 $F(x)$ 也是周期为 T 的周期函数,且连续,故 $F(x)$ 在 $[0,T]$ 上有界.

按无穷小与有界量之积仍为无穷小的性质,即得

$$\lim_{x\to+\infty}\frac{1}{x}\Big(\int_0^x f(t)\mathrm{d}t - \frac{x}{T}\int_0^T f(t)\mathrm{d}t\Big) = \lim_{x\to+\infty}\frac{F(x)}{x} = 0.$$

所以原等式成立.

例 6　设函数 $\varphi(x)$ 在区间 $[0,\pi]$ 上连续,试证明

$$\lim_{n \to +\infty} \int_0^\pi \mid \sin nx \mid \varphi(x)\mathrm{d}x = \frac{2}{\pi}\int_0^\pi \varphi(x)\mathrm{d}x.$$

证明 注意到 $\sin nx$ 的绝对值,利用定积分的分段可积性,以及积分中值定理有

$$\lim_{n \to \infty}\int_0^\pi \mid \sin nx \mid \varphi(x)\mathrm{d}x = \lim_{n \to \infty}\sum_{k=1}^n \int_{\frac{k-1}{n}\pi}^{\frac{k}{n}\pi} \mid \sin nx \mid \varphi(x)\mathrm{d}x$$

$$= \lim_{n \to \infty}\sum_{k=1}^n \varphi(\xi_k)\int_{\frac{k-1}{n}\pi}^{\frac{k}{n}\pi} \mid \sin nx \mid \mathrm{d}x,$$

$$\frac{k-1}{n}\pi < \xi_k < \frac{k}{n}\pi.$$

令 $t = nx$,并根据定积分的周期性质,上式化为

$$\lim_{n \to \infty}\int_0^\pi \mid \sin nx \mid \varphi(x)\mathrm{d}x = \lim_{n \to \infty}\sum_{k=1}^n \varphi(\xi_k)\frac{1}{n}\int_{(k-1)\pi}^{k\pi} \mid \sin t \mid \mathrm{d}t$$

$$= \lim_{n \to \infty}\sum_{k=1}^n \varphi(\xi_k)\frac{1}{n}\int_0^\pi \sin t\mathrm{d}t$$

$$= \frac{2}{\pi}\lim_{n \to \infty}\sum_{k=1}^n \varphi(\xi_k)\frac{\pi}{n} = \frac{2}{\pi}\int_0^\pi \varphi(x)\mathrm{d}x,$$

其中,最后一步是因为函数 $\varphi(x)$ 在 $[0, \pi]$ 上连续,故可积,则可以对区间 $[0, \pi]$ 作 n 等分,并取特定的点 ξ_k,按定积分定义而得到的.

例 7 设函数 $\varphi(x)$ 在 $[-1, 1]$ 上连续,证明

$$\lim_{\varepsilon \to 0^+}\int_{-1}^1 \frac{\varepsilon\varphi(x)}{\varepsilon^2 + x^2}\mathrm{d}x = \pi\varphi(0).$$

证明 因在 $[-1, 1]$ 上 $\varphi(x) - \varphi(-x)$ 是奇函数,而 $\varphi(x) + \varphi(-x)$ 是偶函数,且有

$$2\varphi(x) = [\varphi(x) - \varphi(-x)] + [\varphi(x) + \varphi(-x)],$$

则由定积分性质得

$$\int_{-1}^1 \frac{\varepsilon\varphi(x)}{\varepsilon^2 + x^2}\mathrm{d}x = \frac{1}{2}\int_{-1}^1 \frac{\varepsilon}{\varepsilon^2 + x^2}[\varphi(x) - \varphi(-x)]\mathrm{d}x$$

$$+ \frac{1}{2} \int_{-1}^{1} \frac{\varepsilon}{\varepsilon^2 + x^2} [\varphi(x) + \varphi(-x)] dx$$

$$= \int_{0}^{1} \frac{\varepsilon}{\varepsilon^2 + x^2} [\varphi(x) + \varphi(-x)] dx$$

$$= \int_{\sqrt{\varepsilon}}^{1} \frac{\varepsilon}{\varepsilon^2 + x^2} [\varphi(x) + \varphi(-x)] dx$$

$$+ \int_{0}^{\sqrt{\varepsilon}} \frac{\varepsilon}{\varepsilon^2 + x^2} [\varphi(x) + \varphi(-x)] dx.$$

其中，因 $\varepsilon \to 0^+$，故不妨设 $0 < \varepsilon < 1$.

利用积分中值定理的一般形式得

$$\int_{\sqrt{\varepsilon}}^{1} \frac{\varepsilon}{\varepsilon^2 + x^2} [\varphi(x) + \varphi(-x)] dx$$

$$= [\varphi(\xi) + \varphi(-\xi)] \int_{\sqrt{\varepsilon}}^{1} \frac{\varepsilon}{\varepsilon^2 + x^2} dx$$

$$= [\varphi(\xi) + \varphi(-\xi)] \left(\arctan \frac{1}{\varepsilon} - \arctan \frac{1}{\sqrt{\varepsilon}} \right), \quad \sqrt{\varepsilon} < \xi < 1.$$

$$\int_{0}^{\sqrt{\varepsilon}} \frac{\varepsilon}{\varepsilon^2 + x^2} [\varphi(x) + \varphi(-x)] dx = [\varphi(\eta) + \varphi(-\eta)] \int_{0}^{\sqrt{\varepsilon}} \frac{\varepsilon}{\varepsilon^2 + x^2} dx$$

$$= [\varphi(\eta) + \varphi(-\eta)] \arctan \frac{1}{\sqrt{\varepsilon}}, \quad 0 < \eta < \sqrt{\varepsilon}.$$

因 $\varphi(x)$ 是闭区间上连续函数，故 $\varphi(x) + \varphi(-x)$ 是有界的. 又当 $\varepsilon \to 0^+$ 时 $\eta \to 0^+$，有

$$\lim_{\varepsilon \to 0^+} [\varphi(\eta) + \varphi(-\eta)] = 2\varphi(0);$$

$$\lim_{\varepsilon \to 0^+} \left(\arctan \frac{1}{\varepsilon} - \arctan \frac{1}{\sqrt{\varepsilon}} \right) = \frac{\pi}{2} - \frac{\pi}{2} = 0.$$

于是

$$\lim_{\varepsilon \to 0^+} \int_{\sqrt{\varepsilon}}^{1} \frac{\varepsilon}{\varepsilon^2 + x^2} [\varphi(x) + \varphi(-x)] dx = 0,$$

$$\lim_{\varepsilon \to 0^+} \int_{0}^{\sqrt{\varepsilon}} \frac{\varepsilon}{\varepsilon^2 + x^2} [\varphi(x) + \varphi(-x)] dx = \pi\varphi(0).$$

所以原极限等式成立.

*例8 设 $f(x)$ 是 $[0,a]$ 上的可积函数,且在 $x=a$ 处连续,证明

$$\lim_{n\to\infty}\frac{n+1}{a^{n+1}}\int_0^a x^n f(x)\mathrm{d}x = f(a).$$

证明 因 $\dfrac{n+1}{a^{n+1}}\displaystyle\int_0^a x^n\mathrm{d}x = 1$,则待证的等式为

$$\lim_{n\to\infty}\frac{n+1}{a^{n+1}}\int_0^a x^n[f(x)-f(a)]\mathrm{d}x = 0.$$

因 $f(x)$ 在 $x=a$ 处连续,即有 $\lim\limits_{x\to a^-}[f(x)-f(a)]=0$,则对任给的 $\varepsilon>0$,存在某一 $\delta>0$(不妨取 $0<\delta<a$),对 $(a-\delta,\ a)$ 内一切 x 都有 $|f(x)-f(a)|<\dfrac{\varepsilon}{2}$. 于是,根据定积分的分段可加性与不等式性质有

$$\left|\frac{n+1}{a^{n+1}}\int_0^a x^n[f(x)-f(a)]\mathrm{d}x\right|$$

$$=\left|\frac{n+1}{a^{n+1}}\int_0^{a-\delta} x^n[f(x)-f(a)]\mathrm{d}x + \frac{n+1}{a^{n+1}}\int_{a-\delta}^a x^n[f(x)-f(a)]\mathrm{d}x\right|$$

$$\leqslant\frac{n+1}{a^{n+1}}\int_0^{a-\delta} x^n\,|f(x)-f(a)|\,\mathrm{d}x + \frac{n+1}{a^{n+1}}\int_{a-\delta}^a x^n\,|f(x)-f(a)|\,\mathrm{d}x.$$

其中

$$\frac{n+1}{a^{n+1}}\int_{a-\delta}^a x^n\,|f(x)-f(a)|\,\mathrm{d}x \leqslant \frac{\varepsilon}{2}\,\frac{n+1}{a^{n+1}}\int_{a-\delta}^a x^n\mathrm{d}x$$

$$=\varepsilon\left[1-\left(\frac{a-\delta}{a}\right)^{n+1}\right]<\frac{\varepsilon}{2}.$$

因 $f(x)$ 在 $[0,a]$ 上可积,故 $f(x)$ 在 $[0,a]$ 上有界,即有 $|f(x)|\leqslant M$,则

$$\left|\frac{n+1}{a^{n+1}}\int_0^{a-\delta} x^n[f(x)-f(a)]\mathrm{d}x\right|$$

$$\leqslant \frac{n+1}{a^{n+1}}\int_0^{a-\delta} x^n\big[\,|\,f(x)\,|+|\,f(a)\,|\,\big]\mathrm{d}x$$

$$\leqslant \frac{n+1}{a^{n+1}}\big[M+|\,f(a)\,|\big]\int_0^{a-\delta} x^n\mathrm{d}x$$

$$= \big[M+|\,f(a)\,|\big]\Big(\frac{a-\delta}{a}\Big)^{n+1}.$$

因 $0<a-\delta<a$,有 $\lim\limits_{n\to\infty}\Big(\dfrac{a-\delta}{a}\Big)^{n+1}=0$,故存在正整数 N,当 $n>N$ 时

$$\Big(\frac{a-\delta}{a}\Big)^{n+1}<\frac{\varepsilon}{2[M+|\,f(a)\,|]},\ \text{于是}$$

$$\left|\frac{n+1}{a^{n+1}}\int_0^a x^n[f(x)-f(a)]\mathrm{d}x\right|$$

$$\leqslant [M+|\,f(a)\,|]\Big(\frac{a-\delta}{a}\Big)^{n+1}+\frac{\varepsilon}{2}<\varepsilon.$$

这样,按照极限定义的分析语言描述,证得原极限的等式成立.

  注记 由题设条件可见,本例不能应用积分中值定理.

3. 定积分的其他证明

  例 9 设 n 为正整数,证明 $\displaystyle\int_0^{\frac{\pi}{2}}\cos^n x\sin^n x\,\mathrm{d}x=2^{-n}\int_0^{\frac{\pi}{2}}\cos^n x\,\mathrm{d}x.$

  证明 令 $t=2x$,得

$$\int_0^{\frac{\pi}{2}}\cos^n x\sin^n x\,\mathrm{d}x=\frac{1}{2^{n+1}}\int_0^{\frac{\pi}{2}}(\sin 2x)^n\mathrm{d}(2x)=\frac{1}{2^{n+1}}\int_0^{\pi}\sin^n t\,\mathrm{d}t.$$

令 $t=\pi-u$,有

$$\int_{\frac{\pi}{2}}^{\pi}\sin^n t\,\mathrm{d}t=-\int_{\frac{\pi}{2}}^0\sin^n(\pi-u)\,\mathrm{d}u=\int_0^{\frac{\pi}{2}}\sin^n u\,\mathrm{d}u,$$

则由定积分的分段可加性得

$$\int_0^{\pi}\sin^n t\,\mathrm{d}t=\int_0^{\frac{\pi}{2}}\sin^n t\,\mathrm{d}t+\int_{\frac{\pi}{2}}^{\pi}\sin^n t\,\mathrm{d}t=2\int_0^{\frac{\pi}{2}}\sin^n t\,\mathrm{d}t.$$

于是

$$\int_0^{\frac{\pi}{2}} \cos^n x \sin^n x \, \mathrm{d}x = \frac{1}{2^{n+1}} \int_0^{\pi} \sin^n t \, \mathrm{d}t = \frac{1}{2^n} \int_0^{\frac{\pi}{2}} \sin^n t \, \mathrm{d}t = \frac{1}{2^n} \int_0^{\frac{\pi}{2}} \cos^n x \, \mathrm{d}x.$$

例 10 设函数 $f(x)$ 连续,且满足 $f(2x) = 2f(x)$,证明 $\int_1^2 xf(x)\mathrm{d}x = 7\int_0^1 xf(x)\mathrm{d}x$.

证明 令 $x = 2t$,并由 $f(2x) = 2f(x)$,得

$$\int_0^2 xf(x)\mathrm{d}x = 4\int_0^1 tf(2t)\mathrm{d}t = 8\int_0^1 tf(t)\mathrm{d}t,$$

则由分段可加性,得

$$\int_1^2 xf(x)\mathrm{d}x = \int_0^2 xf(x)\mathrm{d}x - \int_0^1 xf(x)\mathrm{d}x$$

$$= 8\int_0^1 tf(t)\mathrm{d}t - \int_0^1 xf(x)\mathrm{d}x = 7\int_0^1 xf(x)\mathrm{d}x.$$

例 11 证明下列命题.

(1) 若 $f(x)$ 是以 $2l$ 为周期的连续奇函数,则 $\int_0^{2l}(x-l)^2 f(x)\mathrm{d}x = 0$.

(2) 若 $f(x)$ 关于直线 $x = T$ 对称,$a < T < b$,则

$$\int_a^b f(x)\mathrm{d}x = 2\int_T^b f(x)\mathrm{d}x + \int_a^{2T-b} f(x)\mathrm{d}x.$$

证明 (1) 注意到 $f(x)$ 是连续的奇函数,且 $f(x+2l) = f(x)$,则由 $f(x)$ 的周期性得

$$f(-x+l) = f[-(x+l)+2l] = f[-(x+l)] = -f(x+l),$$

即 $f(x+l)$ 也是奇函数. 令 $t = x - l$,则根据奇函数的定积分性质得

$$\int_0^{2l}(x-l)^2 f(x)\mathrm{d}x = \int_{-l}^{l} t^2 f(t+l)\mathrm{d}t = 0.$$

(2) 因 $f(x)$ 关于直线 $x = T$ 对称的充分必要条件是 $f(x) = f(2T-x)$,且点 $x = b$ 关于 $x = T$ 的对称点为 $x = 2T - b$,则令 $x = 2T - t$ 有

$$\int_{2T-b}^{T} f(x)\mathrm{d}x = \int_{T}^{b} f(2T-t)\mathrm{d}t = \int_{T}^{b} f(x)\mathrm{d}x.$$

于是,根据定积分的分段可加性得

$$\int_{a}^{b} f(x)\mathrm{d}x = \int_{a}^{2T-b} f(x)\mathrm{d}x + \int_{2T-b}^{T} f(x)\mathrm{d}x + \int_{T}^{b} f(x)\mathrm{d}x$$

$$= \int_{a}^{2T-b} f(x)\mathrm{d}x + 2\int_{T}^{b} f(x)\mathrm{d}x.$$

例 12 设 $f(x)$, $g(x)$ 在 $[-l,\ l]$, $l > 0$ 上连续, $g(x)$ 为偶函数, $f(x)$ 满足条件 $f(x) + f(-x) = C$, 其中 C 为常数, 证明

$$\int_{-l}^{l} f(x)g(x)\mathrm{d}x = C\int_{0}^{l} g(x)\mathrm{d}x.$$

证法 1 令 $x = -t$, 且因 $g(-x) = g(x)$, 故有

$$\int_{-l}^{0} f(x)g(x)\mathrm{d}x = -\int_{l}^{0} f(-t)g(-t)\mathrm{d}t = \int_{0}^{l} f(-t)g(t)\mathrm{d}t.$$

由此得

$$\int_{-l}^{l} f(x)g(x)\mathrm{d}x = \int_{-l}^{0} f(x)g(x)\mathrm{d}x + \int_{0}^{l} f(x)g(x)\mathrm{d}x$$

$$= \int_{0}^{l} [f(-x) + f(x)]g(x)\mathrm{d}x$$

$$= C\int_{0}^{l} g(x)\mathrm{d}x.$$

证法 2 因函数 $F(x) = f(x) + f(-x)$ 是偶函数, $g(x)$ 也是偶函数, 故有

$$\int_{-l}^{l} [f(x) + f(-x)]g(x)\mathrm{d}x = 2\int_{0}^{l} [f(x) + f(-x)]g(x)\mathrm{d}x$$

$$= 2C\int_{0}^{l} g(x)\mathrm{d}x.$$

另一方面, 令 $x = -t$, 有

$$\int_{-l}^{l} f(-x)g(x)\mathrm{d}x = -\int_{l}^{-l} f(t)g(-t)\mathrm{d}t = \int_{-l}^{l} f(t)g(t)\mathrm{d}t.$$

且

$$\int_{-l}^{l} \bigl[f(x) + f(-x) \bigr] g(x) \mathrm{d}x$$

$$= \int_{-l}^{l} f(x) g(x) \mathrm{d}x + \int_{-l}^{l} f(-x) g(x) \mathrm{d}x$$

$$= 2 \int_{-l}^{l} f(x) g(x) \mathrm{d}x.$$

所以原等式成立.

注记 利用这个结论可以简化某些定积分的计算,例如,定积分

$$\int_{-\frac{\pi}{2}}^{\frac{\pi}{2}} \mid \sin x \mid \arctan \mathrm{e}^{x} \mathrm{d}x$$

可以如下计算:

取 $f(x) = \arctan \mathrm{e}^{x}$, $g(x) = \mid \sin x \mid$, $l = \dfrac{\pi}{2}$. 显然它们满足本例的条件. 因为 $\bigl[f(x) + f(-x) \bigr]' = (\arctan \mathrm{e}^{x} + \arctan \mathrm{e}^{-x})' = 0$,故 $\arctan \mathrm{e}^{x} + \arctan \mathrm{e}^{-x} = C$. 当 $x = 0$ 时,$C = \dfrac{\pi}{2}$,即

$$f(x) + f(-x) = \arctan \mathrm{e}^{x} + \arctan \mathrm{e}^{-x} = \frac{\pi}{2}.$$

所以由本例的结论得

$$\int_{-\frac{\pi}{2}}^{\frac{\pi}{2}} \mid \sin x \mid \arctan \mathrm{e}^{x} \mathrm{d}x = \frac{\pi}{2} \int_{0}^{\frac{\pi}{2}} \mid \sin x \mid \mathrm{d}x$$

$$= \frac{\pi}{2} \int_{0}^{\frac{\pi}{2}} \sin x \mathrm{d}x = \frac{\pi}{2}.$$

例 13 设函数 $f(x)$ 在 $[a, b]$ 上连续,而 $g(x)$ 是 $[a, b]$ 上的任意一个连续函数,且 $g(a) = g(b) = 0$,都有 $\int_{a}^{b} f(x) g(x) \mathrm{d}x = 0$,试证明在 $[a, b]$ 上 $f(x) \equiv 0$.

证明 反设 $f(x)$ 在 $[a, b]$ 上的一点 x_{0} 处不等于零,$f(x_{0}) \neq 0$,

不妨设 $f(x_0) > 0$. 因为 $f(x)$ 在 $[a, b]$ 上连续,所以存在点 x_0 的某个邻域 $(\xi_1, \xi_2) \subset (a, b)$,$x_0 \in (\xi_1, \xi_2)$,使得

$$f(x) > 0, \quad x \in (\xi_1, \xi_2).$$

由于连续函数 $g(x)$ 的任意性,故可以选定 $g(x)$ 在此邻域 (ξ_1, ξ_2) 内为正的,在此邻域之外恒为零. 例如,可以构造

$$g(x) = \begin{cases} 0, & x \in [a, \xi_1], \\ (x - \xi_1)^2 (\xi_2 - x)^2, & x \in (\xi_1, \xi_2), \\ 0, & x \in [\xi_2, b]. \end{cases}$$

显然,$g(x)$ 是 $[a, b]$ 上连续的正函数,且有 $g(a) = g(b) = 0$,即 $g(x)$ 满足题设的条件. 注意到 $f(x)g(x)$ 是在 (ξ_1, ξ_2) 内恒大于零的连续函数,由定积分性质有

$$\int_a^b f(x)g(x)\mathrm{d}x = \int_{\xi_1}^{\xi_2} f(x)(x - \xi_1)^2 (x - \xi_2)^2 \mathrm{d}x > 0,$$

这与题设条件矛盾. 因此,在 $[a, b]$ 上 $f(x) \equiv 0$.

注记 (i) 这类问题常用反证法. 根据函数 $f(x)$ 的连续性质由反设函数 $f(x)$ 在一点处大于零(或小于零)推得 $f(x)$ 在其邻域内也大于零(或小于零). 其次,注意到连续函数 $g(x)$ 的任意性,故可构造 $g(x)$ 在此邻域内不但为正(或负),而且还满足零边值条件的特定连续函数. 这是解决这类问题的关键.

(ii) 如果将本命题的条件"设 $g(x)$ 是 $[a, b]$ 上的任意一个连续函数,且 $g(a) = g(b) = 0$"改为"设 $g(x)$ 是 $[a, b]$ 上的任意一个具有 n 阶连续导数的函数,且 $g^{(k)}(a) = g^{(k)}(b) = 0$, $k = 0, 1, \cdots, n - 1$"而其他条件不变,则相应的命题仍然成立,上述的证明同样有效,只是要把 $(x - \xi_1)^2 (\xi_2 - x)^2$ 改为 $(x - \xi_1)^{n+2} (\xi_2 - x)^{n+2}$ 即可.

(iii) 本题可以推广到重积分情形,如设 D 为某平面闭区域,它的边界记为 Γ,函数 $f(x, y)$ 在 D 上连续,而 $g(x, y)$ 是 D 上的任意一个连续函数,且它在边界 Γ 上取值为零,$g(x, y)\big|_{\Gamma} = 0$,都有

$$\iint\limits_{D} f(x,y)g(x,y)\mathrm{d}x\mathrm{d}y = 0,$$ 则在平面闭区域 D 上 $f(x,y) \equiv 0$.

5.3.2 结合定积分性质讨论方程的实根

结合积分中值定理等定积分性质,或构造变限定积分,利用微分中值定理,或闭区间上连续函数性质等综合性地讨论方程的实根.

例 14 (1) 设函数 $f(x)$ 在闭区间 $[2,4]$ 上连续,在开区间 $(2,4)$ 内可导,且满足 $f(2) = \int_{3}^{4}(x-1)^2 f(x)\mathrm{d}x$,试证明在 $(2,4)$ 内至少存在一点 ξ,使 $(1-\xi)f'(\xi) = 2f(\xi)$.

(2) 设函数 $f(x)$ 在 $[0,1]$ 上连续,在 $(0,1)$ 内可导,且满足 $\int_{0}^{\frac{2}{\pi}} e^{f(x)}\arctan x\mathrm{d}x = \frac{1}{2}$, $f(1) = 0$,试证明在 $(0,1)$ 内至少存在一点 $\xi \in (0,1)$ 使 $(1+\xi^2)f'(\xi)\arctan \xi = -1$.

证明 (1) 由所要证的等式,即方程 $2(x-1)f(x) + (x-1)^2 f'(x) = 0$,构造函数

$$F(x) = (x-1)^2 f(x).$$

由积分中值定理及题设条件得

$$f(2) = \int_{3}^{4}(x-1)^2 f(x)\mathrm{d}x = (\eta-1)^2 f(\eta), \quad 3 < \eta < 4.$$

因此,$F(2) = f(2) = (\eta-1)^2 f(\eta) = F(\eta)$. 又因函数 $F(x)$ 在 $[2,\eta]$ 上连续,在 $(2,\eta)$ 内可导,则按罗尔定理得,在 $(2,\eta) \subset (2,4)$ 内至少存在一点 ξ 使

$$F'(\xi) = [2f(\xi) + (\xi-1)f'(\xi)](\xi-1) = 0,$$

即有 $(1-\xi)f'(\xi) = 2f(\xi)$, $2 < \xi < 4$.

(2) 由所要证的等式,即方程 $f'(x) = -(1+x^2)^{-1}(\arctan x)^{-1}$,构造函数

$$F(x) = \mathrm{e}^{f(x)}\arctan x.$$

由积分中值定理与题设条件得

$$\int_0^{\frac{2}{\pi}} \mathrm{e}^{f(x)}\arctan x\,\mathrm{d}x = \frac{2}{\pi}\mathrm{e}^{f(\eta)}\arctan \eta = \frac{1}{2}, \quad \eta \in \left(0, \frac{2}{\pi}\right).$$

因此, $F(\eta) = \dfrac{\pi}{4} = F(1)$, 且 $F(x)$ 在 $[\eta, 1]$ 上连续, 在 $(\eta, 1)$ 内可导, 则按罗尔定理知至少存在一点 $\xi \in (\eta, 1) \subset (0, 1)$ 使

$$F'(\xi) = \left(f'(\xi)\arctan \xi + \frac{1}{1+\xi^2}\right)\mathrm{e}^{f(\xi)} = 0.$$

注意到 $\mathrm{e}^{f(\xi)} \neq 0$, 即得 $(1+\xi^2)f'(\xi)\arctan \xi = -1, \quad 0 < \xi < 1$.

注记 (i) 本例(1)是对待证的方程乘以一不为零的因子后, 再按原函数法构造辅助函数.

(ii) 这里, 因为难以验证构造的函数 $F(x)$ 在题给的区间 $[a, b]$ 内满足罗尔定理的条件, 所以借助于积分中值定理与题设条件, 在区间 (a, b) 内部确定一点 η 使 $F(x)$ 在 $[a, \eta]$ 或 $[\eta, b]$ 上满足罗尔定理的条件, 便可证得相关命题.

这两种思想方法在前面都已作介绍, 它们具有普遍意义.

(iii) 设 $f(x)$ 在 $\left[\dfrac{1}{2}, 2\right]$ 上连续, 在 $\left(\dfrac{1}{2}, 2\right)$ 内可导, 且满足 $\displaystyle\int_1^2 \frac{f(x)}{x^2}\mathrm{d}x = 4f\left(\frac{1}{2}\right)$, 请证明至少存在一点 $\xi \in \left(\dfrac{1}{2}, 2\right)$, 使得 $\xi f'(\xi) = 2f(\xi)$.

例 15 (1) 设函数 $f(x)$ 在 $[0, 1]$ 上连续, 在 $(0, 1)$ 内可导, 且满足 $3\displaystyle\int_{\frac{2}{3}}^1 f(x)\mathrm{d}x = f(0)$, 证明: 在 $(0, 1)$ 内至少存在一点 ξ 使得 $f'(\xi) = 0$.

(2) 设函数 $f(x)$ 在 $[0, 1]$ 上连续, 且 $\displaystyle\int_0^1 f(x)\mathrm{d}x = 0$, 证明: 在 $(0, 1)$ 内至少存在一点 ξ 使得 $f(1-\xi) + f(\xi) = 0$.

证明 (1) 由题设条件及积分中值定理得

$$\int_{\frac{2}{3}}^{1} f(x)\mathrm{d}x = \frac{1}{3}f(\eta), \quad \frac{2}{3} < \eta < 1,$$

即有 $f(\eta) = f(0)$，则 $f(x)$ 满足罗尔定理的条件，于是在 $(0,1)$ 内至少存在一点 ξ 使得 $f'(\xi) = 0$。

（2）由所要证的等式构造变限积分的函数

$$F(x) = \int_0^x f(1-t)\mathrm{d}t + \int_0^x f(t)\mathrm{d}t.$$

令 $v = 1-u$，则 $\int_0^1 f(1-u)\mathrm{d}u = \int_0^1 f(v)\mathrm{d}v = 0$。故 $F(0) = 0$，$F(1) = 0$，且 $F(x)$ 连续、可导，所以由罗尔定理知，至少存在一点 $\xi \in (0,1)$ 使得

$$F'(\xi) = f(1-\xi) + f(\xi) = 0.$$

注记 （i）本例是按原函数方法构造辅助函数的两种特殊情形，其中，(2)直接用变限定积分来表示辅助函数。

（ii）也可以直接对积分 $\int_0^1 [f(1-x) + f(x)]\mathrm{d}x = 0$ 应用积分中值定理证明(2)。

例 16 设函数 $f(x)$ 在 $[0,1]$ 上可导，且 $f(1) = 0$，$\int_0^1 xf'(x)\mathrm{d}x = 1$，试证明：存在一点 $\xi \in [0,1]$，使 $f'(\xi) = 2$。

证明 显然，在 $[0,1]$ 上连续的 $f(x)$ 必有界，则由分部积分及题设条件得 $\int_0^1 xf'(x)\mathrm{d}x = xf(x)\Big|_0^1 - \int_0^1 f(x)\mathrm{d}x = f(1) - \int_0^1 f(x)\mathrm{d}x = 1$，所以有 $\int_0^1 f(x)\mathrm{d}x = -1$。

构造辅助函数 $F(x) = \int_0^x f(t)\mathrm{d}t$，则 $F(x)$ 在 $[0,1]$ 上二阶可导，且满足

$$F(0) = 0, \quad F(1) = -1, \quad F'(1) = f(1) = 0, \quad F''(x) = f'(x).$$

在点 $x = 1$ 处对 $F(x)$ 应用一阶泰勒公式，有

$$F(0) = F(1) + F'(1)(0-1) + \frac{1}{2!}F''(\xi)^{(0-1)^2}, \quad 0 < \xi < 1,$$

即存在 $\xi \in (0, 1)$ 使 $f'(\xi) = 2$.

例 17　设 $f(x)$ 在 $[0, 1]$ 上连续，试证明下列命题.

(1) 若 $f(x) < 1$，则方程 $2x - \int_0^x f(t)\mathrm{d}t = 1$ 在 $(0, 1)$ 内有且仅有一个实根.

(2) 若 $\int_0^1 f(t)\mathrm{d}t = 0$，则方程 $\int_0^x f(t)\mathrm{d}t = f(x)$ 在 $(0, 1)$ 内至少存在一个实根.

证明　(1) 记 $F_1(x) = 2x - \int_0^x f(t)\mathrm{d}t - 1$. 显然，$F_1(x)$ 连续，且

$$F_1(0) = -1 < 0; \quad F_1(1) = 1 - \int_0^1 f(t)\mathrm{d}t > 1 - \int_0^1 1\mathrm{d}t = 0.$$

则由连续函数的零点定理知，方程 $F_1(x) = 0$ 在 $(0, 1)$ 内至少有一实根.

因 $F_1(x)$ 可导，且 $F_1'(x) = 2 - f(x) > 1$，则 $F_1(x)$ 在 $(0, 1)$ 内严格单调增加，所以方程 $F_1(x) = 0$ 在 $(0, 1)$ 内的实根是唯一的.

(2) 构造辅助函数 $F_2(x) = \mathrm{e}^{-x}\int_0^x f(t)\mathrm{d}t$. 显然，$F_2(0) = 0$，

$F_2(1) = \mathrm{e}^{-1}\int_0^1 f(t)\mathrm{d}t = 0$，且 $F_2(x)$ 在 $[0, 1]$ 上连续，在 $(0, 1)$ 内可导，则由罗尔定理得在 $(0, 1)$ 内至少存在一点 ξ，使得

$$F_2'(\xi) = \left[f(\xi) - \int_0^\xi f(t)\mathrm{d}t\right]\mathrm{e}^{-\xi} = 0,$$

故原结论成立.

注记　(i) 本例 (1) 讨论方程实根的依据是连续函数的零点定理. 例如，设

$$F(x) = \int_{-1}^1 |x - t| \, \mathrm{e}^{-t^2}\mathrm{d}t - \frac{1}{2}\left(1 + \frac{1}{\mathrm{e}}\right)$$

$$= \int_{-1}^{x} (x-t) e^{-t^2} dt + \int_{x}^{1} (t-x) e^{-t^2} dt - \frac{1}{2} \left(1 + \frac{1}{e} \right),$$

则同理可以证明 $F(x)=0$ 在 $(-1, 1)$ 内有且仅有两个实根.

(ii) 本例(2)辅助函数 $F_2(x)$ 的构造思想仍然是以前[①]提出的修正原函数法或常微分方程法,请仔细体会其构造过程.

例 18 设 $f(t)$ 在 $[0, 1]$ 上连续,且 $\int_{0}^{1} f(t) dt = \int_{0}^{1} t f(t) dt$,证明至少存在一点 $\xi \in (0, 1)$,使得 $\int_{0}^{\xi} f(t) dt = 0$.

证明 构造辅助函数

$$F(x) = x \int_{0}^{x} f(t) dt - \int_{0}^{x} t f(t) dt.$$

由变限定积分的性质知 $F(x)$ 在 $[0, 1]$ 上连续,在 $(0, 1)$ 内可导,且 $F(0) = 0$,由题设条件得 $F(1) = 0$. 则由罗尔定理知在 $(0, 1)$ 内至少存在一点 ξ,使得

$$F'(\xi) = \left[\int_{0}^{\xi} f(t) dt + \xi f(\xi) \right] - \xi f(\xi) = \int_{0}^{\xi} f(t) dt = 0.$$

注记 请读者注意本例辅助函数 $F(x)$ 的构造.

例 19 设函数 $f(x)$ 在 $[a, b]$ 上连续,且在 (a, b) 内有 $f'(x) > 0$,证明在 (a, b) 内存在唯一的一点 ξ,使得

$$(\xi-a) f(\xi) - \int_{a}^{\xi} f(x) dx = 3 \int_{\xi}^{b} f(x) dx - 3(b-\xi) f(\xi).$$

证明 由待证的等式构造函数

$$F(t) = \int_{a}^{t} [f(t) - f(x)] dx - 3 \int_{t}^{b} [f(x) - f(t)] dx,$$

则由变限定积分的性质知 $F(t)$ 在 $[a, b]$ 上连续. 又因 $f'(x) > 0$,故 $f(x)$ 在 $[a, b]$ 上严格单调增加,即有 $f(a) < f(x) < f(b)$. 现在

---

① 见本丛书第一册《高等数学新生突破:一元函数微分学》§3.3 节的内容.

(a,b)内取定一点 c,则由定积分的不等式性质与积分中值定理有严格不等式

$$F(a) = -3\int_a^b [f(x)-f(a)]\mathrm{d}x \leqslant -3\int_c^b [f(x)-f(a)]\mathrm{d}x$$
$$= -3(b-c)[f(\xi_1)-f(a)] < 0, \quad c < \xi_1 < b;$$
$$F(b) = \int_a^b [f(b)-f(x)]\mathrm{d}x \geqslant \int_a^c [f(b)-f(x)]\mathrm{d}x$$
$$= (c-a)[f(b)-f(\xi_2)] > 0, \quad a < \xi_2 < c.$$

所以,根据连续函数的零点定理知,在 (a,b) 内至少存在一点 ξ,使得

$$F(\xi) = \int_a^\xi [f(\xi)-f(x)]\mathrm{d}x - 3\int_\xi^b [f(x)-f(\xi)]\mathrm{d}x = 0.$$

注意到

$$F(t) = (t-a)f(t) - \int_a^t f(x)\mathrm{d}x - 3\int_t^b f(x)\mathrm{d}x + 3(b-t)f(t),$$

故

$$F'(t) = [(t-a)+3(b-t)]f'(t) > 0.$$

因此,函数 $F(t)$ 在 (a,b) 内是严格单调增加的,所以在 (a,b) 内存在的 ξ 是唯一的.

注记 (i) 本例再次说明,根据所要证明的数值等式的特征构造的辅助函数可以取为变限定积分,然后应用介值定理与罗尔定理等就可以完成证明.

例如,设 $f(x)$, $g(x)$ 在 $[a,b]$ 上可积,请读者证明至少存在一点 $\xi \in (a,b)$,使得

$$\int_a^\xi |f(x)-g(x)|\,\mathrm{d}x = \int_\xi^b |f(x)-g(x)|\,\mathrm{d}x.$$

不过,这里对构造的变限定积分的辅助函数在区间端点 $x=a$ 与 $x=b$ 处应单独讨论证明.

(ii) 如果注意到待证等式的几何意义,容易发现本题是证明在

(a,b)内存在唯一的一点 ξ,使得曲线 $y=f(x)$ 与两直线 $y=f(\xi)$,$x=a$ 所围平面图形的面积

$$S_1 = \int_a^{\xi} [f(\xi) - f(x)]\mathrm{d}x$$

是曲线 $y=f(x)$ 与两直线 $y=f(\xi)$,$x=b$ 所围平面图形的面积

$$S_2 = \int_{\xi}^b [f(x) - f(\xi)]\mathrm{d}x$$

的 3 倍. 依据该几何意义也容易构造函数 $F(t)$,它是处理有关平面图形面积问题的常用方法.

例 20 设 $y=f(x)$ 是 $[0,1]$ 上的任一非负连续函数.

(1)试证明:存在一点 $c \in (0,1)$,使得在 $[0,c]$ 上以 $f(c)$ 为高的矩形面积等于在 $[c,1]$ 上以 $y=f(x)$ 为曲边的曲边梯形面积.

(2)再设 $f(x)$ 在 $(0,1)$ 内可导,且 $xf'(x) > -2f(x)$,证明(1)中存在的 c 是唯一的.

证法 1 (1) 显然,在 $[0,c]$ 上以 $f(c)$ 为高的矩形面积为 $cf(c)$;在 $[c,1]$ 上以 $y=f(x)$ 为曲边的曲边梯形面积为 $\int_c^1 f(t)\mathrm{d}t$. 由这二者相等按原函数法构造辅助函数

$$F(x) = x\int_x^1 f(t)\mathrm{d}t.$$

则有 $F(0) = F(1) = 0$,且 $F(x)$ 在 $[0,1]$ 上可导. 于是由罗尔定理知,存在一点 $c \in (0,1)$ 使得

$$F'(c) = \int_c^1 f(t)\mathrm{d}t - cf(c) = 0.$$

(2)根据题设条件,当 $x \in (0,1)$ 时有

$$F''(x) = -2f(x) - xf'(x) < 0,$$

故 $F'(x)$ 在 $(0,1)$ 内严格单调减少,于是(1)中存在的点 $c \in (0,1)$ 是唯一的.

证法 2 （1）它的证明也可以利用闭区间上连续函数的性质作如下证明：

设在开区间 $(x_0, 1)$ 内取一点 x_1，其中，$\frac{1}{2} \leqslant x_0 < 1$. 若在闭区间 $[x_1, 1]$ 上函数 $f(x) \equiv 0$，则在 $(x_1, 1)$ 内任一点都可以作为 c. 不然的话，因为 $f(x)$ 是一非负的连续函数，故它在闭区间 $[x_1, 1]$ 上达到最大值，设其最大值点为 $x_2 \in [x_1, 1]$，且最大值 $f(x_2) > 0$.

显然，在闭区间 $[0, x_2]$ 上 $F'(x) = \int_x^1 f(t)\mathrm{d}t - xf(x)$ 连续，因 $f(x_2) > 0$，故 $F'(0) = \int_0^1 f(t)\mathrm{d}t > 0$. 注意到 $\frac{1}{2} \leqslant x_0 < x_1 \leqslant x_2 \leqslant 1$，有

$$F'(x_2) = \int_{x_2}^1 f(t)\mathrm{d}t - x_2 f(x_2) \leqslant f(x_2)\int_{x_2}^1 \mathrm{d}t - x_2 f(x_2)$$
$$= (1 - 2x_2)f(x_2) < 0.$$

所以，由闭区间上连续函数的零点定理知，存在一点 $c \in (0, x_2) \subset (0, 1)$，使

$$F'(c) = \int_c^1 f(t)\mathrm{d}t - cf(c) = 0.$$

例 21 设函数 $f(x)$ 在 $[a, b]$ 上连续，在 (a, b) 内可导，又 $f'(x) > 0$，且极限 $\lim\limits_{x \to a^+} \dfrac{f(2x-a)}{x-a}$ 存在，证明

（1）在 (a, b) 内至少存在一点 ξ，使得 $\dfrac{b^2 - a^2}{\int_a^b f(x)\mathrm{d}x} = \dfrac{2\xi}{f(\xi)}$；

（2）在 (a, b) 内存在与（1）中 ξ 相异的点 η，使得

$$f'(\eta)(b^2 - a^2) = \frac{2\xi}{\xi - a}\int_a^b f(x)\mathrm{d}x.$$

证明 （1）根据极限性质，由 $\lim\limits_{x \to a^+} \dfrac{f(2x-a)}{x-a}$ 存在得 $\lim\limits_{x \to a^+} f(2x-$

$a)=0$. 再由 $f(x)$ 在 $[a,b]$ 上连续得 $f(a)=0$.

由 $f'(x)>0$ 知 $f(x)$ 在 (a,b) 内严格单调增加,故有 $f(x)>f(a)=0$, $x\in(a,b)$.

根据待证的等式,构造辅助函数 $F(x)=x^2$, $G(x)=\int_a^x f(t)\mathrm{d}t$, $x\in[a,b]$. 显然,$G(x)$ 可导,且 $G'(x)=f(x)>0$,则 $F(x)$ 与 $G(x)$ 满足柯西微分中值定理的条件,于是在 (a,b) 内至少存在一点 ξ 使得

$$\frac{F(b)-F(a)}{G(b)-G(a)}=\frac{b^2-a^2}{\int_a^b f(t)\mathrm{d}t-0}=\frac{2\xi}{f(\xi)}=\frac{F'(\xi)}{G'(\xi)}, \quad a<\xi<b.$$

(2) 显然,$f(x)$ 在 $[a,\xi]$ 上满足拉格朗日微分中值定理的条件,则在 (a,ξ) 内至少存在一点 η 使得

$$f(\xi)=f(\xi)-f(a)=f'(\eta)(\xi-a), \quad a<\eta<\xi<b.$$

把它代入(1)的结论即得(2)的结论.

注记 注意,当 $f(x)$ 连续时,构造变限积分函数

$$G(x)=\int_a^x f(t)\mathrm{d}t \text{ 就有 } G(b)-G(a)=\int_a^b f(t)\mathrm{d}t.$$

例 22 设函数 $\varphi(x)$ 在闭区间 $[a,b]$ 上连续,且 $\int_a^b \varphi(x)\mathrm{d}x=0$, $\int_a^b x\varphi(x)\mathrm{d}x=0$. 试证明 $\varphi(x)$ 在开区间 (a,b) 内至少存在两个不同的实零点.

证法 1 令 $F(x)=\int_a^x \varphi(t)\mathrm{d}t$, $a\leqslant x\leqslant b$,则 $F(a)=0$, $F(b)=0$, $\mathrm{d}F(x)=\varphi(x)\mathrm{d}x$. 由于

$$0=\int_a^b x\varphi(x)\mathrm{d}x=\int_a^b x\mathrm{d}F(x)=xF(x)\Big|_a^b-\int_a^b F(x)\mathrm{d}x$$

$$=-\int_a^b F(x)\mathrm{d}x,$$

因此,存在一点 $c\in(a,b)$ 使得 $F(c)=0$. 这是因为若在 (a,b) 内

$F(x)$ 或恒为正,或为负,均与 $\int_a^b F(x)\mathrm{d}x = 0$ 矛盾.

因为变限积分 $F(x)$ 在 $[a, b]$ 上连续,在 (a, b) 内可导,且 $F(a) = F(c) = F(b) = 0$, $a < c < b$. 现对 $F(x)$ 分别在区间 $[a, c]$ 与 $[c, b]$ 上应用罗尔定理得至少存在 $\xi_1 \in (a, c)$ 与 $\xi_2 \in (c, b)$ 使

$$F'(\xi_1) = \varphi(\xi_1) = 0, \quad F'(\xi_2) = \varphi(\xi_2) = 0.$$

证法 2 如果函数 $\varphi(x)$ 恒等于零,则结论显然成立.

现不妨假设函数 $\varphi(x)$ 不恒等于零. 根据函数 $\varphi(x)$ 在 $[a, b]$ 上连续及定积分性质可知,若在 (a, b) 上恒有 $\varphi(x) > 0$,则 $\int_a^b \varphi(x)\mathrm{d}x > 0$;若在 (a, b) 上恒有 $\varphi(x) < 0$,则 $\int_a^b \varphi(x)\mathrm{d}x < 0$. 故函数 $\varphi(x)$ 在 (a, b) 内必定不会保持同号而使 $\int_a^b \varphi(x)\mathrm{d}x = 0$,所以必存在一点 $\xi_1 \in (a, b)$ 使 $\varphi(\xi_1) = 0$,即 $\varphi(x)$ 在 (a, b) 内存在一实零点 ξ_1.

如果 ξ_1 是函数 $\varphi(x)$ 在 (a, b) 内的唯一实零点,则由 $\int_a^b \varphi(x)\mathrm{d}x = 0$ 知,$\varphi(x)$ 在 (a, ξ_1) 内与 (ξ_1, b) 内异号,故 $(x - \xi_1)\varphi(x)$ 在点 ξ_1 的左右两侧具有相同的符号,即 $(x - \xi_1)\varphi(x)$ 在 (a, b) 内具有相同的符号. 于是积分 $\int_a^b (x - \xi_1)\varphi(x)\mathrm{d}x \neq 0$. 但是由题设条件知

$$\int_a^b (x - \xi_1)\varphi(x)\mathrm{d}x = \int_a^b x\varphi(x)\mathrm{d}x - \xi_1 \int_a^b \varphi(x)\mathrm{d}x = 0,$$

二者相矛盾. 所以函数 $\varphi(x)$ 在 (a, b) 内除实零点 ξ_1 外,至少还存在另一点 $\xi_2 \in (a, b)$,使 $\varphi(\xi_2) = 0$,即函数 $\varphi(x)$ 在 (a, b) 内至少存在两个不同的实零点.

注记 (i) 本例的一般性命题是:

设函数 $\varphi(x)$ 在闭区间 $[a, b]$ 上连续,$\psi(x)$ 在 $[a, b]$ 上有连续的导数,且在 (a, b) 内 $\psi'(x) \neq 0$,又 $\int_a^b \varphi(x)\mathrm{d}x = 0$, $\int_a^b \varphi(x)\psi(x)\mathrm{d}x = 0$. 则 $\varphi(x)$ 在开区间 (a, b) 内至少存在两个不相同的实零点.

这种类型题的关键条件是连续可导函数 $\psi(x)$ 的严格单调性,这里是由在 (a, b) 内 $\psi'(x) \neq 0$ 保证. 如取 $\psi(x) = \cos x$ 在 $[0, \pi]$ 上有连续导数,且严格单调减少,相应结论的证明请读者自行完成.

(ii) 本例的另一种推广是如下命题:

设函数 $f(x)$ 在 $[a, b]$ 上连续,且 $\int_a^b f(x)\mathrm{d}x = 0$,$\int_a^b xf(x)\mathrm{d}x = 0$,$\cdots$,$\int_a^b x^n f(x)\mathrm{d}x = 0$,试证明 $f(x)$ 在 (a, b) 内至少存在 $n+1$ 个互不相等的实零点.

事实上,令 $F(x) = \int_a^x f(t)\mathrm{d}t$,$x \in [a, b]$,便有 $F(a) = F(b) = 0$,且 $F(x)$ 连续,又可导. 因 $0 = \int_a^b x^2 f(x)\mathrm{d}x = x^2 F(x)\Big|_a^b - 2\int_a^b xF(x)\mathrm{d}x = -2\int_a^b xF(x)\mathrm{d}x$. 由本例证得的 $\int_a^b F(x)\mathrm{d}x = 0$ 与这里的 $\int_a^b xF(x)\mathrm{d}x = 0$ 两个条件,按本例的证明方法可证得若 (a, b) 内至少存在不同的两点 η_1 与 η_2,使 $F(\eta_1) = F(\eta_2) = 0$,又 $F(a) = F(b) = 0$. 因 $F(x)$ 可导,故由罗尔定理便得存在不同的 3 点 ξ_1,ξ_2,$\xi_3 \in (a, b)$,使 $F'(\xi_1) = f(\xi_1) = 0$,$F'(\xi_2) = f(\xi_2) = 0$,$F'(\xi_3) = f(\xi_3) = 0$. 继续上述证明过程同理可以证得(ii)的命题.

例 23 设函数 $f(x)$ 在 $[-a, a]$,$a > 0$ 上具有二阶连续导数,且 $f(0) = 0$,试证明:在 $[-a, a]$ 上至少存在一点 ξ,使得

$$a^3 f''(\xi) = 3\int_{-a}^a f(x)\mathrm{d}x.$$

证法 1 对 $[-a, a]$ 上任意一点 x,则 $f(x)$ 在点 $x = 0$ 处的一阶麦克劳林公式为

$$f(x) = f(0) + f'(0)x + \frac{1}{2!}f''(\eta)x^2 = f'(0)x + \frac{1}{2}f''(\eta)x^2,$$

其中,η 在 0 与 x 之间. 于是由定积分性质得

$$\int_{-a}^{a} f(x) \mathrm{d}x = \int_{-a}^{a} f'(0)x \mathrm{d}x + \int_{-a}^{a} \frac{1}{2} f''(\eta)x^2 \mathrm{d}x$$

$$= \frac{1}{2} \int_{-a}^{a} f''(\eta)x^2 \mathrm{d}x.$$

因 $f''(x)$ 在 $[-a, a]$ 上连续,则由闭区间上连续函数性质知 $f''(x)$ 在 $[-a, a]$ 上必能取到其最大值 M 与最小值 m,即有 $m \leqslant f''(x) \leqslant M$. 于是,上式化为

$$\frac{1}{3}ma^3 = \frac{1}{2}m\int_{-a}^{a} x^2 \mathrm{d}x \leqslant \int_{-a}^{a} f(x) \mathrm{d}x = \frac{1}{2} \int_{-a}^{a} f''(\eta)x^2 \mathrm{d}x$$

$$\leqslant \frac{1}{2}M\int_{-a}^{a} x^2 \mathrm{d}x = \frac{1}{3}Ma^3.$$

即 $\frac{3}{a^3} \int_{-a}^{a} f(x) \mathrm{d}x$ 介于连续的二阶导函数 $f''(x)$ 在 $[-a, a]$ 上的最小值 m 与最大值 M 之间,所以由介值定理得,在 $[-a, a]$ 上至少存在一点 ξ,使得 $f''(\xi) = \frac{3}{a^3} \int_{-a}^{a} f(x) \mathrm{d}x$,即题给的结论成立.

证法 2 构造辅助函数 $F(x) = \int_{-x}^{x} f(t) \mathrm{d}t$. 显然,$F(0) = 0$,且 $F(x)$ 可导,有

$$F'(x) = f(x) + f(-x); \quad F''(x) = f'(x) - f'(-x); F'''(x)$$
$$= f''(x) + f''(-x); F'(0) = 0, F''(0) = 0, 则 F(x) 的二阶麦克劳$$
林公式为

$$F(x) = F(0) + F'(0)x + \frac{1}{2!}F''(0)x^2 + \frac{1}{3!}F'''(\eta)x^3$$

$$= \frac{1}{6}[f''(\eta) + f''(-\eta)]x^3,$$

其中,η 在 0 与 x 之间.

由于 $f''(x)$ 在 $[-a, a]$ 上连续,所以在 $-\eta$ 与 η 之间必存在一点 ξ 使得

$$2f''(\xi) = f''(\eta) + f''(-\eta).$$

于是，$F(x) = \dfrac{1}{3} f''(\xi) x^3$. 令 $x = a$ 得

$$a^3 f''(\xi) = 3 \int_{-a}^{a} f(t) \mathrm{d}t,$$

其中，ξ 在 $[-a, a]$ 上.

5.3.3 定积分不等式的证明

定积分不等式的证明，思想丰富，涉及的知识面较广，是综合复习一元微积分学的一个很重要的专题.

1. 利用定积分的定义及其几何意义，证明定积分不等式或积和式的不等式

例 24 设函数 $y = f(x)$ 二阶可导，且 $f''(x) > 0$，又 $x = u(t)$ 为任意一个连续函数，证明不等式

$$f\left(\frac{1}{a} \int_0^a u(t) \mathrm{d}t\right) \leqslant \frac{1}{a} \int_0^a f(u(t)) \mathrm{d}t.$$

证明 因 $u(t)$，$f(u(t))$ 可积，故将区间 $[0, a]$ 作 n 等分，并取 $x_k = u(t_k) = u\left(\dfrac{ka}{n}\right)$，$k = 1, 2, \cdots, n$. 因 $f''(x) > 0$ 时，曲线 $y = f(x)$ 向上凹，故有不等式

$$f\left(\frac{1}{n} \sum_{k=1}^{n} x_k\right) \leqslant \frac{1}{n} \sum_{k=1}^{n} f(x_k).$$

即有

$$f\left(\frac{1}{a} \sum_{k=1}^{n} u\left(\frac{ka}{n}\right) \frac{a}{n}\right) \leqslant \frac{1}{a} \sum_{k=1}^{n} f\left(u\left(\frac{ka}{n}\right)\right) \frac{a}{n}.$$

由于 $f(x)$ 可导，必连续，故按复合函数极限性质，对上式两边令 $n \to \infty$，得

$$f\left(\frac{1}{a} \lim_{n \to \infty} \sum_{k=1}^{n} u\left(\frac{ka}{n}\right) \frac{a}{n}\right) \leqslant \frac{1}{a} \lim_{n \to \infty} \sum_{k=1}^{n} f\left(u\left(\frac{ka}{n}\right)\right) \frac{a}{n}.$$

所以,根据定积分的定义即得

$$f\left(\frac{1}{a}\int_0^a u(t)\,dt\right) \leqslant \frac{1}{a}\int_0^a f(u(t))\,dt.$$

注记 作为本例的特殊情况,有:

设 $\varphi(x)$ 在 $[0,1]$ 上连续,且 $\varphi(x) > 0$,则有不等式

$$\ln\int_0^1 \varphi(x)\,dx \geqslant \int_0^1 (\ln\varphi(x))\,dx.$$

例 25 设常数 $\alpha > 1$,n 为自然数,证明不等式

$$\frac{n^{\alpha+1}}{\alpha+1} < 1^\alpha + 2^\alpha + \cdots + n^\alpha < \frac{(n+1)^{\alpha+1}}{\alpha+1}.$$

证明 注意到

$$1^\alpha + 2^\alpha + \cdots + n^\alpha = n^{\alpha+1}\left\{\left[\left(\frac{1}{n}\right)^\alpha + \left(\frac{2}{n}\right)^\alpha + \cdots + \left(\frac{n}{n}\right)^\alpha\right]\frac{1}{n}\right\},$$

考虑函数 $y = x^\alpha$,$\alpha > 1$. 显然,它是可积的,则根据定积分的定义,对区间 $[0,1]$ 进行 n 等分,其分点为 0,$\frac{1}{n}$,$\frac{2}{n}$,$\cdots$,$\frac{n-1}{n}$,$\frac{n}{n} = 1$. 并取 ξ_i 为各个小区间的右端点,有

$$\int_0^1 x^\alpha\,dx = \lim_{n\to\infty}\sum_{i=1}^n \left(\frac{i}{n}\right)^\alpha \frac{1}{n}.$$

由于函数 $y = x^\alpha$ 在 $[0,1]$ 上单调增加,且向上凹,则根据定积分的几何意义便有

$$\frac{1}{\alpha+1} = \int_0^1 x^\alpha\,dx < \sum_{i=1}^n \left(\frac{i}{n}\right)^\alpha \frac{1}{n} = \frac{1}{n^{\alpha+1}}(1^\alpha + 2^\alpha + \cdots + n^\alpha),$$

即有

$$\frac{n^{\alpha+1}}{\alpha+1} < 1^\alpha + 2^\alpha + \cdots + n^\alpha.$$

如果把区间 $[0,1]$ 分成 $(n+1)$ 个相等的小区间,且取 ξ_i 为各个

小区间的左端点,同理可得

$$1^\alpha + 2^\alpha + \cdots + n^\alpha < \frac{(n+1)^{\alpha+1}}{\alpha+1}.$$

结合二者证得原不等式.

注记 和式不等式的证明方法之一,拟将它改进为乘积之和的形式,以便利用定积分定义去证明该不等式.

2. 估计定积分值的范围

利用积分中值定理,或求被积函数在积分区间上的最大值与最小值,以确定被积函数在积分区间上所满足的不等式,然后利用定积分的不等式性质等证明定积分的不等式. 即把定积分不等式问题转化为被积函数在积分区间上的不等式问题.

例 26 对任意的 $x \geqslant 0$,证明不等式 $\int_0^x (t - t^2)\sin^{2n}t\,dt \leqslant \dfrac{1}{(2n+2)(2n+3)}$.

证明 记 $F(x) = \int_0^x (t-t^2)\sin^{2n}t\,dt$,则 $F'(x) = (x-x^2)\sin^{2n}x$. 当 $0 < x < 1$ 时 $F'(x) > 0$;当 $x > 1$ 时 $F'(x) \leqslant 0$,故 $x = 1$ 是 $F(x)$ 的最大值点. 因此,对任意的 $x \geqslant 0$,由 $\sin t \leqslant t$ 即得

$$F(x) = \int_0^x (t - t^2)\sin^{2n}t\,dt \leqslant F(1) = \int_0^1 (t - t^2)\sin^{2n}t\,dt$$

$$\leqslant \int_0^1 (t - t^2)t^{2n}\,dt = \frac{1}{(2n+2)(2n+3)}.$$

例 27 估计定积分 $\int_0^1 \dfrac{e^{-x}}{x+1}\,dx$ 值的所在范围.

解法 1 先求被积函数 $f(x) = \dfrac{e^{-x}}{x+1}$ 在闭区间 $[0,1]$ 上的最大值与最小值. 因在 $0 \leqslant x \leqslant 1$ 上 $f'(x) = -\dfrac{x+2}{e^x(x+1)^2} < 0$,故 $f(x)$ 在 $[0,1]$ 上单调下降,所以 $f(x) = \dfrac{e^{-x}}{x+1}$ 在闭区间 $[0,1]$ 上的最大

值为 $f(0)=1$，最小值为 $f(1)=\dfrac{1}{2e}$. 即有

$$\frac{1}{2e}=f(1)\leqslant f(x)=\frac{e^{-x}}{x+1}\leqslant f(0)=1,$$

且 $f(x)$ 不恒等于 1，又不恒等于 $\dfrac{1}{2e}$，利用定积分的不等式性质得

$$\frac{1}{2e}=\int_0^1 f(1)dx<\int_0^1\frac{e^{-x}}{x+1}dx<\int_0^1 f(0)dx=1.$$

解法 2 应用一般性的第一积分中值定理，因 $e^{-x}>0$，故有

$$\int_0^1\frac{e^{-x}}{x+1}dx=\frac{1}{\xi+1}\int_0^1 e^{-x}dx=\frac{1-e^{-1}}{\xi+1},$$

其中，$0<\xi<1$，因此有 $\dfrac{1}{2}<\dfrac{1}{\xi+1}<1$，而函数 $\dfrac{e^{-x}}{x+1}$ 不恒等于 e^{-x}，

也不恒等于 $\dfrac{e^{-x}}{2}$，故由定积分的不等式性质，有严格的不等式

$$\frac{1-e^{-1}}{2}<\int_0^1\frac{e^{-x}}{x+1}dx=\frac{1-e^{-1}}{\xi+1}<1-e^{-1}.$$

注记 利用积分中值定理与求被积函数在积分区间上的最大与最小值的这两种方法是估计定积分值的范围的常规方法. 其实，直接用积分中值定理来估计，所采用的思想与估计结果是和解法 1 一致的. 解法 1 的几何意义是以 $y=f(x)$ 为曲边的曲边梯形面积 $\int_a^b f(x)dx$ 的值分别介于以最大值 $M=\max\limits_{a\leqslant x\leqslant b}f(x)$ 与以最小值 $m=\min\limits_{a\leqslant x\leqslant b}f(x)$ 为高、以 $b-a$ 为底的两个矩形面积之间.

3. 利用变限定积分证明定积分不等式

构造变限定积分的函数，利用变限定积分函数的性质等证明定积分的不等式，它是一种很有效的方法.

例 28 设函数 $f(x)$ 在 $[0,1]$ 上有连续的导数，且 $0<f'(x)\leqslant 1$，$f(0)=0$，证明不等式

$$\left(\int_0^1 f(u)\,\mathrm{d}u\right)^2 \geqslant \int_0^1 f^3(u)\,\mathrm{d}u.$$

证明　由待证的不等式构造变限定积分的辅助函数

$$F_1(x) = \left(\int_0^x f(u)\,\mathrm{d}u\right)^2 - \int_0^x f^3(u)\,\mathrm{d}u.$$

因 $f(x)$ 在 $[0,1]$ 上连续, 故 $F_1(x)$ 可导, 有

$$F_1'(x) = \frac{\mathrm{d}F_1(x)}{\mathrm{d}x} = 2f(x)\int_0^x f(u)\,\mathrm{d}u - f^3(x)$$
$$= f(x)\left[2\int_0^x f(u)\,\mathrm{d}u - f^2(x)\right].$$

再构造函数

$$F_2(x) = 2\int_0^x f(u)\,\mathrm{d}u - f^2(x),$$

则

$$F_2'(x) = \frac{\mathrm{d}F_2(x)}{\mathrm{d}x} = 2f(x) - 2f(x)f'(x) = 2f(x)[1 - f'(x)].$$

因为 $f(0) = 0$ 以及当 $0 \leqslant x \leqslant 1$ 时, $f'(x) > 0$, 所以函数 $f(x)$ 在 $[0,1]$ 上严格单调增加, 从而 $f(x) > f(0) = 0$; 又因当 $0 \leqslant x \leqslant 1$ 时 $f'(x) \leqslant 1$, 故 $F_2'(x) \geqslant 0$, 于是函数 $F_2(x)$ 在 $[0,1]$ 上单调增加, 从而 $F_2(x) \geqslant F_2(0) = 0 - f^2(0) = 0$. 由此便可推得 $F_1'(x) \geqslant 0$, 故知 $F_1(x)$ 在 $[0,1]$ 是单调增加的, 所以有 $F_1(x) \geqslant F_1(0) = 0$. 特别, 有

$$F_1(1) = \left(\int_0^1 f(u)\,\mathrm{d}u\right)^2 - \int_0^1 f^3(u)\,\mathrm{d}u \geqslant 0,$$

即证得原不等式.

注记　由定积分构造变限定积分函数的思想是利用该函数的一般性存在于定积分的特殊性之中而施行由特殊到一般的化归.

例 29　设函数 $f(x)$ 在 $[a,b]$ 上有二阶导数且 $f''(x) > 0$, 证明:

$$f\left(\frac{a+b}{2}\right) \leqslant \frac{1}{b-a}\int_a^b f(x)\mathrm{d}x \leqslant \frac{1}{2}[f(a)+f(b)]$$

证法 1 把待证的不等式改写为

$$(b-a)f\left(\frac{a+b}{2}\right) \leqslant \int_a^b f(x)\mathrm{d}x \leqslant \frac{1}{2}(b-a)[f(a)+f(b)].$$

对于右端不等式,构造辅助函数

$$F_1(x) = \frac{1}{2}[f(a)+f(x)](x-a) - \int_a^x f(t)\mathrm{d}t.$$

显然,$F_1(a) = 0$. 因 $f(x)$ 在 $[a, b]$ 上连续,故 $F_1(x)$ 可导,则有

$$F_1'(x) = \frac{1}{2}(x-a)f'(x) + \frac{1}{2}[f(a)-f(x)],$$

$$F_1''(x) = \frac{1}{2}(x-a)f''(x).$$

易见,$F_1'(a) = 0$,且在 $x \in [a, b]$ 内有 $F_1''(x) \geqslant 0$,故 $F_1'(x)$ 单调增加,则有 $F_1'(x) \geqslant F'(a) = 0$,$x \geqslant a$. 由此又知 $F_1(x)$ 单调增加,即有 $F_1(x) \geqslant F_1(a)$,$x \geqslant a$,所以有 $F_1(b) \geqslant F_1(a) = 0$,即

$$\frac{1}{b-a}\int_a^b f(t)\mathrm{d}t \leqslant \frac{1}{2}[f(a)+f(b)].$$

由待证的左端不等式,构造函数

$$F_2(x) = \int_a^x f(t)\mathrm{d}t - (x-a)f\left(\frac{a+x}{2}\right).$$

显然,$F_2(a) = 0$,且 $F_2(x)$ 可导,则有

$$F_2'(x) = \left[f(x) - f\left(\frac{a+x}{2}\right)\right] - \frac{1}{2}(x-a)f'\left(\frac{a+x}{2}\right).$$

由微分中值定理,对 $x \in [a, b]$ 有

$$F_2'(x) = \frac{1}{2}(x-a)f'(\xi) - \frac{1}{2}(x-a)f'\left(\frac{x+a}{2}\right)$$

$$= \frac{1}{2}(x-a)\left[f'(\xi)-f'\left(\frac{x+a}{2}\right)\right]$$

$$= \frac{1}{2}(x-a)\left(\xi-\frac{x+a}{2}\right)f''(\eta) \geq 0,$$

其中, $a \leq \frac{1}{2}(a+x) < \xi < x \leq b$, $\frac{1}{2}(a+x) < \eta < \xi$. 则 $F_2(x)$ 单调增加, 即 $F_2(x) \geq F_2(a) = 0$, $x \geq a$, 所以有 $F_2(b) \geq F_2(a) = 0$, 即 $f\left(\frac{a+b}{2}\right) \leq \frac{1}{b-a}\int_a^b f(t)\mathrm{d}t$. 结合二者便证得原不等式.

证法 2 因 $f''(x) > 0$, $x \in [a, b]$, 故曲线 $y = f(x)$ 在 $[a, b]$ 上向上凹, 则它的切线位于曲线的下方, 有

$$f(x) \geq f\left(\frac{a+b}{2}\right) + f'\left(\frac{a+b}{2}\right)\left(x-\frac{a+b}{2}\right).$$

在 $[a, b]$ 上积分该式即得待证的左端不等式.

对于待证的右端不等式, 因 $f''(x) > 0$, 故曲线 $y = f(x)$ 在 $[a, b]$ 上是向上凹的, 则连结该曲线两端点 $(a, f(a))$ 与 $(b, f(b))$ 的直线段位于曲线 $y = f(x)$, $a \leq x \leq b$ 的上方, 因此有

$$f(x) \leq f(a) + \frac{f(b)-f(a)}{b-a}(x-a),$$

即

$$f(x) \leq \frac{x-a}{b-a}f(b) + \frac{b-x}{b-a}f(a).$$

在 $[a, b]$ 上积分该式即得待证的右端不等式. 综合二者, 便证得原不等式.

注记 证法 2 的证明思想是先按曲线凹向定义的几何意义确定不等式, 然后积分. 因为待证不等式

$$(b-a)f\left(\frac{a+b}{2}\right) \leq \int_a^b f(x)\mathrm{d}x \leq \frac{1}{2}(b-a)[f(a)+f(b)]$$

的每一项分别为相应平面区域的面积, 则通过作图容易得出这些区域面积的大小而确定对应的不等式. 例如, 设在 $[a, b]$ 上 $f(x) <$

96

0，且在(a, b)内$f'(x) > 0$，$f''(x) <$

0，很快就可以判断$f(a)$，$\frac{1}{2}[f(a) +$

$f(b)]$，　　$\frac{1}{b-a}\int_a^b f(x)\mathrm{d}x$，　　$f(b)$，

$f\left(\frac{a+b}{2}\right)$之间的大小关系(图5-2)．注

意这里的曲线$y = f(x)$在Ox轴下方，

且连续，又严格单调增加，还向下凹．

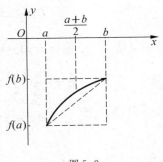

图5-2

例30　设$f(x)$在$[a, b]$上连续，

且单调增加，证明不等式.

$$\int_a^b xf(x)\mathrm{d}x \geqslant \frac{1}{2}(a+b)\int_a^b f(x)\mathrm{d}x.$$

证法1　由待证的不等式构造辅助函数

$$F(x) = \int_a^x tf(t)\mathrm{d}t - \frac{1}{2}(a+x)\int_a^x f(t)\mathrm{d}t, \quad x \in [a, b].$$

显然，$F(a) = 0$，且$F(x)$可导，有

$$F'(x) = xf(x) - \frac{1}{2}(a+x)f(x) - \frac{1}{2}\int_a^x f(t)\mathrm{d}t$$

$$= \frac{1}{2}(x-a)f(x) - \frac{1}{2}\int_a^x f(t)\mathrm{d}t.$$

因$f(x)$连续，故由积分中值定理有$\int_a^x f(t)\mathrm{d}t = f(\xi)(x-a)$，$a < \xi$

$< x$，则由题设$f(x)$单调增加得

$$F'(x) = \frac{1}{2}(x-a)f(x) - \frac{1}{2}(x-a)f(\xi)$$

$$= \frac{1}{2}(x-a)[f(x) - f(\xi)] \geqslant 0,$$

其中，$a < \xi < x \leqslant b$. 于是，$F(x)$在$[a, b]$上单调增加，即有$F(x) \geqslant$

$F(a) = 0$. 特别有$F(b) \geqslant 0$，即

$$\int_a^b t f(t)\,\mathrm{d}t \geqslant \frac{1}{2}(a+b)\int_a^b f(t)\,\mathrm{d}t.$$

证法 2　由定积分的分段可加性,有

$$\int_a^b \left(x-\frac{a+b}{2}\right)f(x)\,\mathrm{d}x$$
$$= \int_a^{\frac{a+b}{2}} \left(x-\frac{a+b}{2}\right)f(x)\,\mathrm{d}x + \int_{\frac{a+b}{2}}^b \left(x-\frac{a+b}{2}\right)f(x)\,\mathrm{d}x.$$

由积分中值定理知,存在 $\xi_1 \in \left[a, \dfrac{a+b}{2}\right]$, $\xi_2 \in \left[\dfrac{a+b}{2}, b\right]$ 使

$$\int_a^{\frac{a+b}{2}} \left(x-\frac{a+b}{2}\right)f(x)\,\mathrm{d}x = f(\xi_1)\int_a^{\frac{a+b}{2}} \left(x-\frac{a+b}{2}\right)\mathrm{d}x$$
$$= \frac{-(b-a)^2}{8}f(\xi_1),$$

$$\int_{\frac{a+b}{2}}^b \left(x-\frac{a+b}{2}\right)f(x)\,\mathrm{d}x = f(\xi_2)\int_{\frac{a+b}{2}}^b \left(x-\frac{a+b}{2}\right)\mathrm{d}x$$
$$= \frac{(b-a)^2}{8}f(\xi_2).$$

因 $f(x)$ 单调增加,故 $f(\xi_2) \geqslant f(\xi_1)$, 于是

$$\int_a^b \left(x-\frac{a+b}{2}\right)f(x)\,\mathrm{d}x = \frac{1}{8}(b-a)^2[f(\xi_2)-f(\xi_1)] \geqslant 0,$$

即待证的不等式成立.

　　注记　注意,题设条件中 $f(x)$ 在 $[a, b]$ 上仅仅连续,故两种证法中都用积分中值定理来处理.

　　例 31　设函数 $f(x)$ 在 $[0, 1]$ 上连续,且单调减少. 试证明:当 $0 < \lambda < 1$ 时必有

$$\int_0^\lambda f(x)\,\mathrm{d}x \geqslant \lambda \int_0^1 f(x)\,\mathrm{d}x.$$

证法 1　构造辅助函数

$$G(t) = \int_0^t f(x)\,\mathrm{d}x - t\int_0^1 f(x)\,\mathrm{d}x.$$

因 $f(x)$ 是 $[0,1]$ 上的连续函数,故 $G(t)$ 可导,有

$$G'(t) = f(t) - \int_0^1 f(x)\mathrm{d}x,$$

且 $G(0) = G(1) = 0$. 由 $f(x)$ 的单调减少便知,$G'(t)$ 也是单调减少的. 下面应用反证法证明

$$G(t) \geqslant 0, \quad t \in (0,1).$$

反设在 $(0,1)$ 内存在一点 t_0 使 $G(t_0) < 0$,则由拉格朗日微分中值定理得

$$(t_0 - 0)G'(\xi_1) = G(t_0) - G(0) < 0, \quad 0 < \xi_1 < t_0,$$

$$(1 - t_0)G'(\xi_2) = G(1) - G(t_0) > 0, \quad t_0 < \xi_2 < 1.$$

即当 $0 < \xi_1 < t_0 < \xi_2 < 1$ 时,$G'(\xi_1) < 0 < G'(\xi_2)$. 这个结果与 $G'(t)$ 单调减少相矛盾. 所以对 $t \in (0,1)$ 必有 $G(t) \geqslant 0$,特别有 $G(\lambda) \geqslant 0$,$\lambda \in (0,1)$,即原不等式成立.

证法 2　根据待证不等式的特点,构造变限定积分的函数

$$F(t) = \frac{1}{t}\int_0^t f(x)\mathrm{d}x, \quad t \in (0,1).$$

因为 $f(x)$ 是 $[0,1]$ 上连续函数,故 $F(t)$ 可导,有

$$F'(t) = \frac{1}{t^2}\Big[tf(t) - \int_0^t f(x)\mathrm{d}x\Big].$$

由于 $F(t)$ 表示连续函数 $f(x)$ 在区间 $[0,t]$ 上的平均值,而函数单调减少,故有 $f(t) \leqslant F(t)$,即有 $tf(t) \leqslant \int_0^t f(x)\mathrm{d}x$,所以 $F'(t) \leqslant 0$. 因此,$F(t)$ 单调减少,即有 $F(\lambda) \geqslant F(1) = \int_0^1 f(x)\mathrm{d}x$,$0 < \lambda < 1$,也就是原不等式成立.

证法 3　因为 $f(x)$ 是 $[0,1]$ 上的连续函数,故由积分中值定理得

$$\int_0^\lambda f(x)\mathrm{d}x - \lambda\int_0^1 f(x)\mathrm{d}x = (1-\lambda)\int_0^\lambda f(x)\mathrm{d}x - \lambda\int_\lambda^1 f(x)\mathrm{d}x$$
$$= \lambda(1-\lambda)f(\xi_1) - \lambda(1-\lambda)f(\xi_2)$$
$$= \lambda(1-\lambda)[f(\xi_1) - f(\xi_2)],$$

其中 $0\leqslant\xi_1\leqslant\lambda\leqslant\xi_2\leqslant 1$. 由 $f(x)$ 单调减少知 $f(\xi_1)\geqslant f(\xi_2)$. 又 $\lambda>0$，$1-\lambda>0$，故 $\lambda(1-\lambda)[f(\xi_1) - f(\xi_2)]\geqslant 0$，即原不等式成立.

证法 4　令 $x=\lambda t$，则

$$\int_0^\lambda f(x)\mathrm{d}x = \lambda\int_0^1 f(\lambda t)\mathrm{d}t = \lambda\int_0^1 f(\lambda x)\mathrm{d}x.$$

因 $f(x)$ 单调减少，而 $0<\lambda<1$，$x>0$，故有 $\lambda x<x$，且有 $f(\lambda x)\geqslant f(x)$. 根据定积分的不等式性质，便证得

$$\int_0^\lambda f(x)\mathrm{d}x = \lambda\int_0^1 f(\lambda x)\mathrm{d}x \geqslant \lambda\int_0^1 f(x)\mathrm{d}x.$$

注记　(i) 如果证法 1 不用反证法，则可用积分中值定理得

$$G'(t) = f(t) - \int_0^1 f(x)\mathrm{d}x = f(t) - f(\xi), \quad 0<\xi<1.$$

由于 $f(t)$ 在 $[0,1]$ 上单调减少，则当 $0<t\leqslant\xi$ 时，$G'(t)\geqslant 0$，$G(t)$ 单调增加；当 $\xi\leqslant t<1$ 时，$G'(t)\leqslant 0$，$G(t)$ 单调下降，而 $G(0) = G(1) = 0$，故 $G(t)\geqslant 0$. 特别，$G(\lambda)\geqslant 0$，即原不等式成立.

(ii) 当被积函数连续时，由待证的定积分不等式构造含有变限积分的函数，是证明定积分不等式的常用方法之一. 但是，当被积函数是非连续的可积函数时，就不一定能利用变限积分函数的可微性，又不一定能应用积分中值定理，则应寻求另外的途径. 例如：

如果 $f(x)$ 在 $[0,1]$ 上可积，且单调减少，欲证明不等式

$$\int_0^\lambda f(x)\mathrm{d}x \geqslant \lambda\int_0^1 f(x)\mathrm{d}x, \quad 0<\lambda<1.$$

可以用下述方法证明：因为函数 $f(x)$ 是单调减少的，故 $f(x)$ 是可积的，且对任意的 $\lambda\in(0,1)$，有

$$\int_0^\lambda f(x)\mathrm{d}x \geqslant \int_0^\lambda f(\lambda)\mathrm{d}x = \lambda f(\lambda),$$

$$\int_\lambda^1 f(x)\mathrm{d}x \leqslant \int_\lambda^1 f(\lambda)\mathrm{d}x = (1-\lambda)f(\lambda).$$

故有

$$\frac{1}{1-\lambda}\int_\lambda^1 f(x)\mathrm{d}x \leqslant f(\lambda) \leqslant \frac{1}{\lambda}\int_0^\lambda f(x)\mathrm{d}x,$$

即

$$\lambda\int_\lambda^1 f(x)\mathrm{d}x \leqslant (1-\lambda)\int_0^\lambda f(x)\mathrm{d}x = \int_0^\lambda f(x)\mathrm{d}x - \lambda\int_0^\lambda f(x)\mathrm{d}x,$$

经移项即得要证明的不等式.

例 32 设 $f(x)$，$g(x)$ 在 $[0, 1]$ 上的导函数连续，且 $f(0) = 0$，$f'(x) \geqslant 0$，$g'(x) \geqslant 0$，试证明对任何的 $a \in [0, 1]$，有

$$\int_0^a g(x)f'(x)\mathrm{d}x + \int_0^1 f(x)g'(x)\mathrm{d}x \geqslant f(a)g(1).$$

证法 1 由待证的不等式构造辅助函数

$$F(x) = \int_0^x g(t)f'(t)\mathrm{d}t + \int_0^1 f(t)g'(t)\mathrm{d}t - f(x)g(1), \ x \in [0, 1].$$

显然，由变限定积分的性质知 $F(x)$ 连续且可导，而

$$F'(x) = g(x)f'(x) - f'(x)g(1) = f'(x)[g(x) - g(1)].$$

因 $g'(x) \geqslant 0$，故 $g(x)$ 单调增加，便有 $g(x) - g(1) \leqslant 0$，$0 \leqslant x \leqslant 1$. 又 $f'(x) \geqslant 0$，则 $F'(x) \leqslant 0$，于是 $F(x)$ 在 $[0, 1]$ 上单调减少，即有 $F(x) \geqslant F(1)$，$0 \leqslant x \leqslant 1$.

现用分部积分法得

$$F(1) = \int_0^1 g(t)f'(t)\mathrm{d}t + \int_0^1 f(t)g'(t)\mathrm{d}t - f(1)g(1)$$

$$= \left[g(t)f(t)\Big|_0^1 - \int_0^1 f(t)g'(t)\mathrm{d}t\right] + \int_0^1 f(t)g'(t)\mathrm{d}t$$

$$- f(1)g(1) = 0,$$

则当 $x \in [0, 1]$ 时, $F(x) \geqslant F(1) = 0$. 因此, 对任何的 $a \in [0, 1]$ 有 $F(a) \geqslant 0$, 即题给的不等式成立.

证法 2　由分部积分法得

$$\int_0^a g(x)f'(x)\mathrm{d}x + \int_0^1 f(x)g'(x)\mathrm{d}x$$

$$= \left[g(x)f(x) \Big|_0^a - \int_0^a f(x)g'(x)\mathrm{d}x \right] + \int_0^1 f(x)g'(x)\mathrm{d}x$$

$$= g(a)f(a) + \int_a^1 f(x)g'(x)\mathrm{d}x.$$

由于 $x \in [0, 1]$ 时 $f'(x) \geqslant 0$, 故 $f(x)$ 在 $[0, 1]$ 上单调增加, 即有 $f(x) \geqslant f(a)$, $x \in [a, 1]$. 又由于 $g'(x) \geqslant 0$, 因此, 当 $x \in [a, 1]$ 时有不等式

$$f(x)g'(x) \geqslant f(a)g'(x).$$

于是, 根据定积分的不等式性质得

$$\int_0^a g(x)f'(x)\mathrm{d}x + \int_0^1 f(x)g'(x)\mathrm{d}x$$

$$= g(a)f(a) + \int_a^1 f(x)g'(x)\mathrm{d}x \geqslant g(a)f(a) + f(a)\int_a^1 g'(x)\mathrm{d}x$$

$$= g(a)f(a) + f(a)g(x) \Big|_a^1 = f(a)g(1).$$

注记　本例的证法 2 是对欲证不等式的定积分直接用分部积分等计算方法证明. 又如, 设 $f(x)$, $g(x)$ 在 $[a, b]$ 上连续, 且 $\int_a^b f(t)\mathrm{d}t = \int_a^b g(t)\mathrm{d}t$, $\int_a^x f(t)\mathrm{d}t \geqslant \int_a^x g(t)\mathrm{d}t$, $x \in [a, b)$, 则可用分部积分法证得

$$\int_a^b tf(t)\mathrm{d}t \leqslant \int_a^b tg(t)\mathrm{d}t.$$

例 33　设 $f(x)$ 在 $[0, 1]$ 上连续, 证明不等式

$$\left(\int_0^1 f(x)\,\mathrm{d}x\right)^2 \leqslant \int_0^1 f^2(x)\,\mathrm{d}x.$$

证明　由待证的定积分不等式构造辅助函数

$$F(x) = \left(\int_0^x f(t)\,\mathrm{d}t\right)^2 - x\int_0^x f^2(t)\,\mathrm{d}t.$$

显然，$F(0)=0$，且 $F(x)$ 可导，有

$$F'(x) = 2f(x)\int_0^x f(t)\,\mathrm{d}t - xf^2(x) - \int_0^x f^2(t)\,\mathrm{d}t$$

$$= -\int_0^x \left[f(t)-f(x)\right]^2\mathrm{d}t \leqslant 0.$$

则 $F(x)$ 在 $x \geqslant 0$ 时单调减少，即有 $F(x) \leqslant F(0) = 0$，$x \geqslant 0$. 特别，$F(1) \leqslant 0$，即证得不等式

$$\left(\int_0^1 f(t)\,\mathrm{d}t\right)^2 \leqslant \int_0^1 f^2(t)\,\mathrm{d}t.$$

注记　（i）本例构造的辅助函数很有个性，它由定积分 $\int_0^1 f^2(x)\,\mathrm{d}x$ 构造变限定积分函数 $x\int_0^x f^2(t)\,\mathrm{d}t$，而不是 $\int_0^x f^2(t)\,\mathrm{d}t$，以利判断 $F'(x)$ 的正负. 请读者注意这种思维的拓展.

（ii）事实上，本例是一种特殊的柯西－许瓦兹不等式.

4. 通过积分计算方法证明定积分不等式

分部积分法、变量替换法以及递推公式等积分计算方法也是证明定积分不等式的有效方法.

例 34　证明下列不等式.

（1）$\left|\int_x^{x+1} \sin t^2\,\mathrm{d}t\right| \leqslant \dfrac{1}{x}$，$x>0$；　　（2）$\int_0^{\sqrt{2\pi}} \sin t^2\,\mathrm{d}t > 0$.

证明　（1）由分部积分法得

$$\int_x^{x+1} \sin t^2\,\mathrm{d}t = \int_x^{x+1} \frac{1}{2t}\sin t^2\,\mathrm{d}t^2 = \frac{-\cos t^2}{2t}\bigg|_x^{x+1} - \int_x^{x+1} \frac{\cos t^2}{2t^2}\,\mathrm{d}t$$

$$= -\frac{\cos(x+1)^2}{2(x+1)} + \frac{\cos x^2}{2x} - \int_x^{x+1} \frac{\cos t^2}{2t^2}\,\mathrm{d}t.$$

则由定积分的不等式性质知,当 $x > 0$ 时有

$$\left| \int_x^{x+1} \sin t^2 \mathrm{d}t \right| \leqslant \left| -\frac{\cos(x+1)^2}{2(x+1)} \right| + \left| \frac{\cos x^2}{2x} \right| + \int_x^{x+1} \left| \frac{\cos t^2}{2t^2} \right| \mathrm{d}t$$

$$\leqslant \frac{1}{2(x+1)} + \frac{1}{2x} + \int_x^{x+1} \frac{1}{2t^2} \mathrm{d}t = \frac{1}{x}.$$

(2) 令 $u = t^2$,则由变量替换法得

$$\int_0^{\sqrt{2\pi}} \sin t^2 \mathrm{d}t = \int_0^{2\pi} \frac{1}{2\sqrt{u}} \sin u \mathrm{d}u = \frac{1}{2} \int_0^{\pi} \frac{\sin u}{\sqrt{u}} \mathrm{d}u + \frac{1}{2} \int_{\pi}^{2\pi} \frac{\sin u}{\sqrt{u}} \mathrm{d}u,$$

再令 $v = u - \pi$,则有

$$\int_{\pi}^{2\pi} \frac{\sin u}{\sqrt{u}} \mathrm{d}u = \int_0^{\pi} \frac{-\sin v}{\sqrt{\pi + v}} \mathrm{d}v = -\int_0^{\pi} \frac{\sin u}{\sqrt{\pi + u}} \mathrm{d}u,$$

故有

$$\int_0^{\sqrt{2\pi}} \sin t^2 \mathrm{d}t = \frac{1}{2} \int_0^{\pi} \left(\frac{1}{\sqrt{u}} - \frac{1}{\sqrt{\pi + u}} \right) \sin u \mathrm{d}u.$$

因为当 $0 \leqslant u \leqslant \pi$ 时 $\sin u \geqslant 0$,且不恒等于零,又 $\frac{1}{\sqrt{u}} - \frac{1}{\sqrt{\pi + u}} \geqslant 0$,故由定积分性质知 $\int_0^{\sqrt{2\pi}} \sin x^2 \mathrm{d}x > 0$.

注记 尽管 $\sin x$ 在 $[0, \pi]$ 上非负,而在 $[\pi, 2\pi]$ 上非正,但是仍容易证明 $\int_0^{2\pi} \frac{\sin x}{x} \mathrm{d}x > 0$.

例 35 证明函数 $\varphi(x) = \int_x^{x+2\pi} \mathrm{e}^{\sin t} \sin t \mathrm{d}t$ 是一正常数.

证法 1 由变限积分求导公式得

$$\varphi'(x) = \mathrm{e}^{\sin(x+2\pi)} \sin(x + 2\pi) - \mathrm{e}^{\sin x} \sin x = 0,$$

故函数 $\varphi(x)$ 是一常数,且 $\varphi(x) = \varphi(0)$. 于是只要证明 $\varphi(0) > 0$.

由分部积分法得

$$\varphi(0) = \int_0^{2\pi} \mathrm{e}^{\sin t} \sin t \mathrm{d}t = -\cos t \mathrm{e}^{\sin t} \Big|_0^{2\pi} + \int_0^{2\pi} \cos^2 t \mathrm{e}^{\sin t} \mathrm{d}t$$

$$= \int_0^{2\pi} \cos^2 t e^{\sin t} dt > 0,$$

这是因为 $\cos^2 t e^{\sin t}$ 在 $[0, 2\pi]$ 上是不恒等于零的非负连续函数之故.

证法 2 因 $f(t) = e^{\sin t} \sin t$ 是以 2π 为周期的周期函数,故

$$\varphi(x) = \int_x^{x+2\pi} e^{\sin t} \sin t dt = \int_0^{2\pi} e^{\sin t} \sin t dt = \varphi(0)$$

是一常数,且 $\varphi(x) = \varphi(0)$. 令 $t = \pi + u$, 则

$$\int_\pi^{2\pi} e^{\sin t} \sin t dt = \int_0^\pi e^{\sin(\pi+u)} \sin(\pi+u) du = -\int_0^\pi e^{-\sin u} \sin u du.$$

因为 $(e^{\sin t} - e^{-\sin t}) \sin t$ 在 $[0, \pi]$ 上是不恒等于零的非负连续函数,故有

$$\varphi(0) = \int_0^\pi e^{\sin t} \sin t dt + \int_\pi^{2\pi} e^{\sin t} \sin t dt$$

$$= \int_0^\pi (e^{\sin t} - e^{-\sin t}) \sin t dt > 0.$$

所以原给定的函数 $\varphi(x)$ 是一正常数.

例 36 证明不等式

$$\ln\left(\prod_{k=1}^{n-1} k^k\right) \leqslant \int_2^n x \ln x dx < \frac{1}{2} n^2 \ln n - \frac{1}{4} n^2 + 1.$$

证明 先证明右边不等式,由分部积分得

$$\int_2^n x \ln x dx = \frac{1}{2} x^2 \ln x \Big|_2^n - \frac{1}{2} \int_2^n x^2 \frac{1}{x} dx$$

$$= \frac{1}{2} n^2 \ln n - 2\ln 2 - \frac{1}{4} n^2 + 1$$

$$< \frac{1}{2} n^2 \ln n - \frac{1}{4} n^2 + 1.$$

再证明左边不等式. 注意到 $\ln\left(\prod_{k=1}^{n-1} k^k\right) = \sum_{k=2}^{n-1} (k\ln k)$, 再利用定积分的分段可加性以及函数 $f(x) = x \ln x$ 在 $x \geqslant 2$ 时,严格单调增

加,故有

$$\int_2^n x\ln x\,\mathrm{d}x = \sum_{k=2}^{n-1}\int_k^{k+1} x\ln x\,\mathrm{d}x > \sum_{k=2}^{n-1}\int_k^{k+1} k\ln k\,\mathrm{d}x$$

$$= \sum_{k=2}^{n-1}(k\ln k) = \ln\Big(\prod_{k=1}^{n-1} k^k\Big),$$

其中,当且仅当 $n=2$ 时左边不等式的等号成立,综合二者命题得证.

例 37 设 $J_n = \int_0^{\frac{\pi}{2}} \dfrac{\sin^2 nx}{\sin x}\,\mathrm{d}x$,证明

(1) $J_n = \dfrac{1}{2n-1} + J_{n-1}$,$n=1,\,2,\,\cdots$;

(2) $\ln\sqrt{2n+1} < J_n \leqslant 1 + \ln\sqrt{2n-1}$.

证明 (1) 因 $J_n = \int_0^{\frac{\pi}{2}} \dfrac{1-\cos 2nx}{2\sin x}\,\mathrm{d}x$,则由三角变换得

$$J_n - J_{n-1} = \int_0^{\frac{\pi}{2}} \frac{\cos(2n-2)x - \cos 2nx}{2\sin x}\,\mathrm{d}x$$

$$= \int_0^{\frac{\pi}{2}} \sin(2n-1)x\,\mathrm{d}x = \frac{1}{2n-1}.$$

故有递推公式 $J_n = \dfrac{1}{2n-1} + J_{n-1}$,$n=1,\,2,\,\cdots$. 因为 $J_1 = \int_0^{\frac{\pi}{2}} \sin x\,\mathrm{d}x = 1$,所以有

$$J_n = \frac{1}{2n-1} + J_{n-1} = \frac{1}{2n-1} + \frac{1}{2n-3} + J_{n-2} = \cdots$$

$$= \frac{1}{2n-1} + \frac{1}{2n-3} + \cdots + \frac{1}{5} + \frac{1}{3} + 1.$$

(2) 因当 $k < x \leqslant k+1$ 时,$2k-1 < 2x-1 \leqslant 2k+1$. 故有 $\dfrac{1}{2k+1}$
$\leqslant \int_k^{k+1} \dfrac{1}{2x-1}\,\mathrm{d}x < \dfrac{1}{2k-1}$,所以有

$$J_n = 1 + \frac{1}{3} + \cdots + \frac{1}{2n-1} = 1 + \sum_{k=1}^{n-1} \frac{1}{2k+1}$$

$$\leqslant 1 + \sum_{k=1}^{n-1} \int_k^{k+1} \frac{1}{2x-1} dx = 1 + \int_1^n \frac{1}{2x-1} dx$$

$$= 1 + \frac{1}{2} \ln(2n-1).$$

另外,由 $\int_k^{k+1} \frac{1}{2x-1} dx < \frac{1}{2k-1}$ 得 $\sum_{k=1}^n \int_k^{k+1} \frac{dx}{2x-1} < \sum_{k=1}^n \frac{1}{2k-1}$,

即有

$$\frac{1}{2} \ln(2n+1) = \int_1^{n+1} \frac{1}{2x-1} dx < 1 + \frac{1}{3} + \cdots + \frac{1}{2n-1} = J_n.$$

综合二者便得 $\ln\sqrt{2n+1} < J_n \leqslant 1 + \ln\sqrt{2n-1}$.

5. 利用定积分的性质等证明定积分不等式

利用定积分的分段可加性、不等式性质、积分中值定理以及微分中值定理等是证明定积分不等式的一个重要途径.

例 38 设函数 $f(x)$ 在 $[0, 1]$ 上连续,且对任意的 x, y,都有 $|f(x) - f(y)| < M |x - y|$,$M > 0$,证明

$$\left| \int_0^1 f(x) dx - \frac{1}{n} \sum_{k=1}^n f\left(\frac{k}{n}\right) \right| < \frac{M}{2n}.$$

证明 由定积分性质得

$$\left| \int_0^1 f(x) dx - \frac{1}{n} \sum_{k=1}^n f\left(\frac{k}{n}\right) \right|$$

$$= \left| \sum_{k=1}^n \int_{\frac{k-1}{n}}^{\frac{k}{n}} f(x) dx - \sum_{k=1}^n \int_{\frac{k-1}{n}}^{\frac{k}{n}} f\left(\frac{k}{n}\right) dx \right|$$

$$\leqslant \sum_{k=1}^n \int_{\frac{k-1}{n}}^{\frac{k}{n}} \left| f(x) - f\left(\frac{k}{n}\right) \right| dx < \sum_{k=1}^n \int_{\frac{k-1}{n}}^{\frac{k}{n}} M \left| x - \frac{k}{n} \right| dx$$

$$= M \sum_{k=1}^n \int_{\frac{k-1}{n}}^{\frac{k}{n}} \left(\frac{k}{n} - x\right) dx = M \sum_{k=1}^n \left(\frac{k}{n^2} - \frac{1}{2} \frac{k^2 - (k-1)^2}{n^2}\right)$$

$$= \frac{M}{2n}.$$

注记 (i) 如果把条件"对任意的 x, y 都有 $|f(x) - f(y)| \leqslant$

$M\mid x-y\mid$"改为"导函数 $f'(x)$ 在 $[0,1]$ 上有界"的话,则对 $\left|f(x)-f\left(\dfrac{k}{n}\right)\right|$ 应用拉格朗日微分中值定理,即可得到同样的结果.

(ii) 对于定积分与其相应积和式的混合型不等式,根据定积分的定义与分段可积性,宜把二者统一在小区间 $\left[\dfrac{k-1}{n},\ \dfrac{k}{n}\right)$ 内处理.

例 39　设 n 为大于 1 的整数,试证明不等式 $(n-1)! < \mathrm{e}\left(\dfrac{n}{\mathrm{e}}\right)^{n} < n!$.

证明　待证的不等式等价于

$$\sum_{k=1}^{n-1}\ln k < 1+n(\ln n-1) < \sum_{k=1}^{n-1}\ln(k+1).$$

因 $y=\ln x$ 在 $[1,n]$ 上是严格单调增加函数,所以在 $[k,k+1]$ 上有 $\ln k < \ln x < \ln(k+1)$. 利用定积分的分段可加性及 $y=\ln x$ 不恒为零,便有

$$\sum_{k=1}^{n-1}\ln k = \sum_{k=1}^{n-1}\int_{k}^{k+1}\ln k\,\mathrm{d}x < \int_{1}^{n}\ln x\,\mathrm{d}x = \sum_{k=1}^{n-1}\int_{k}^{k+1}\ln x\,\mathrm{d}x$$

$$< \sum_{k=1}^{n-1}\int_{k}^{k+1}\ln(k+1)\,\mathrm{d}x = \sum_{k=1}^{n-1}\ln(k+1).$$

由分部积分法得

$$\int_{1}^{n}\ln x\,\mathrm{d}x = x\ln x\,\Big|_{1}^{n} - \int_{1}^{n}\mathrm{d}x = n\ln n-n+1.$$

结合二者即得待证的不等式成立.

注记　证明这类和式不等式的基本思想是基于下列命题:

若函数 $f(x)$ 在 $[1,n]$ 上单调增加,则有

$$f(1)+f(2)+\cdots+f(n-1)$$

$$\leqslant \int_{1}^{n}f(x)\,\mathrm{d}x \leqslant f(2)+f(3)+\cdots+f(n);$$

若函数 $f(x)$ 在 $[1, n]$ 上单调减少,则有

$$f(2) + f(3) + \cdots + f(n)$$
$$\leqslant \int_1^n f(x) \mathrm{d}x \leqslant f(1) + f(2) + \cdots + f(n-1).$$

它的证明思想与本例相同.

例 40 设 $f(x)$ 在 $[0, 1]$ 上有连续的导函数,证明对于 $[0, 1]$ 上任意的 x,有

$$|f(x)| \leqslant \int_0^1 (|f'(t)| + |f(t)|) \mathrm{d}t.$$

证明 由积分中值定理得

$$\int_0^1 |f(t)| \mathrm{d}t = |f(\xi)|, \quad 0 < \xi < 1,$$

故有 $f(x) = \int_\xi^x f'(t)\mathrm{d}t + f(\xi)$. 于是,由定积分的不等式性质得

$$|f(x)| \leqslant \left|\int_\xi^x |f'(t)| \mathrm{d}t\right| + |f(\xi)|$$

$$= \left|\int_\xi^x |f'(t)| \mathrm{d}t\right| + \int_0^1 |f(t)| \mathrm{d}t$$

$$\leqslant \int_0^1 |f'(t)| \mathrm{d}t + \int_0^1 |f(t)| \mathrm{d}t$$

$$= \int_0^1 (|f'(t)| + |f(t)|) \mathrm{d}t.$$

注记 若记连续的 $|f(x)|$ 在 $[0, 1]$ 上的最小值点为 x_0,则有 $|f(x)| \geqslant |f(x_0)|$,且有 $f(x) = f(x_0) + \int_{x_0}^x f'(t)\mathrm{d}t$. 于是,类同于上述证明,由定积分的不等式性质也可以证得题给的不等式.

例 41 设 $f(x)$ 在 $[a, b]$ 上具有二阶连续导数,且 $f''(x) < 0$,$f(a) = f(b) > 0$,证明

(1) $f(x)$ 在开区间 (a, b) 内取得其最大值 M;

109

(2) $\int_a^b \left| \dfrac{f''(x)}{f(x)} \right| \mathrm{d}x > \dfrac{4}{b-a}\left(1 - \dfrac{f(a)}{M}\right).$

证明 (1) 因 $f(a) = f(b) > 0$，则由罗尔定理知，存在一点 $c \in (a, b)$，使 $f'(c) = 0$. 又由 $f''(x) < 0$ 可知，$f'(x)$ 是单调减少的. 于是，当 $a \leqslant x < c$ 时，$f'(x) > 0$，则 $f(x)$ 单调增加，故 $f(x) \geqslant f(a) > 0$；当 $c < x \leqslant b$ 时，$f'(x) < 0$，则 $f(x)$ 是单调减少，故 $f(x) \geqslant f(b) > 0$. 所以在 (a, b) 内 $f(c) > f(a) = f(b) > 0$，且 $f(c)$ 是 $f(x)$ 的最大值，即

$$f(c) = \max_{a \leqslant x \leqslant b} f(x) = M > 0, \qquad c \in (a, b).$$

(2) 对函数 $f(x)$ 分别在 $[a, c]$ 与 $[c, b]$ 上应用拉格朗日微分中值定理，存在一点 $\xi \in (a, c)$，使 $f'(\xi) = \dfrac{f(c) - f(a)}{c - a}$；存在一点 $\eta \in (c, b)$，使 $f'(\eta) = \dfrac{f(b) - f(c)}{b - c}$.

由 (1) 的结论与 $|f''(x)| = -f''(x)$，$f(c) > 0$，以及定积分的性质得

$$\int_a^b \left| \dfrac{f''(x)}{f(x)} \right| \mathrm{d}x \geqslant \dfrac{1}{f(c)} \int_a^b |f''(x)| \, \mathrm{d}x > \dfrac{1}{f(c)} \int_\xi^\eta (-f''(x)) \mathrm{d}x$$

$$= -\dfrac{1}{f(c)} [f'(\eta) - f'(\xi)]$$

$$= -\dfrac{1}{f(c)} \left[\dfrac{f(b) - f(c)}{b - c} - \dfrac{f(c) - f(a)}{c - a} \right]$$

$$= \dfrac{f(c) - f(a)}{f(c)} \dfrac{b - a}{(c - a)(b - c)}.$$

因为 $\sqrt{(c - a)(b - c)} \leqslant \dfrac{1}{2}[(c - a) + (b - c)]$，所以有

$$\int_a^b \left| \dfrac{f''(x)}{f(x)} \right| \mathrm{d}x > \dfrac{4}{b - a} \dfrac{f(c) - f(a)}{f(c)} = \dfrac{4}{b - a}\left(1 - \dfrac{f(a)}{M}\right).$$

例 42 设函数 $\varphi(x)$ 在闭区间 $[a, b]$ 上的导函数 $\varphi'(x)$ 连续, 且 $\varphi(a) = \varphi(b) = 0$, 证明不等式

$$4\int_a^b |\varphi(x)| \,\mathrm{d}x \leqslant (b-a)^2 M,$$

其中, $M = \max\limits_{a \leqslant x \leqslant b} |\varphi'(x)|$.

证明 对 (a, b) 内任意一点 x, 在 $[a, x]$ 与 $[x, b]$ 上分别应用拉格朗日微分中值定理, 有

$$\varphi(x) - \varphi(a) = \varphi'(\xi_1)(x-a), \quad a < \xi_1 < x;$$

$$\varphi(b) - \varphi(x) = \varphi'(\xi_2)(b-x), \quad x < \xi_2 < b.$$

由上述两式以及 $\varphi(a) = \varphi(b) = 0$, 则对 $a \leqslant x \leqslant \dfrac{1}{2}(a+b)$, 有

$$|\varphi(x)| = |\varphi'(\xi_1)| |x-a| \leqslant M(x-a),$$

对 $\dfrac{1}{2}(a+b) \leqslant x \leqslant b$, 有

$$|\varphi(x)| = |\varphi'(\xi_2)| |b-x| \leqslant M(b-x).$$

于是, 由定积分的分段可加性得

$$4\int_a^b |\varphi(x)| \,\mathrm{d}x = 4\int_a^{\frac{1}{2}(a+b)} |\varphi(x)| \,\mathrm{d}x + 4\int_{\frac{1}{2}(a+b)}^b |\varphi(x)| \,\mathrm{d}x$$

$$\leqslant 4\int_a^{\frac{1}{2}(a+b)} M(x-a) \,\mathrm{d}x + 4\int_{\frac{1}{2}(a+b)}^b M(b-x) \,\mathrm{d}x$$

$$= M(b-a)^2.$$

注记 设 $f(x)$ 在 $[a, b]$ 上一阶可导, $|f'(x)| \leqslant M$, 且 $\int_a^b f(x)\mathrm{d}x = 0$, 则 $|F(x)| = \left| \int_a^x f(t)\mathrm{d}t \right|$ 在 $[a, b]$ 上的最大值点必在 (a, b) 内部. 同理, 读者可以证明 $|F(x)| \leqslant \dfrac{1}{8} M(b-a)^2$.

例 43 设 $y = f(x)$ 是在 $x \geqslant 0$ 上严格单调增加的连续可导函数, 且 $f(0) = 0$, 它的反函数是 $x = g(y)$, 试证不等式

$$\int_0^a f(x)\mathrm{d}x + \int_0^b g(y)\mathrm{d}y \geqslant ab, \quad a > 0,\, b > 0.$$

证明　因 $y = f(x)$ 在 $x \geqslant 0$ 上严格单调增加,故 $f(x) \geqslant f(0) = 0$. 由反函数性质又知,反函数 $x = g(y)$ 也是严格单调增加的,且当 $y > 0$ 时,$g(y) \geqslant g(0) = 0$. 显然,$g(f(x)) = x$,$f(g(y)) = y$.

若 $g(b) \geqslant a$,则利用定积分的分段性与不等式性质有

$$\begin{aligned}
\int_0^a f(x)\mathrm{d}x + \int_0^b g(y)\mathrm{d}y &= \int_0^a f(x)\mathrm{d}x + \int_0^{g(b)} g(f(x))\mathrm{d}f(x) \\
&= \int_0^a f(x)\mathrm{d}x + \int_0^a x\mathrm{d}f(x) + \int_a^{g(b)} x\mathrm{d}f(x) \\
&= \int_0^a \mathrm{d}(xf(x)) + \int_a^{g(b)} x\mathrm{d}f(x) \\
&\geqslant af(a) + a\int_a^{g(b)} \mathrm{d}f(x) \\
&= af(a) + af(g(b)) - af(a) \\
&= ab.
\end{aligned}$$

若 $g(b) < a$,则可用同样方法证得该不等式. 当 $g(b) = a$ 时,显然结果仅取等号.

注记　请读者用定积分的几何意义说明该不等式.

例 44　设函数 $g(x)$ 的 $g''(x) < 0$,$0 \leqslant x \leqslant 1$,证明

$$\int_0^1 g(x^2)\mathrm{d}x \leqslant g\left(\frac{1}{3}\right).$$

证法 1　由泰勒公式,有

$$g(t) = g\left(\frac{1}{3}\right) + g'\left(\frac{1}{3}\right)\left(t - \frac{1}{3}\right) + \frac{1}{2}g''(\xi)\left(t - \frac{1}{3}\right)^2,$$

其中,ξ 在 $\frac{1}{3}$ 与 t 之间. 因 $g''(t) < 0$,$0 \leqslant t \leqslant 1$,故有

$$g(t) \leqslant g\left(\frac{1}{3}\right) + g'\left(\frac{1}{3}\right)\left(t - \frac{1}{3}\right).$$

令 $t = x^2$,有 $0 \leqslant x^2 \leqslant 1$,把它代入上式后积分得

$$\int_0^1 g(x^2)\,\mathrm{d}x \leqslant \int_0^1 g\left(\frac{1}{3}\right)\mathrm{d}x + \int_0^1 g'\left(\frac{1}{3}\right)\left(x^2-\frac{1}{3}\right)\mathrm{d}x$$

$$= g\left(\frac{1}{3}\right).$$

证法 2 在点 $x = \dfrac{1}{3}$ 处曲线 $y = g(x)$ 的切线是

$$y = g\left(\frac{1}{3}\right) + g'\left(\frac{1}{3}\right)\left(x-\frac{1}{3}\right).$$

因 $g''(x) < 0$,故曲线 $y = g(x)$ 在$[0,1]$内向下凹,则由曲线凹性的几何特性得

$$g(x) \leqslant g\left(\frac{1}{3}\right) + g'\left(\frac{1}{3}\right)\left(x-\frac{1}{3}\right).$$

同理有原不等式.

6. 利用初等不等式证明定积分不等式

例 45 设 $f(x)$ 是$[a,b]$上的连续函数,且满足 $0 < m \leqslant f(x) \leqslant M$,证明

$$\int_a^b f(x)\,\mathrm{d}x \int_a^b \frac{1}{f(x)}\,\mathrm{d}x \leqslant \frac{(m+M)^2}{4mM}(b-a)^2.$$

证明 因函数 $f(x)$ 在$[a,b]$上连续,且 $0 < m \leqslant f(x) \leqslant M$,故有

$$\frac{(f(x)-m)(f(x)-M)}{f(x)} = f(x) + \frac{mM}{f(x)} - (m+M) \leqslant 0,$$

即有 $f(x) + \dfrac{mM}{f(x)} \leqslant m+M$,对该式两边积分得

$$\int_a^b f(x)\,\mathrm{d}x + mM\int_a^b \frac{1}{f(x)}\,\mathrm{d}x \leqslant (m+M)(b-a).$$

另外,有不等式

$$2\sqrt{\int_a^b f(x)\mathrm{d}x}\sqrt{mM\int_a^b \frac{1}{f(x)}\mathrm{d}x}$$

$$\leqslant \left(\sqrt{\int_a^b f(x)\mathrm{d}x}\right)^2 + \left(\sqrt{mM\int_a^b \frac{1}{f(x)}\mathrm{d}x}\right)^2.$$

结合上述两个不等式,经平方后得

$$4mM\int_a^b f(x)\mathrm{d}x\int_a^b \frac{1}{f(x)}\mathrm{d}x \leqslant (m+M)^2(b-a)^2,$$

除以 $4mM(>0)$ 后即证得原不等式.

例 46 设函数 $f(x)$ 在 $[a,b]$ 上具有连续导数,且 $f(a)=f(b)=0$,$\int_a^b f^2(x)\mathrm{d}x=1$,证明

$$\int_a^b (f'(x))^2\mathrm{d}x\int_a^b x^2 f^2(x)\mathrm{d}x > \frac{1}{4}.$$

证明 引入参数 t,由题设可知,式 $f'(x)+txf(x)$ 在 $[a,b]$ 上对任何实数 t 都不能恒为零. 因为否则设有实数 t 使得 $f'(x)+txf(x)=0$,解得该微分方程的通解为 $f(x)=Ce^{-\frac{1}{2}tx^2}$,由 $f(a)=f(b)=0$ 得 $C=0$,故 $f(x)\equiv 0$,则 $\int_a^b f^2(x)\mathrm{d}x=0$,显然它是与题设 $\int_a^b f^2(x)\mathrm{d}x=1$ 相矛盾. 于是 $[f'(x)+txf(x)]^2>0$. 由定积分性质知

$$\int_a^b [f'(x)+txf(x)]^2\mathrm{d}x = t^2\int_a^b x^2 f^2(x)\mathrm{d}x + 2t\int_a^b xf(x)f'(x)\mathrm{d}x$$
$$+ \int_a^b (f'(x))^2\mathrm{d}x > 0.$$

因 t^2 的系数 $\int_a^b x^2 f^2(x)\mathrm{d}x > 0$,故上述二次三项不等式的判别式必小于零. 即

$$4\int_a^b x^2 f^2(x)\mathrm{d}x\int_a^b (f'(x))^2\mathrm{d}x - 4\left(\int_a^b xf(x)f'(x)\mathrm{d}x\right)^2 > 0.$$

114

利用分部积分法,上式化为

$$\int_a^b (f'(x))^2 \mathrm{d}x \int_a^b x^2 f^2(x) \mathrm{d}x$$

$$> \left(\int_a^b x f(x) f'(x) \mathrm{d}x \right)^2 = \left(\frac{1}{2} \int_a^b x \mathrm{d}f^2(x) \right)^2$$

$$= \left[\frac{1}{2} x f^2(x) \Big|_a^b - \frac{1}{2} \int_a^b f^2(x) \mathrm{d}x \right]^2 = \frac{1}{4}.$$

注记 适当引入某些参数,利用二次三项不等式 $ax^2 + bx + c > 0$, $a > 0$ 的判别式 $\Delta = b^2 - 4ac$ 必定小于零等初等数学知识证明不等式无疑是有利的.

7. 利用柯西-许瓦兹不等式证明定积分不等式

设 $f(x)$, $g(x)$ 在 $[a, b]$ 上连续,则构造辅助函数

$$F(t) = \int_a^t f^2(x) \mathrm{d}x \int_a^t g^2(x) \mathrm{d}x - \left(\int_a^t f(x)g(x) \mathrm{d}x \right)^2,$$

即可证得柯西-许瓦兹不等式

$$\left(\int_a^b f(x)g(x) \mathrm{d}x \right)^2 \leqslant \int_a^b f^2(x) \mathrm{d}x \int_a^b g^2(x) \mathrm{d}x.$$

当然,这个公式还有很多的证明方法. 该不等式的一般形式为:

设 $f(x)$ 与 $g(x)$ 在 $[a, b]$ 上连续,且 $p > 1$, $q > 1$, $\frac{1}{p} + \frac{1}{q} = 1$,则有

$$\int_a^b |f(x)g(x)| \mathrm{d}x \leqslant \left[\int_a^b |f(x)|^p \mathrm{d}x \right]^{\frac{1}{p}} \left[\int_a^b |g(x)|^q \mathrm{d}x \right]^{\frac{1}{q}}.$$

利用柯西-许瓦兹不等式是证明定积分不等式的一个有效方法.

例 47 利用柯西-许瓦兹不等式证明下列定积分不等式.

(1) 设函数 $f(x)$ 在 $[0, 1]$ 上具有连续导数,且 $f(1) - f(0) = 1$,则 $\int_0^1 (f'(x))^2 \mathrm{d}x \geqslant 1$.

(2) $\int_0^{\frac{\pi}{2}} \sqrt{x\cos x}\,\mathrm{d}x \leqslant \dfrac{\pi}{2\sqrt{2}}$.

(3) $\int_a^b [f(x)+g(x)]^2\,\mathrm{d}x \leqslant \left\{\left[\int_a^b f^2(x)\,\mathrm{d}x\right]^{\frac{1}{2}}\right.$

$$\left.+\left[\int_a^b g^2(x)\,\mathrm{d}x\right]^{\frac{1}{2}}\right\}^2.$$

(4) 若函数 $f(x)$ 在 $[a,b]$ 上可导,且 $f'(x)$ 连续,$f(a)=0$,则

$$\int_a^b f^2(x)\,\mathrm{d}x \leqslant \frac{(b-a)^2}{2}\int_a^b (f'(x))^2\,\mathrm{d}x.$$

证明 (1) 取柯西-许瓦兹不等式中 $f(x)$ 为这里的 $f'(x)$,$g(x)\equiv 1$,则

$$\left(\int_0^1 f'(x)\,\mathrm{d}x\right)^2 = (f(1)-f(0))^2 = 1 \leqslant \int_0^1 (f'(x))^2\,\mathrm{d}x \int_0^1 \mathrm{d}x$$

$$= \int_0^1 (f'(x))^2\,\mathrm{d}x.$$

(2) 取柯西-许瓦兹不等式中 $f(x)=\sqrt{x}$,$g(x)=\sqrt{\cos x}$,则

$$\int_0^{\frac{\pi}{2}} \sqrt{x}\sqrt{\cos x}\,\mathrm{d}x \leqslant \left(\int_0^{\frac{\pi}{2}} x\,\mathrm{d}x \int_0^{\frac{\pi}{2}} \cos x\,\mathrm{d}x\right)^{\frac{1}{2}} = \frac{\pi}{2\sqrt{2}}.$$

(3) 由柯西-许瓦兹不等式有

$$\int_a^b [f(x)+g(x)]^2\,\mathrm{d}x$$

$$= \int_a^b f^2(x)\,\mathrm{d}x + 2\int_a^b f(x)g(x)\,\mathrm{d}x + \int_a^b g^2(x)\,\mathrm{d}x$$

$$\leqslant \left[\left(\int_a^b f^2(x)\,\mathrm{d}x\right)^2\right]^{\frac{1}{2}} + 2\left(\int_a^b f^2(x)\,\mathrm{d}x\right)^{\frac{1}{2}}\left(\int_a^b g^2(x)\,\mathrm{d}x\right)^{\frac{1}{2}}$$

$$+ \left[\left(\int_a^b g^2(x)\,\mathrm{d}x\right)^2\right]^{\frac{1}{2}}$$

$$= \left\{\left[\int_a^b f^2(x)\,\mathrm{d}x\right]^{\frac{1}{2}} + \left[\int_a^b g^2(x)\,\mathrm{d}x\right]^{\frac{1}{2}}\right\}^2.$$

（4）由 $f'(x)$ 在 $[a, b]$ 上连续，且 $f(a) = 0$ 知，对 $x \in [a, b]$ 有 $f(x) = \int_a^x f'(t)\mathrm{d}t$，故由柯西–许瓦兹不等式及定积分性质得

$$f^2(x) = \left[\int_a^x f'(t)\mathrm{d}t\right]^2 \leqslant \int_a^x \mathrm{d}t \quad \int_a^x (f'(t))^2 \mathrm{d}t$$

$$\leqslant (x-a)\int_a^b (f'(t))^2 \mathrm{d}t,$$

则积分该式得

$$\int_a^b f^2(x)\mathrm{d}x \leqslant \int_a^b (f'(t))^2 \mathrm{d}t \quad \int_a^b (x-a)\mathrm{d}x$$

$$= \frac{(b-a)^2}{2}\int_a^b (f'(t))^2 \mathrm{d}t.$$

生命的意义在于奉献,生命的价值在于生而为他,但奉献与为他的基础是拥有健康.

只有拥有健康,才能应对人生的艰辛与激烈的社会竞争,才能优化自己在社会生活中的地位与作用,才能使自我价值最大限度地体现出来,从而奉献社会,考虑他人.

没有健康的身体、健康的心理,就无法享受生活与幸福,就无法享有奉献与为他的快乐.

失去健康便丧失了一切.

健康包括生物学健康、心理学健康与社会学健康三个方面,而躯体健康是人整体健康的基础.

健康是人人应该享受的基本人权.

办学校就是创造一种环境和氛围.

学校的教学就是铸造人的精神与情爱,培养人的良好习惯与素质,挖掘人的潜能与特质,训练人的终身学习能力与独特的创新思维,给予人的力量与信心.

学校应以学生为本、学风为要、教师为先.

教师和学生才是学校存在的意义所在.

大学是一座精神的圣地、思想的前导、纯洁的殿堂.

大学的精神是民族的脊梁、社会的未来、人类的希望.

大学的责任是培养能引领未来的人,能产生影响社会和具有科学新思想的人.

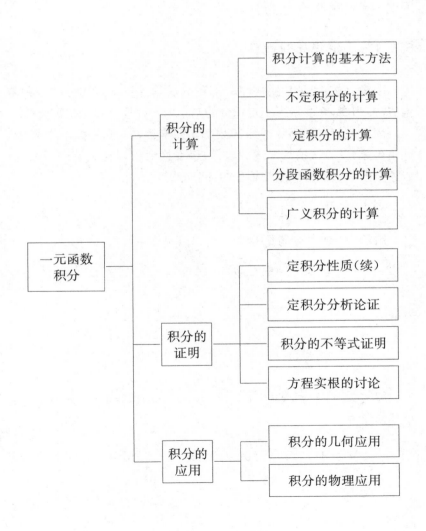

§6.1　一元函数积分的计算

熟练准确地计算不定积分、定积分与广义积分是一元函数积分学的基本要求之一.

6.1.1　不定积分的计算

凑微分法、变量替换法与分部积分法是计算不定积分的三种基本方法. 当然,熟练掌握不定积分的基本积分计算公式是很重要的.

因为任何有理函数的原函数都是初等函数,且许多函数(例如,三角函数有理式、某些无理函数等)经变换后可以化为有理函数,所以还应熟练掌握有理函数积分的部分分式化方法.

例 1　求 $\int \dfrac{x^3}{\sqrt{1+x^2}}\mathrm{d}x$.

解法 1　利用凑微分法得

$$
\begin{aligned}
\int \frac{x^3}{\sqrt{1+x^2}}\mathrm{d}x &= \frac{1}{2}\int \frac{x^2}{\sqrt{1+x^2}}\mathrm{d}(1+x^2) = \frac{1}{2}\int \frac{1+x^2-1}{\sqrt{1+x^2}}\mathrm{d}(1+x^2) \\
&= \frac{1}{2}\int \sqrt{1+x^2}\,\mathrm{d}(1+x^2) - \frac{1}{2}\int \frac{1}{\sqrt{1+x^2}}\mathrm{d}(1+x^2) \\
&= \frac{1}{3}(1+x^2)^{\frac{3}{2}} - \sqrt{1+x^2} + C.
\end{aligned}
$$

解法 2　注意到根式 $\sqrt{1+x^2}$,令 $x=\tan t$,则 $\mathrm{d}x=\sec^2 t\mathrm{d}t$,由变量替换法得

$$
\int \frac{x^3}{\sqrt{1+x^2}}\mathrm{d}x = \int (\sec^2 t-1)\tan t\sec t\mathrm{d}t = \int \sec^2 t\mathrm{d}\sec t - \int \sec t\tan t\mathrm{d}t
$$

$$
= \frac{1}{3}\sec^3 t - \sec t + C = \frac{1}{3}(1+x^2)^{\frac{3}{2}} - \sqrt{1+x^2} + C.
$$

解法 3 令 $t = \sqrt{1+x^2}$，即 $x = \sqrt{t^2-1}$，则 $dx = \dfrac{t}{\sqrt{t^2-1}}dt$. 由变量替换法得

$$\int \frac{x^3}{\sqrt{1+x^2}}dx = \int \frac{(t^2-1)\sqrt{t^2-1}}{t} \frac{t}{\sqrt{t^2-1}}dt = \int (t^2-1)dt$$

$$= \frac{1}{3}t^3 - t + C = \frac{1}{3}(1+x^2)^{\frac{3}{2}} - \sqrt{1+x^2} + C.$$

解法 4 因

$$\int \frac{x}{\sqrt{1+x^2}}dx = \int \frac{1}{2}(1+x^2)^{-\frac{1}{2}}d(1+x^2) = \sqrt{1+x^2} + C.$$

故由分部积分法及凑微分法得

$$\int \frac{x^3}{\sqrt{1+x^2}}dx = \int x^2 \frac{x}{\sqrt{1+x^2}}dx = x^2\sqrt{1+x^2} - \int 2x\sqrt{1+x^2}dx$$

$$= x^2\sqrt{1+x^2} - \int \sqrt{1+x^2}d(1+x^2)$$

$$= x^2\sqrt{1+x^2} - \frac{2}{3}(1+x^2)^{\frac{3}{2}} + C.$$

注记 (i) 可以采用多种积分方法计算同一个函数的积分. 尽管它们的原函数在形式上不一定相同，但经求导运算容易验证所得的结果都是正确的. 请读者养成求导验证的习惯.

(ii) 用凑微分法求积分是一种很不错的方法，不过它要求对微分基本公式相当熟悉. 请读者用多种方法计算 $\displaystyle\int \frac{1}{\sqrt{x(1-x)}}dx$.

例 2 求 $\displaystyle\int \frac{\arctan\sqrt{x}}{\sqrt{x}(1+x)}dx$.

解法 1 利用凑微分法得

$$\int \frac{\arctan\sqrt{x}}{\sqrt{x}(1+x)}dx = 2\int \frac{\arctan\sqrt{x}}{1+(\sqrt{x})^2}d\sqrt{x} = 2\int \arctan\sqrt{x}\,d\arctan\sqrt{x}$$

$$= (\arctan \sqrt{x})^2 + C.$$

解法 2　令 $t = \arctan\sqrt{x}$，即 $x = \tan^2 t$，有 $\mathrm{d}x = 2\tan t\sec^2 t\mathrm{d}t$，则由变量替换法得

$$\int \frac{\arctan\sqrt{x}}{\sqrt{x}(1+x)}\mathrm{d}x = \int \frac{t}{\tan t(1+\tan^2 t)}2\tan t\sec^2 t\mathrm{d}t$$

$$= 2\int t\mathrm{d}t = t^2 + C = (\arctan\sqrt{x})^2 + C.$$

解法 3　令 $u = \sqrt{x}$，即 $x = u^2$，有 $\mathrm{d}x = 2u\mathrm{d}u$，则由变量替换法得

$$\int \frac{\arctan\sqrt{x}}{\sqrt{x}(1+x)}\mathrm{d}x = \int \frac{\arctan u}{u(1+u^2)}2u\mathrm{d}u = \int 2\arctan u\mathrm{d}\arctan u$$

$$= (\arctan u)^2 + C = (\arctan\sqrt{x})^2 + C.$$

解法 4　因

$$\int \frac{1}{\sqrt{x}(1+x)}\mathrm{d}x = 2\int \frac{1}{1+x}\mathrm{d}\sqrt{x} = 2\arctan\sqrt{x} + C.$$

故由分部积分法得

$$\int \frac{\arctan\sqrt{x}}{\sqrt{x}(1+x)}\mathrm{d}x = \int \arctan\sqrt{x}\frac{1}{\sqrt{x}(1+x)}\mathrm{d}x$$

$$= (\arctan\sqrt{x})2\arctan\sqrt{x} - \int (\arctan\sqrt{x})'2\arctan\sqrt{x}\mathrm{d}x$$

$$= 2(\arctan\sqrt{x})^2 - \int \frac{\arctan\sqrt{x}}{\sqrt{x}(1+x)}\mathrm{d}x.$$

移项得

$$\int \frac{\arctan\sqrt{x}}{\sqrt{x}(1+x)}\mathrm{d}x = (\arctan\sqrt{x})^2 + C.$$

注记 (i) 由解法 4 可知,在分部积分后,若出现原来的积分,则只要经移项即得原积分,这是分部积分法中应掌握的一种技巧.

(ii) 对带有反三角函数的被积函数的积分,有两种常用的积分方法:一是利用分部积分法,把反三角函数作为求导的函数,如解法 4;二是对整个反三角函数作变量替换,如解法 2.

例 3 求 $\displaystyle\int \frac{x-1}{\sqrt{1-2x-x^2}}\mathrm{d}x$.

解法 1 $\displaystyle\int \frac{x-1}{\sqrt{1-2x-x^2}}\mathrm{d}x$

$$=-\frac{1}{2}\int \frac{-2x-2}{\sqrt{1-2x-x^2}}\mathrm{d}x - 2\int \frac{1}{\sqrt{1-\left(\frac{x+1}{\sqrt{2}}\right)^2}}\mathrm{d}\frac{x+1}{\sqrt{2}}$$

$$=-\sqrt{1-2x-x^2}-2\arcsin\frac{x+1}{\sqrt{2}}+C.$$

解法 2 因 $\sqrt{1-2x-x^2}=\sqrt{2-(x+1)^2}$,故令 $x+1=\sqrt{2}\sin t$,有 $\sqrt{1-2x-x^2}=\sqrt{2}\cos t$, $t=\arcsin\dfrac{x+1}{\sqrt{2}}$, 于是

$$\int \frac{x-1}{\sqrt{1-2x-x^2}}\mathrm{d}x = \int \frac{\sqrt{2}\sin t-2}{\sqrt{2}\cos t}\sqrt{2}\cos t\,\mathrm{d}t = \int(\sqrt{2}\sin t-2)\,\mathrm{d}t$$

$$=-\sqrt{2}\cos t-2t+C$$

$$=-\sqrt{1-2x-x^2}-2\arcsin\frac{x+1}{\sqrt{2}}+C.$$

注记 本例的解法 1 是凑微分的积分法. 一般,有

$$\int \frac{bx+c}{(x^2+px+q)^k}\mathrm{d}x = \frac{b}{2}\int \frac{(2x+p)+\left(\frac{2c}{b}-p\right)}{(x^2+px+q)^k}\mathrm{d}x$$

$$=\frac{b}{2}\int(x^2+px+q)^{-k}\mathrm{d}(x^2+px+q)$$

$$+\left(c-\frac{bp}{2}\right)\int\left[\left(x+\frac{p}{2}\right)^2\right.$$

$$+ \left(q - \frac{p^2}{4} \right) \Big]^{-k} \mathrm{d} \left(x + \frac{p}{2} \right),$$

其中，$4q - p^2 > 0$.

例 4 求下列各题的不定积分.

(1) $\displaystyle\int \frac{x\mathrm{e}^x}{(1+x)^2} \mathrm{d}x$.　　　　(2) $\displaystyle\int (\arcsin x)^2 \mathrm{d}x$.

解法 1　(1) 因 $\displaystyle\int (1+x)^{-2} \mathrm{d}x = -(1+x)^{-1} + C$, 故由分部积分法得

$$\int \frac{x\mathrm{e}^x}{(1+x)^2} \mathrm{d}x = -\frac{x\mathrm{e}^x}{1+x} + \int \frac{1}{1+x} (x\mathrm{e}^x + \mathrm{e}^x) \mathrm{d}x$$

$$= -\frac{x\mathrm{e}^x}{1+x} + \int \mathrm{e}^x \mathrm{d}x = -\frac{x\mathrm{e}^x}{1+x} + \mathrm{e}^x + C$$

$$= \frac{\mathrm{e}^x}{1+x} + C.$$

(2) 因 $\displaystyle\int \mathrm{d}x = x + C$, $\displaystyle\int \frac{x}{\sqrt{1-x^2}} \mathrm{d}x = -\sqrt{1-x^2} + C$, 则由两次分部积分法得

$$\int (\arcsin x)^2 \mathrm{d}x$$

$$= x(\arcsin x)^2 - 2\int x\arcsin x \frac{1}{\sqrt{1-x^2}} \mathrm{d}x$$

$$= x(\arcsin x)^2 - 2\left[-\sqrt{1-x^2}\arcsin x - \int (-\sqrt{1-x^2}) \frac{1}{\sqrt{1-x^2}} \mathrm{d}x \right]$$

$$= x(\arcsin x)^2 + 2\sqrt{1-x^2}\arcsin x - 2x + C.$$

解法 2　(1) 先作适当的恒等变形, 再经分部积分得

$$\int \frac{x\mathrm{e}^x}{(1+x)^2} \mathrm{d}x = \int \frac{(1+x)\mathrm{e}^x - \mathrm{e}^x}{(1+x)^2} \mathrm{d}x = \int \frac{\mathrm{e}^x}{1+x} \mathrm{d}x - \int \frac{\mathrm{e}^x}{(1+x)^2} \mathrm{d}x$$

$$= \int \frac{\mathrm{e}^x}{1+x} \mathrm{d}x - \mathrm{e}^x \frac{(-1)}{1+x} - \int \frac{\mathrm{e}^x}{1+x} \mathrm{d}x = \frac{\mathrm{e}^x}{1+x} + C.$$

(2) 令 $t = \arcsin x$，有 $x = \sin t$，$\cos t = \sqrt{1-x^2}$，则由两次分部积分法得

$$\int (\arcsin x)^2 \mathrm{d}x = \int t^2 \cos t \mathrm{d}t = t^2 \sin t - 2\int t\sin t \mathrm{d}t$$

$$= t^2 \sin t - 2\left(-t\cos t + \int \cos t \mathrm{d}t\right)$$

$$= t^2 \sin t + 2t\cos t - 2\sin t + C$$

$$= x(\arcsin x)^2 + 2\sqrt{1-x^2}\arcsin x - 2x + C.$$

注记 (i) 在积分之前先对被积函数进行有目的的恒等变形是很有必要的. 如在解法 2 中把积分拆成两个积分，对其中一个积分进行分部积分后，使其与另一个积分相消.

(ii) 利用分部积分法求积分时，作为积分的函数与作为导数的函数要选取得适当. 通常应使选作积分的函数较容易求得其积分；选作求导的函数应使新的积分比原积分容易积分.

(iii) 作为练习，请读者用分部积分法求解如下的不定积分：

(1) $\displaystyle\int \frac{x^2}{1+x^2}\arctan x \mathrm{d}x$；   (2) $\displaystyle\int \mathrm{e}^{-2x}\arctan \mathrm{e}^x \mathrm{d}x$；

(3) $\displaystyle\int \frac{x\mathrm{e}^x}{(\mathrm{e}^x+1)^2}\mathrm{d}x$；   (4) $\displaystyle\int \frac{1}{x^3}\mathrm{e}^{\frac{1}{x}}\mathrm{d}x$.

例 5 求下列不定积分.

(1) $\displaystyle\int x^2(2x-3)^{10}\mathrm{d}x$；   (2) $\displaystyle\int \frac{1}{\mathrm{e}^x+\mathrm{e}^{-x}+2}\mathrm{d}x$；

(3) $\displaystyle\int \frac{x\mathrm{e}^x}{\sqrt{\mathrm{e}^x-1}}\mathrm{d}x$；   (4) $\displaystyle\int \frac{1}{x(x^{10}+1)}\mathrm{d}x$.

解 (1) 令 $t = 2x-3$，有 $x = \dfrac{1}{2}(t+3)$，则

$$\int x^2(2x-3)^{10}\mathrm{d}x = \frac{1}{2}\int \frac{1}{4}(t+3)^2 + t^{10}\mathrm{d}t$$

$$= \frac{1}{8}\int (t^{12} + 6t^{11} + 9t^{10})\mathrm{d}t = \frac{1}{8}\left(\frac{1}{13}t^{13} + \frac{1}{2}t^{12} + \frac{9}{11}t^{11}\right) + C$$

$$= \frac{1}{8}\left[\frac{1}{13}(2x-3)^{13} + \frac{1}{2}(2x-3)^{12} + \frac{9}{11}(2x-3)^{11}\right] + C.$$

(2) $\displaystyle\int \frac{1}{e^x + e^{-x} + 2}dx = \int \frac{e^x}{e^{2x} + 2e^x + 1}dx = \int (e^x+1)^{-2}d(e^x+1)$

$$= C - \frac{1}{e^x + 1}.$$

(3) 令 $t = \sqrt{e^x - 1}$,有 $x = \ln(1+t^2)$,则

$$\int \frac{xe^x}{\sqrt{e^x - 1}}dx = \int \frac{(1+t^2)\ln(1+t^2)}{t}\frac{2t}{1+t^2}dt$$

$$= 2\int \ln(1+t^2)dt = 2t\ln(1+t^2) - \int \frac{4t^2}{1+t^2}dt$$

$$= 2t\ln(1+t^2) - 4t + 4\arctan t + C$$

$$= 2x\sqrt{e^x - 1} - 4\sqrt{e^x - 1} + 4\arctan\sqrt{e^x - 1} + C.$$

(4) **方法 1** $\displaystyle\int \frac{1}{x(x^{10}+1)}dx = \int \frac{1}{x^{11}(1+x^{-10})}dx$

$$= -\frac{1}{10}\int \frac{1}{(1+x^{-10})}d(1+x^{-10})$$

$$= -\frac{1}{10}\ln(1+x^{-10}) + C.$$

方法 2 $\displaystyle\int \frac{1}{x(x^{10}+1)}dx = \int \frac{x^9}{x^{10}(x^{10}+1)}dx$

$$= \frac{1}{10}\int \left(\frac{1}{x^{10}} - \frac{1}{x^{10}+1}\right)dx^{10} = \frac{1}{10}\ln\frac{x^{10}}{x^{10}+1} + C.$$

例 6 求有理函数的积分 $\displaystyle\int \frac{x+5}{(x+2)(x^2+x+1)}dx.$

解 设 $\dfrac{x+5}{(x+2)(x^2+x+1)} = \dfrac{A}{x+2} + \dfrac{Bx+C}{x^2+x+1}$,其中,$A$,$B$,$C$ 为待定的常数. 由此得

$$x+5 = A(x^2+x+1) + (Bx+C)(x+2),$$

比较该式 x 的同次幂系数得 $A=1$，$B=-1$，$C=2$. 于是

$$\int \frac{x+5}{(x+2)(x^2+x+1)}\mathrm{d}x = \int \left(\frac{1}{x+2} - \frac{x-2}{x^2+x+1}\right)\mathrm{d}x$$

$$= \int \frac{1}{x+2}\mathrm{d}x - \frac{1}{2}\int \frac{2x+1}{x^2+x+1}\mathrm{d}x + \frac{5}{2}\int \frac{1}{x^2+x+1}\mathrm{d}x$$

$$= \ln|x+2| - \frac{1}{2}\int \frac{\mathrm{d}(x^2+x+1)}{x^2+x+1}$$

$$\quad + \frac{5}{2}\int \frac{1}{\left(x+\frac{1}{2}\right)^2 + \left(\frac{\sqrt{3}}{2}\right)^2}\mathrm{d}\left(x+\frac{1}{2}\right)$$

$$= \ln|x+2| - \frac{1}{2}\ln|x^2+x+1| + \frac{5}{\sqrt{3}}\arctan\frac{2x+1}{\sqrt{3}} + C.$$

注记 对于形如有理函数 $\dfrac{px+q}{ax^2+bx+c}$，$b^2-4ac<0$ 的积分，宜把它化为

$$\int \frac{px+q}{ax^2+bx+c}\mathrm{d}x = \frac{p}{2a}\int \frac{2ax+b}{ax^2+bx+c}\mathrm{d}x$$

$$\quad + \left(q-\frac{pb}{2a}\right)\int \frac{1}{ax^2+bx+c}\mathrm{d}x.$$

前一项积分是显然的. 后一项积分在 $b^2-4ac<0$ 时宜作这样的凑微分，有

$$\int \frac{1}{ax^2+bx+c}\mathrm{d}x = \frac{2}{\sqrt{4ac-b^2}}\int \left[1+\left(\frac{2ax+b}{\sqrt{4ac-b^2}}\right)^2\right]^{-1} \frac{2a}{\sqrt{4ac-b^2}}\mathrm{d}x$$

$$= \frac{2}{\sqrt{4ac-b^2}}\arctan\frac{2ax+b}{\sqrt{4ac-b^2}} + C.$$

按这样的解法，读者容易求解

$$\int \frac{1}{5x^2-8x+4}\mathrm{d}x = \frac{1}{2}\arctan\frac{5x-4}{2} + C.$$

例 7 求 $\int \dfrac{1}{x(1+x^3)}\mathrm{d}x$.

解法 1 利用部分分式化方法,得

$$\int \frac{\mathrm{d}x}{x(1+x^3)} = \int \Big[\frac{1}{x} - \frac{1}{3(1+x)} - \frac{2x-1}{3(x^2-x+1)}\Big]\mathrm{d}x$$

$$= \ln|x| - \frac{1}{3}\ln|x+1| - \frac{1}{3}\ln|x^2-x+1| + C.$$

解法 2 $\displaystyle\int \frac{\mathrm{d}x}{x(1+x^3)} = \int \frac{(1+x^3)-x^3}{x(1+x^3)}\mathrm{d}x$

$$= \int \Big(\frac{1}{x} - \frac{x^2}{1+x^3}\Big)\mathrm{d}x$$

$$= \ln|x| - \frac{1}{3}\ln|1+x^3| + C.$$

解法 3 $\displaystyle\int \frac{\mathrm{d}x}{x(1+x^3)} = \int \frac{\mathrm{d}x}{x^4(1+x^{-3})}$

$$= -\frac{1}{3}\int \frac{1}{1+x^{-3}}\mathrm{d}(1+x^{-3})$$

$$= -\frac{1}{3}\ln|1+x^{-3}| + C.$$

解法 4 $\displaystyle\int \frac{\mathrm{d}x}{x(1+x^3)} = \int \frac{x^2}{x^3(1+x^3)}\mathrm{d}x$

$$= \frac{1}{3}\int \frac{1}{x^3(1+x^3)}\mathrm{d}x^3$$

$$= \frac{1}{3}\int \Big(\frac{1}{x^3} - \frac{1}{1+x^3}\Big)\mathrm{d}x^3$$

$$= \frac{1}{3}\ln\Big|\frac{x^3}{1+x^3}\Big| + C.$$

注记 (i) 部分分式化方法是求有理函数积分的基本方法. 其中,有理函数的部分分式化过程中确定待定的系数,主要有比较系数法与赋值法,但是它们的计算比较烦琐,有时甚至有一定的困难. 所

以在求有理函数的积分时，应尽可能考虑一些比较特殊的、更简便的其他方法，如解法 2，3，4 所用的方法. 又如有理函数 $x^{-2}(1+x^2)^{-2}$ 可以用下述方法部分分式化：

$$\frac{1}{x^2(1+x^2)^2} = \frac{(1+x^2)-x^2}{x^2(1+x^2)^2} = \frac{1}{x^2(1+x^2)} - \frac{1}{(1+x^2)^2}$$

$$= \frac{(1+x^2)-x^2}{x^2(1+x^2)} - \frac{1}{(1+x^2)^2}$$

$$= \frac{1}{x^2} - \frac{1}{1+x^2} - \frac{1}{(1+x^2)^2}.$$

于是

$$\int \frac{1}{x^2(1+x^2)^2}dx = -\frac{1}{x} - \frac{x}{2(1+x^2)} - \frac{3}{2}\arctan x + C.$$

(ii) 求解 $\int \frac{1}{(1+x^2)^2}dx$ 是利用由分部积分法推得的大家熟悉的递推公式

$$\int \frac{1}{(a^2+x^2)^{n+1}}dx = \frac{x}{2na^2(a^2+x^2)^n} + \frac{2n-1}{2na^2}\int \frac{dx}{(a^2+x^2)^n},$$
$$n = 1, 2, \cdots$$

而得. 或者由

$$\int \frac{1}{1+x^2}dx = x\,\frac{1}{1+x^2} - \int x\,\frac{-2x}{(1+x^2)^2}dx$$

$$= \frac{x}{1+x^2} + 2\int \frac{1}{1+x^2}dx - 2\int \frac{dx}{(1+x^2)^2}$$

移项得

$$\int \frac{1}{(1+x^2)^2}dx = \frac{x}{2(1+x^2)} + \frac{1}{2}\int \frac{1}{1+x^2}dx$$

$$= \frac{x}{2(1+x^2)} + \frac{1}{2}\arctan x + C.$$

例 8 确定常系数 a, b, c 的关系,使 $\int \dfrac{ax^2+bx+c}{x^3(x-1)^2}\mathrm{d}x$ 为有理函数.

解 根据有理函数的性质,有

$$\frac{ax^2+bx+c}{x^3(x-1)^2} = \frac{A}{x^3} + \frac{B}{x^2} + \frac{C}{x} + \frac{D}{(x-1)^2} + \frac{E}{x-1},$$

其中,A, B, C, D, E 是待定的常数. 要使原积分为有理函数,必须有 $C=0$, $E=0$, 故上述部分分式通分后的分子为

$$ax^2+bx+c = A(x^2-2x+1) + B(x^3-2x^2+x) + Dx^3.$$

比较同次幂项的系数得

$$B+D=0, \quad A-2B=a, \quad -2A+B=b, \quad A=c.$$

消去 A, B, D 后,即得当常系数 a, b, c 满足条件 $a+2b+3c=0$ 时原积分为有理函数.

例 9 求 $\int \dfrac{\mathrm{d}x}{\sqrt{(x-a)(b-x)}}$, $\quad a<b$.

解法 1 由凑微分法得

$$原式 = 2\int \frac{\mathrm{d}\sqrt{x-a}}{\sqrt{(b-a)-(x-a)}} = 2\int \frac{1}{\sqrt{1-\dfrac{x-a}{b-a}}}\mathrm{d}\sqrt{\frac{x-a}{b-a}}$$

$$= 2\arcsin\sqrt{\frac{x-a}{b-a}} + C.$$

解法 2 令 $t = \sqrt{\dfrac{x-a}{b-x}}$, $t>0$, 有 $x = \dfrac{a+bt^2}{1+t^2}$, 则

$$原式 = \int \frac{1}{x-a}\sqrt{\frac{x-a}{b-x}}\mathrm{d}x = \int \frac{(t^2+1)t}{(b-a)t^2}\frac{2(b-a)t}{(t^2+1)^2}\mathrm{d}t$$

$$= 2\int \frac{1}{1+t^2}\mathrm{d}t = 2\arctan t + C = 2\arctan\sqrt{\frac{x-a}{b-x}} + C.$$

解法 3 令 $x-a = (b-a)\sin^2 t$, 则 $b-x = (b-a)\cos^2 t$, 故

$$原式 = 2\int \mathrm{d}t = 2t + C = 2\arcsin\sqrt{\frac{x-a}{b-a}} + C.$$

注记 (i) 由前面几个例子可见,一般,无理函数的积分原则是将它有理化,或利用三角函数代换,或像遇到形如 $\sqrt[n]{\dfrac{ax+b}{cx+d}}$ 的被积函数,令 $t = \sqrt[n]{\dfrac{ax+b}{cx+d}}$ 的变换等. 例如,可以令 $t = \sqrt[3]{\dfrac{x-1}{x+1}}$,有 $x = \dfrac{1+t^3}{1-t^3}$,则得

$$\int \frac{\mathrm{d}x}{\sqrt[3]{(x-1)^2(x+1)^4}} = \int \frac{1}{(x-1)(x+1)}\sqrt[3]{\frac{x-1}{x+1}}\,\mathrm{d}x$$

$$= \frac{3}{2}\int \mathrm{d}t = \frac{3}{2}t + C = \frac{3}{2}\sqrt[3]{\frac{x-1}{x+1}} + C.$$

(ii) 若被积函数中含 $\sqrt[m]{ax+b}$ 及 $\sqrt[n]{ax+b}$,可通过变量替换 $t = \sqrt[k]{ax+b}$ 化为有理式的积分,这里 k 是 m, n 的最小公倍数. 例如,可以令 $t = \sqrt[4]{x-1}$ 得

$$\int \frac{\sqrt{x-1}}{1+\sqrt[4]{(x-1)^3}}\,\mathrm{d}x = \frac{4}{3}\left(\sqrt[4]{(x-1)^3} - \ln(1+\sqrt[4]{(x-1)^3})\right) + C.$$

例 10 求下列各题的不定积分.

(1) $\displaystyle\int \frac{1}{(\sin x + \cos x)\cos x}\,\mathrm{d}x$;

(2) $\displaystyle\int \frac{1}{\sin^4 x \cos^2 x}\,\mathrm{d}x$;

(3) $\displaystyle\int \frac{\sin x \cos x}{\sin x + \cos x}\,\mathrm{d}x$;

(4) $\displaystyle\int \frac{\sin x + 8\cos x}{2\sin x + 3\cos x}\,\mathrm{d}x$.

解 (1) $\displaystyle\int \frac{1}{(\sin x + \cos x)\cos x}\,\mathrm{d}x = \int \frac{\sec^2 x}{\tan x + 1}\,\mathrm{d}x$

$$= \int \frac{1}{1+\tan x} \mathrm{d}(1+\tan x) = \ln|1+\tan x|+C.$$

（2）**方法 1** $\displaystyle\int \frac{1}{\sin^4 x \cos^2 x} \mathrm{d}x = \int \frac{\sec^4 x}{\tan^4 x} \sec^2 x \mathrm{d}x$

$$= \int \frac{(1+\tan^2 x)^2}{\tan^4 x} \mathrm{d}\tan x = \int \left(\frac{1}{\tan^4 x} + \frac{2}{\tan^2 x} + 1 \right) \mathrm{d}\tan x$$

$$= -\frac{1}{3\tan^3 x} - \frac{2}{\tan x} + \tan x + C = \tan x - 2\cot x - \frac{1}{3}\cot^3 x + C.$$

方法 2 $\displaystyle\int \frac{1}{\sin^4 x \cos^2 x} \mathrm{d}x = \int \frac{\sin^2 x + \cos^2 x}{\sin^4 x \cos^2 x} \mathrm{d}x$

$$= \int \left(\frac{1}{\sin^2 x \cos^2 x} + \csc^4 x \right) \mathrm{d}x$$

$$= \int \left(\frac{\sin^2 x + \cos^2 x}{\sin^2 x \cos^2 x} + \csc^2 x \csc^2 x \right) \mathrm{d}x$$

$$= \int \sec^2 x \mathrm{d}x + \int \csc^2 x \mathrm{d}x - \int (1 + \cot^2 x) \mathrm{d}\cot x$$

$$= \tan x - \cot x - \cot x - \frac{1}{3}\cot^3 x + C$$

$$= \tan x - 2\cot x - \frac{1}{3}\cot^3 x + C.$$

（3）$\displaystyle\int \frac{\sin x \cos x}{\sin x + \cos x} \mathrm{d}x = \frac{1}{2} \int \frac{(\sin x + \cos x)^2 - 1}{\sin x + \cos x} \mathrm{d}x$

$$= \frac{1}{2} \int \left[\sin x + \cos x - \frac{1}{\sqrt{2}} \frac{1}{\sin\left(x + \frac{\pi}{4}\right)} \right] \mathrm{d}x$$

$$= \frac{1}{2}(\sin x - \cos x) - \frac{1}{2\sqrt{2}} \ln \left| \tan\left(\frac{x}{2} + \frac{\pi}{8} \right) \right| + C.$$

（4）注意到分母的表达式，令

$$\sin x + 8\cos x = A(2\sin x + 3\cos x) + B(2\sin x + 3\cos x)',$$

比较 $\sin x$ 与 $\cos x$ 前的系数得 $A = 2$，$B = 1$，故

$$\int \frac{\sin x + 8\cos x}{2\sin x + 3\cos x} \mathrm{d}x = \int \frac{2(2\sin x + 3\cos x) + (2\sin x + 3\cos x)'}{2\sin x + 3\cos x} \mathrm{d}x$$

$$= 2x + \ln \mid 2\sin x + 3\cos x \mid + C.$$

注记 (i) 三角函数有理式的积分,通常是充分利用三角函数公式改变被积函数,使其能用适当方法进行积分.例如,形如 $\int \sin^n x \cos^m x \, dx$, $\int \sin \alpha x \cos \beta x \, dx$ 等类型的积分都是大家熟知而经典的积分,在此不再赘述.本例的几题也是具有代表性的,再如在 $\sin \dfrac{x}{2} + \cos \dfrac{x}{2} \geqslant 0$ 时

$$\int \frac{\sqrt{1+\sin x}}{\sin x} \, dx = \int \frac{\sqrt{\left(\sin^2 \dfrac{x}{2} + \cos^2 \dfrac{x}{2}\right) + 2\sin \dfrac{x}{2}\cos \dfrac{x}{2}}}{2\sin \dfrac{x}{2}\cos \dfrac{x}{2}} \, dx$$

$$= \frac{1}{2}\int \frac{\sin \dfrac{x}{2} + \cos \dfrac{x}{2}}{\sin \dfrac{x}{2}\cos \dfrac{x}{2}} \, dx = \int \sec \frac{x}{2} \, d\frac{x}{2} + \int \csc \frac{x}{2} \, d\frac{x}{2}$$

$$= \ln \left| \sec \frac{x}{2} + \tan \frac{x}{2} \right| + \ln \left| \csc \frac{x}{2} - \cot \frac{x}{2} \right| + C.$$

(ii) 若用万能变换 $t = \tan \dfrac{x}{2}$ 计算三角函数有理式的积分,则它的计算量往往比较大,故不是理想的方法.像本例那样,利用待定系数的方法来求三角函数有理式的积分,不失是一种很有意思的方法.其实待定系数法在求积分中有着广泛的应用.例如,根据积分 $\int (x^2 + 3x + 5)\cos 2x \, dx$ 的特点,可设

$$\int (x^2 + 3x + 5)\cos 2x \, dx = (A_0 x^2 + A_1 x + A_2)\cos 2x$$
$$+ (B_0 x^2 + B_1 x + B_2)\sin 2x + C.$$

对该式两边求导比较系数得 $A_0 = 0$, $A_1 = \dfrac{1}{2}$, $A_2 = \dfrac{3}{4}$, $B_0 = \dfrac{1}{2}$, $B_1 = \dfrac{3}{2}$, $B_2 = \dfrac{9}{4}$. 于是就求得

$$\int (x^2 + 3x + 5)\cos 2x \, \mathrm{d}x$$

$$= \left(\frac{1}{2}x + \frac{3}{4} \right)\cos 2x + \left(\frac{1}{2}x^2 + \frac{3}{2}x + \frac{9}{4} \right)\sin 2x + C.$$

（iii）本例第（2）题的解法 1 实际上是作变量替换 $t = \tan x$，它适用于形如

$$\int F(\sin x, \, \cos x) \, \mathrm{d}x$$

的三角函数有理式的积分. 其中，$F(\sin x, \, \cos x) = F(-\sin x, \, -\cos x)$，例如，令 $t = \tan x$，则

$$\int \frac{1}{2 - \cos^2 x} \, \mathrm{d}x = \int \frac{1}{1 + 2t^2} \, \mathrm{d}t = \frac{1}{\sqrt{2}}\arctan(\sqrt{2}t) + C$$

$$= \frac{1}{\sqrt{2}}\arctan(\sqrt{2}\tan x) + C.$$

例 11　证明下列递推公式.

（1）$\displaystyle \int \sec^n x \, \mathrm{d}x = \frac{1}{n-1}\tan x \sec^{n-2} x + \frac{n-2}{n-1}\int \sec^{n-2} x \, \mathrm{d}x$,

$$n = 2, \, 3, \, \cdots.$$

（2）$\displaystyle \int \tan^n x \, \mathrm{d}x = \frac{1}{n-1}\tan^{n-1} x - \int \tan^{n-2} x \, \mathrm{d}x, \quad n = 3, \, 4, \, \cdots.$

（3）利用上述公式计算 $\displaystyle \int \sec^3 x \, \mathrm{d}x, \int \sec^4 x \, \mathrm{d}x, \int \tan^3 x \, \mathrm{d}x$.

解　（1）利用分部积分法得

$$\int \sec^n x \, \mathrm{d}x = \int \sec^{n-2} x \sec^2 x \, \mathrm{d}x$$

$$= \tan x \sec^{n-2} x - (n-2)\int \sec^{n-2} x \tan^2 x \, \mathrm{d}x$$

$$= \tan x \sec^{n-2} x - (n-2)\int \sec^n x \, \mathrm{d}x + (n-2)\int \sec^{n-2} x \, \mathrm{d}x.$$

移项后即得所证的递推公式.

（2）因 $\int \tan^n x \mathrm{d}x + \int \tan^{n-2} x \mathrm{d}x = \int \tan^{n-2} x \sec^2 x \mathrm{d}x$

$$= \int \tan^{n-2} x \mathrm{d}\tan x$$

$$= \frac{1}{n-1} \tan^{n-1} x + C,$$

故移项后即得所证的递推公式.

（3）因为 $\int \sec x \mathrm{d}x = \ln \mid \sec x + \tan x \mid + C$，故由上述递推公式 (1)得

$$\int \sec^3 x \mathrm{d}x = \frac{1}{2} \tan x \sec x + \frac{1}{2} \ln \mid \sec x + \tan x \mid + C.$$

由 $\int \sec^2 x \mathrm{d}x = \tan x + C$ 及上述递推公式(1)得

$$\int \sec^4 x \mathrm{d}x = \frac{1}{3} \tan^3 x + \tan x + C.$$

由上述递推公式(2)得

$$\int \tan^3 x \mathrm{d}x = \frac{1}{2} \tan^2 x - \int \tan x \mathrm{d}x = \frac{1}{2} \tan^2 x + \ln \mid \cos x \mid + C.$$

注记 同理还可以证明递推公式

$$\int \csc^n x \mathrm{d}x = -\frac{1}{n-1} \cot x \csc^{n-2} x + \frac{n-2}{n-1} \int \csc^{n-2} x \mathrm{d}x, \quad n = 2, 3, \cdots.$$

利用分部积分法可以推得不定积分的一些重要递推公式,例如

$$\int \sin^n x \mathrm{d}x = -\frac{1}{n} \sin^{n-1} x \cos x + \frac{n-1}{n} \int \sin^{n-2} x \mathrm{d}x, \quad n = 3, 4, \cdots;$$

$$\int (\ln x)^n \mathrm{d}x = x(\ln x)^n - n \int (\ln x)^{n-1} \mathrm{d}x, \quad n = 1, 2, \cdots;$$

等等.使用递推公式可以减少积分的计算量,避免一次又一次地反复应用分部积分.

例 12 求解下列不定积分.

(1) 已知 $\dfrac{\sin x}{x}$ 是可导函数 $f(x)$ 的一个原函数,求 $\displaystyle\int x^3 f'(x)\mathrm{d}x$.

(2) 已知 $\sqrt{x}$ 是函数 $f(x)$ 的一个原函数,且 $0 \leqslant x \leqslant 1$,求

$$\int x^2 f(1-x^3)\mathrm{d}x.$$

解 （1）**方法 1** 由原函数的定义知 $f(x) = \left(\dfrac{\sin x}{x}\right)' = \dfrac{x\cos x - \sin x}{x^2}$，则由分部积分法得

$$\int x^3 f'(x)\mathrm{d}x = x^3 f(x) - 3\int x^2 f(x)\mathrm{d}x$$

$$= x^3 f(x) - 3\int (x\cos x - \sin x)\mathrm{d}x$$

$$= x(x\cos x - \sin x) - 3\left(x\sin x - 2\int \sin x\mathrm{d}x\right)$$

$$= x^2\cos x - 4x\sin x - 6\cos x + C.$$

方法 2 因 $f'(x) = \left(\dfrac{\sin x}{x}\right)'' = \dfrac{2\sin x - 2x\cos x - x^2\sin x}{x^3}$，故

$$\int x^3 f'(x)\mathrm{d}x = \int (2\sin x - 2x\cos x - x^2\sin x)\mathrm{d}x$$

$$= -2\cos x + x^2\cos x - 4\int x\cos x\mathrm{d}x$$

$$= x^2\cos x - 4x\sin x - 6\cos x + C.$$

（2）令 $t = 1-x^3$, $0 \leqslant x \leqslant 1$,有 $x = (1-t)^{\frac{1}{3}}$, $\mathrm{d}x = -\dfrac{1}{3}(1-t)^{-\frac{2}{3}}\mathrm{d}t$, 则

$$\int x^2 f(1-x^3)\mathrm{d}x = -\frac{1}{3}\int f(t)\mathrm{d}t = -\frac{1}{3}\sqrt{t} + C$$

$$= -\frac{1}{3}\sqrt{1-x^3} + C.$$

其中,因$\sqrt{x}$是$f(x)$的一个原函数,故有$\int f(x)\mathrm{d}x=\sqrt{x}+C$.

注记 (i) 若可微函数$F(x)$是函数$f(x)$在区间I上的一个原函数,则在该区间上有

$$F'(x)=f(x); \qquad \int f(x)\mathrm{d}x=F(x)+C.$$

(ii) 当被积函数中含有$f(x)$的导数时宜对该积分作分部积分运算.

例 13 求解下列各题.

(1) 已知非负可微函数$F(x)$是$f(x)$的一个原函数,且$f(x)F(x)=\mathrm{e}^{-2x}$,$F(0)=1$,求$f(x)$.

(2) 设对所有实数x都有$f'(x)+xf'(-x)=x$,求$f(x)$.

解 (1) 由原函数的定义知$\mathrm{d}F(x)=f(x)\mathrm{d}x$,则

$$\int f(x)F(x)\mathrm{d}x=\int F(x)\mathrm{d}F(x)=\frac{1}{2}F^2(x)+C_1$$

$$=\int \mathrm{e}^{-2x}\mathrm{d}x=-\frac{1}{2}\mathrm{e}^{-2x}+C_2,$$

于是,$F^2(x)=C-\mathrm{e}^{-2x}$. 由$F(0)=1$得$C=2$,有

$$F(x)=\sqrt{2-\mathrm{e}^{-2x}}. \text{ 所以 } f(x)=F'(x)=\frac{1}{\mathrm{e}^{2x}\sqrt{2-\mathrm{e}^{-2x}}}.$$

(2) 由题设等式有$f'(-x)-xf'(x)=-x$,它与原等式联立构成方程组

$$\begin{cases} xf'(x)-f'(-x)=x, \\ f'(x)+xf'(-x)=x. \end{cases}$$

由此求得 $f'(x)=\dfrac{x(1+x)}{1+x^2}=1+\dfrac{x}{1+x^2}-\dfrac{1}{1+x^2}$,

积分后得 $f(x)=x+\dfrac{1}{2}\ln(1+x^2)-\arctan x+C$.

注记 设$F(x)$是$f(x)$的一个原函数,$\sqrt{2}F(0)=\sqrt{\pi}$,$F(x)$

>0，且 $f(x)F(x)=(e^x+e^{-x})^{-1}$，请读者求 $f(x)$.

例 14 求解下列各题的不定积分.

(1) 设 $f(x^2-1)=\ln\dfrac{x^2}{x^2-2}$，且 $f[\varphi(x)]=\ln x$，求 $\displaystyle\int\varphi(x)\mathrm{d}x$.

(2) 设函数 $f(x)$ 满足关系式 $\displaystyle\int xf(x)\mathrm{d}x=x^2e^x+C$，其中 C 为任意常数，求 $\displaystyle\int f(x)\mathrm{d}x$.

解 (1) 令 $t=x^2-1$，则 $f(t)=\ln\dfrac{t+1}{t-1}$，故由条件有 $f[\varphi(x)]$

$=\ln\dfrac{\varphi(x)+1}{\varphi(x)-1}=\ln x$，因而 $\varphi(x)=\dfrac{x+1}{x-1}$. 于是

$$\int\varphi(x)\mathrm{d}x=\int\left(1+\frac{2}{x-1}\right)\mathrm{d}x=x+2\ln|x-1|+C.$$

(2) 对关系式 $\displaystyle\int xf(x)\mathrm{d}x=x^2e^x+C$ 两边求导有 $xf(x)=(2x+x^2)e^x$，故 $f(x)=(2+x)e^x$. 于是，由分部积分得

$$\int f(x)\mathrm{d}x=\int(2+x)e^x\mathrm{d}x=(2+x)e^x-\int e^x\mathrm{d}x$$

$$=(1+x)e^x+C.$$

注记 这类题型的关键是求得函数 $\varphi(x)$，然后计算积分 $\displaystyle\int\varphi(x)\mathrm{d}x$. 对于复合函数 $f(g(x))$ 的常规处理方法是作变量替换 $u=g(x)$.

例 15 设 $f(\sin^2 x)=\dfrac{x}{\sin x}$，求 $\displaystyle\int\dfrac{\sqrt{x}}{\sqrt{1-x}}f(x)\mathrm{d}x$.

解 令 $t=\sin^2 x$，有 $f(t)=\dfrac{1}{\sqrt{t}}\arcsin\sqrt{t}$，则

$$\int\frac{\sqrt{x}}{\sqrt{1-x}}f(x)\mathrm{d}x=\int\frac{1}{\sqrt{1-x}}\arcsin\sqrt{x}\,\mathrm{d}x.$$

方法 1 利用分部积分得

140

$$\int \frac{\sqrt{x}}{\sqrt{1-x}} f(x) \mathrm{d}x = -2\int \arcsin \sqrt{x} \mathrm{d}\sqrt{1-x}$$

$$= -2\sqrt{1-x} \arcsin \sqrt{x} - \int (-2\sqrt{1-x}) \frac{1}{\sqrt{1-x}} \mathrm{d}\sqrt{x}$$

$$= -2\sqrt{1-x} \arcsin \sqrt{x} + 2\sqrt{x} + C.$$

方法 2 令 $u = \arcsin \sqrt{x}$，有 $x = \sin^2 u$，则由分部积分得

$$\int \frac{\sqrt{x}}{\sqrt{1-x}} f(x) \mathrm{d}x = \int \frac{u}{\cos u} 2\sin u \cos u \mathrm{d}u = 2\int u \sin u \mathrm{d}u$$

$$= -2u\cos u + 2\sin u + C$$

$$= -2\sqrt{1-x} \arcsin \sqrt{x} + 2\sqrt{x} + C.$$

例 16 求解下列各题.

(1) 设 $f'(\mathrm{e}^x) = \alpha \sin x + \beta \cos x$，其中 α, β 是不同时为零的常数，求函数 $f(x)$.

(2) 设 $f'(\sin x) = \cos x + \tan x + x$，$-\dfrac{\pi}{2} < x < \dfrac{\pi}{2}$，$f(0) = 1$，求函数 $f(x)$.

解 (1) 令 $t = \mathrm{e}^x$，则 $f'(t) = \alpha \sin \ln t + \beta \cos \ln t$，故

$$f(t) = \int f'(t) \mathrm{d}t = \alpha \int \sin \ln x \mathrm{d}x + \beta \int \cos \ln x \mathrm{d}x.$$

利用分部积分法有

$$\int \cos\ln x \mathrm{d}x = x\cos\ln x + \int \sin\ln x \mathrm{d}x,$$

$$\int \sin\ln x \mathrm{d}x = x\sin\ln x - \int \cos\ln x \mathrm{d}x.$$

由这两式解得

$$\int \cos\ln x \mathrm{d}x = \frac{1}{2} x(\sin\ln x + \cos\ln x) + C_1,$$

$$\int \sin\ln x \mathrm{d}x = \frac{1}{2} x(\sin\ln x - \cos\ln x) + C_2.$$

于是,函数 $f(x)$ 为

$$f(x) = \frac{1}{2}(\alpha+\beta)x\sin\ln x + \frac{1}{2}(\beta-\alpha)x\cos\ln x + C.$$

(2) 令 $t = \sin x$, $-\frac{\pi}{2} < x < \frac{\pi}{2}$, 有 $-1 < t < 1$, 且 $\cos x = \sqrt{1-t^2}$, $\tan x = \frac{t}{\sqrt{1-t^2}}$, 则

$$f'(t) = \sqrt{1-t^2} + \frac{t}{\sqrt{1-t^2}} + \arcsin t.$$

利用变量替换法易得

$$\int \sqrt{1-t^2}\,\mathrm{d}t = \frac{1}{2}\arcsin t + \frac{1}{2}t\sqrt{1-t^2} + C.$$

利用分部积分法得 $\quad \int \arcsin t\,\mathrm{d}t = t\arcsin t - \int \frac{t}{\sqrt{1-t^2}}\,\mathrm{d}t.$

于是

$$f(t) = \int f'(t)\,\mathrm{d}t = \int \sqrt{1-t^2}\,\mathrm{d}t + \int \frac{t}{\sqrt{1-t^2}}\,\mathrm{d}t + \int \arcsin t\,\mathrm{d}t$$

$$= \frac{1}{2}\arcsin t + \frac{1}{2}t\sqrt{1-t^2} + t\arcsin t + C.$$

由 $f(0) = 1$ 得 $C = 1$, 则

$$f(x) = 1 + \frac{1}{2}\arcsin x + \frac{1}{2}x\sqrt{1-x^2} + x\arcsin x.$$

注记 (i) 本例是这样一种题型:已知 $f'(\varphi(x)) = g(x)$,其中,$g(x)$ 是已知函数,求 $f(x)$. 它通常的解题思路是令 $t = \varphi(x)$ 后对 $f'(t)$ 的函数进行积分. 例如,设 $f'(ax+b) = ax\mathrm{e}^{ax}$,且 $f(1) = 0$,则令 $t = ax+b$,经分部积分得 $f(x) = (x-b-1)\mathrm{e}^{x-b} + b\mathrm{e}^{1-b}$.

(ii) 本例第 (2) 题的其中一项的不定积分经分部积分后产生的不定积分与原来的另一项不定积分相消,这是不定积分计算中一种

常用的技巧. 例如,

$$\int \frac{1+\sin x}{1+\cos x} e^x dx = \int \frac{1}{1+\cos x} e^x dx + \int \frac{\sin x}{1+\cos x} e^x dx$$

$$= \int \frac{1}{1+\cos x} e^x dx + \left[\frac{\sin x}{1+\cos x} e^x \right.$$

$$\left. - \int e^x \left(\frac{\sin x}{1+\cos x} \right)' dx \right]$$

$$= \frac{\sin x}{1+\cos x} e^x + C.$$

例 17 求解下列不定积分.

(1) 设 $y = y(x)$ 是由方程 $y^2(x-y) = x^2$ 确定的隐函数,求 $\int \frac{1}{y^2} dx$.

(2) 设 $y = y(x)$ 是由方程 $y(x-y)^2 = x$ 确定的隐函数,求 $\int \frac{1}{x-3y} dx$.

解 (1) 令 $y = tx$,则把它代入原方程得参数方程

$$x = \frac{1}{t^2(1-t)}, \quad y = \frac{1}{t(1-t)}, \quad dx = \frac{3t-2}{t^3(1-t)^2} dt.$$

于是

$$\int \frac{1}{y^2} dx = \int t^2(1-t^2) \frac{3t-2}{t^3(1-t)^2} dt = \int \frac{3t-2}{t} dt$$

$$= 3t - 2\ln|t| + C = \frac{3y}{x} - 2\ln\left|\frac{y}{x}\right| + C.$$

(2) 令 $x - y = t$,则把它代入原方程得参数方程

$$x = \frac{t^3}{t^2-1}, \quad y = \frac{t}{t^2-1}, \quad dx = \frac{t^2(t^2-3)}{(t^2-1)^2} dt.$$

于是

$$\int \frac{1}{x-3y}\mathrm{d}x = \int \frac{t^2-1}{t(t^2-3)} \frac{t^2(t^2-3)}{(t^2-1)^2}\mathrm{d}t = \int \frac{t}{t^2-1}\mathrm{d}t$$

$$= \frac{1}{2}\ln|t^2-1|+C = \frac{1}{2}\ln|(x-y)^2-1|+C.$$

注记 一般,要从方程中解出隐函数 $y=y(x)$ 是比较困难的,为此引入参数,并建立这个函数的参数式函数. 然后求解关于参数的积分就比较方便.

6.1.2 定积分的计算

在被积函数连续的条件下,利用牛顿-莱布尼兹公式,它的定积分计算就转化为求该被积函数的原函数问题,故凑微分法、变量替换法与分部积分法仍然是计算连续函数定积分的三种基本方法.

同时,定积分的计算还要充分利用定积分的分段可积性、递推公式以及被积函数奇偶性与周期性的积分性质等,因为它们对简化定积分的计算起着重要的作用.

例 18 计算定积分 $\int_0^1 \frac{x}{(2-x^2)\sqrt{1-x^2}}\mathrm{d}x$.

解法 1 令 $u=1-x^2$,由凑微分方法得

$$\int_0^1 \frac{x}{(2-x^2)\sqrt{1-x^2}}\mathrm{d}x = \frac{1}{2}\int_0^1 \frac{1}{\sqrt{u}(1+u)}\mathrm{d}u = \int_0^1 \frac{1}{1+u}\mathrm{d}\sqrt{u}$$

$$= \arctan\sqrt{u}\Big|_0^1 = \frac{\pi}{4}.$$

解法 2 令 $x=\sin t$,得

$$\int_0^1 \frac{x}{(2-x^2)\sqrt{1-x^2}}\mathrm{d}x = \int_0^{\frac{\pi}{2}} \frac{\sin t}{2-\sin^2 t}\mathrm{d}t = -\int_0^{\frac{\pi}{2}} \frac{\mathrm{d}\cos t}{1+\cos^2 t}$$

$$= -\arctan(\cos t)\Big|_0^{\frac{\pi}{2}} = \frac{\pi}{4}.$$

144

例 19 计算定积分 $\int_{\frac{1}{2}}^{\frac{\sqrt{2}}{2}} \dfrac{1}{x^2\sqrt{1-x^2}}\mathrm{d}x$.

解法 1 令 $x=\sin t$,则当 $x=\dfrac{1}{2}$ 时取 $t=\dfrac{\pi}{6}$;当 $x=\dfrac{\sqrt{2}}{2}$ 时取 $t=\dfrac{\pi}{4}$,且当 $\dfrac{\pi}{6}\leqslant t\leqslant\dfrac{\pi}{4}$ 时有 $\dfrac{1}{2}\leqslant x\leqslant\dfrac{\sqrt{2}}{2}$,$\sqrt{1-x^2}=\cos t$, 于是

$$\int_{\frac{1}{2}}^{\frac{\sqrt{2}}{2}} \frac{1}{x^2\sqrt{1-x^2}}\mathrm{d}x = \int_{\frac{\pi}{6}}^{\frac{\pi}{4}} \frac{\cos t}{\sin^2 t\cos t}\mathrm{d}t = \int_{\frac{\pi}{6}}^{\frac{\pi}{4}} \csc^2 t\,\mathrm{d}t$$

$$=-\cot\frac{\pi}{4}-\left(-\cot\frac{\pi}{6}\right)=\sqrt{3}-1.$$

解法 2 令 $x=\sin t$,则当 $x=\dfrac{1}{2}$ 时取 $t=\dfrac{5}{6}\pi$;当 $x=\dfrac{\sqrt{2}}{2}$ 时取 $t=\dfrac{3}{4}\pi$,且当 $\dfrac{3}{4}\pi\leqslant t\leqslant\dfrac{5}{6}\pi$ 时有 $\dfrac{1}{2}\leqslant x\leqslant\dfrac{\sqrt{2}}{2}$,$\sqrt{1-x^2}=-\cos t$, 于是

$$\int_{\frac{1}{2}}^{\frac{\sqrt{2}}{2}} \frac{1}{x^2\sqrt{1-x^2}}\mathrm{d}x = \int_{\frac{5\pi}{6}}^{\frac{3\pi}{4}} \frac{\cos t}{\sin^2 t(-\cos t)}\mathrm{d}t =-\int_{\frac{5\pi}{6}}^{\frac{3\pi}{4}} \csc^2 t\,\mathrm{d}t$$

$$=-\left[-\cot\frac{3\pi}{4}-\left(-\cot\frac{5\pi}{6}\right)\right]=\sqrt{3}-1.$$

注记 在定积分计算的换元法中,如本例的变量代换 $x=\sin t$ 所确定的 x 值是不许超出区间 $\left[\dfrac{1}{2},\dfrac{\sqrt{2}}{2}\right]$ 的,故变量 t 的取值范围为 $\dfrac{\pi}{6}\leqslant t\leqslant\dfrac{\pi}{4}$,或 $\dfrac{3}{4}\pi\leqslant t\leqslant\dfrac{5}{6}\pi$,而不可以取 $\dfrac{\pi}{6}\leqslant t\leqslant\dfrac{3}{4}\pi$,或 $\dfrac{\pi}{4}\leqslant t\leqslant\dfrac{5}{6}\pi$. 这是应注意的一个细节.

例 20 求不定积分 $\int \dfrac{\sqrt{x^2-1}}{x}\mathrm{d}x$ 与定积分 $\int_1^2 \dfrac{\sqrt{x^2-1}}{x}\mathrm{d}x$, $\int_{-2}^{-1} \dfrac{\sqrt{x^2-1}}{x}\mathrm{d}x$.

解法 1　令 $x = \sec t$，有 $\mathrm{d}x = \sec t \tan t \mathrm{d}t$，$\sqrt{x^2-1} = |\tan t|$，则当 $t \in \left(0, \dfrac{\pi}{2}\right)$ 时 $x > 1$，$\sqrt{x^2-1} = \tan t$；当 $t \in \left(\dfrac{\pi}{2}, \pi\right)$ 时 $x < -1$，而 $\sqrt{x^2-1} = -\tan t$，故

$$\int \frac{\sqrt{x^2-1}}{x}\mathrm{d}x = \int \frac{|\tan t|}{\sec t} \sec t \tan t \mathrm{d}t = \int |\tan t| \tan t \mathrm{d}t$$

$$= \begin{cases} \displaystyle\int (\sec^2 t - 1)\mathrm{d}t = \tan t - t + C, & t \in \left(0, \dfrac{\pi}{2}\right), \\[2mm] -\displaystyle\int (\sec^2 t - 1)\mathrm{d}t = -\tan t + t + C, & t \in \left(\dfrac{\pi}{2}, \pi\right). \end{cases}$$

即有

$$\int \frac{\sqrt{x^2-1}}{x}\mathrm{d}x = \begin{cases} \sqrt{x^2-1} - \arccos\dfrac{1}{x} + C, & x > 1, \\[2mm] \sqrt{x^2-1} + \arccos\dfrac{1}{x} + C, & x < -1. \end{cases}$$

于是

$$\int_1^2 \frac{\sqrt{x^2-1}}{x}\mathrm{d}x = \left(\sqrt{x^2-1} - \arccos\frac{1}{x}\right)\Bigg|_1^2 = \sqrt{3} - \frac{\pi}{3};$$

$$\int_{-2}^{-1} \frac{\sqrt{x^2-1}}{x}\mathrm{d}x = \left(\sqrt{x^2-1} + \arccos\frac{1}{x}\right)\Bigg|_{-2}^{-1} = \frac{\pi}{3} - \sqrt{3}.$$

或者

$$\int_1^2 \frac{\sqrt{x^2-1}}{x}\mathrm{d}x = \int_0^{\frac{\pi}{3}} (\sec^2 t - 1)\mathrm{d}t = (\tan t - t)\Bigg|_0^{\frac{\pi}{3}} = \sqrt{3} - \frac{\pi}{3};$$

$$\int_{-2}^{-1} \frac{\sqrt{x^2-1}}{x}\mathrm{d}x = -\int_{\frac{2\pi}{3}}^{\pi} (\sec^2 t - 1)\mathrm{d}t = (t - \tan t)\Bigg|_{\frac{2\pi}{3}}^{\pi} = \frac{\pi}{3} - \sqrt{3}.$$

解法 2　令 $t = \sqrt{x^2-1}$，有 $x = \pm\sqrt{t^2+1}$，$\mathrm{d}x = \pm\dfrac{t}{\sqrt{t^2+1}}\mathrm{d}t$，

则

$$\int \frac{\sqrt{x^2-1}}{x}\,\mathrm{d}x = \int \frac{t}{\sqrt{t^2+1}}\,\frac{t}{\sqrt{t^2+1}}\,\mathrm{d}t = \int\Big(1-\frac{1}{1+t^2}\Big)\mathrm{d}t$$

$$= t-\arctan t + C = \sqrt{x^2-1}-\arctan\sqrt{x^2-1}+C.$$

于是

$$\int_1^2 \frac{\sqrt{x^2-1}}{x}\,\mathrm{d}x = (\sqrt{x^2-1}-\arctan\sqrt{x^2-1})\,\Big|_1^2 = \sqrt{3}-\frac{\pi}{3};$$

$$\int_{-2}^{-1} \frac{\sqrt{x^2-1}}{x}\,\mathrm{d}x = (\sqrt{x^2-1}-\arctan\sqrt{x^2-1})\,\Big|_{-2}^{-1} = \frac{\pi}{3}-\sqrt{3}.$$

或者

$$\int_1^2 \frac{\sqrt{x^2-1}}{x}\,\mathrm{d}x = \int_0^{\sqrt{3}}\Big(1-\frac{1}{1+t^2}\Big)\mathrm{d}t = (t-\arctan t)\,\Big|_0^{\sqrt{3}}$$

$$= \sqrt{3}-\frac{\pi}{3};$$

$$\int_{-2}^{-1} \frac{\sqrt{x^2-1}}{x}\,\mathrm{d}x = \int_{\sqrt{3}}^0\Big(1-\frac{1}{1+t^2}\Big)\mathrm{d}t = (\mathrm{t}-\arctan t)\,\Big|_{\sqrt{3}}^0$$

$$= \frac{\pi}{3}-\sqrt{3}.$$

解法 3　因 $\displaystyle\int \frac{\sqrt{x^2-1}}{x}\,\mathrm{d}x = \int \frac{x^2-1}{x\sqrt{x^2-1}}\,\mathrm{d}x = \int \frac{x}{\sqrt{x^2-1}}\,\mathrm{d}x -$

$\displaystyle\int \frac{1}{x\sqrt{x^2-1}}\,\mathrm{d}x.$

则当 $x > 1$ 时，有

$$\int \frac{\sqrt{x^2-1}}{x}\,\mathrm{d}x = \frac{1}{2}\int (x^2-1)^{-\frac{1}{2}}\,\mathrm{d}(x^2-1) - \int \frac{1}{x^2\sqrt{1-\dfrac{1}{x^2}}}\,\mathrm{d}x$$

$$= \sqrt{x^2-1} + \int \Big(1-\frac{1}{x^2}\Big)^{-\frac{1}{2}}\,\mathrm{d}\frac{1}{x}$$

147

$$= \sqrt{x^2 - 1} + \arcsin \frac{1}{x} + C;$$

当 $x < -1$ 时,有

$$\int \frac{\sqrt{x^2 - 1}}{x} \mathrm{d}x = \sqrt{x^2 - 1} - \int \frac{1}{x \mid x \mid \sqrt{1 - \frac{1}{x^2}}} \mathrm{d}x$$

$$= \sqrt{x^2 - 1} - \int \left(1 - \frac{1}{x^2}\right)^{-\frac{1}{2}} \mathrm{d} \frac{1}{x}$$

$$= \sqrt{x^2 - 1} - \arcsin \frac{1}{x} + C.$$

于是

$$\int_1^2 \frac{\sqrt{x^2 - 1}}{x} \mathrm{d}x = \left(\sqrt{x^2 - 1} + \arcsin \frac{1}{x}\right) \Big|_1^2 = \sqrt{3} - \frac{\pi}{3};$$

$$\int_{-2}^{-1} \frac{\sqrt{x^2 - 1}}{x} \mathrm{d}x = \left(\sqrt{x^2 - 1} - \arcsin \frac{1}{x}\right) \Big|_{-2}^{-1} = \frac{\pi}{3} - \sqrt{3}.$$

注记 不定积分的换元法与定积分的换元法具有各自的特点. 不定积分的换元法的目的是通过换元求出被积函数的原函数的一般表达式;而定积分的换元法的目的在于求出其积分值. 不定积分的换元法是把原积分换成新变量的积分,然后求出新变量的积分,再在结果中将新变量换回到原来的变量得原积分. 其中,必须要求换元函数的反函数存在. 定积分在换元的同时,要相应地变换积分的上、下积分限,将原定积分变换成一个积分值相等的新定积分,不必再去关心原定积分的被积函数的原函数是什么等问题. 这是定积分换元法与不定积分换元法的最大差别.

例 21 计算下列定积分.

(1) $\int_0^\pi \cos x \sqrt{1 + \cos^2 x} \mathrm{d}x$; (2) $\int_0^{\frac{\pi}{2}} \frac{\mathrm{e}^{\sin x}}{\mathrm{e}^{\sin x} + \mathrm{e}^{\cos x}} \mathrm{d}x$.

解 (1) 令 $x = \frac{\pi}{2} - t$,则根据被积函数为奇函数的定积分性

质得

$$\int_0^\pi \cos x \sqrt{1+\cos^2 x}\,\mathrm{d}x = \int_{-\frac{\pi}{2}}^{\frac{\pi}{2}} \sin t \sqrt{1+\sin^2 t}\ \ \mathrm{d}t = 0.$$

（2）令 $x = \dfrac{\pi}{2} - t$，则有 $\displaystyle\int_0^{\frac{\pi}{2}} \dfrac{\mathrm{e}^{\sin x}}{\mathrm{e}^{\sin x}+\mathrm{e}^{\cos x}}\mathrm{d}x = \int_0^{\frac{\pi}{2}} \dfrac{\mathrm{e}^{\cos x}}{\mathrm{e}^{\cos x}+\mathrm{e}^{\sin x}}\mathrm{d}x$

于是

$$\int_0^{\frac{\pi}{2}} \frac{\mathrm{e}^{\sin x}}{\mathrm{e}^{\sin x}+\mathrm{e}^{\cos x}}\mathrm{d}x = \frac{1}{2}\int_0^{\frac{\pi}{2}} \left(\frac{\mathrm{e}^{\sin x}}{\mathrm{e}^{\sin x}+\mathrm{e}^{\cos x}} + \frac{\mathrm{e}^{\cos x}}{\mathrm{e}^{\cos x}+\mathrm{e}^{\sin x}} \right)\mathrm{d}x$$
$$= \frac{1}{2}\int_0^{\frac{\pi}{2}} \mathrm{d}x = \frac{\pi}{4}.$$

例 22 计算下列定积分.

（1）$\displaystyle\int_0^{\frac{\pi}{4}} \ln(1+\tan x)\mathrm{d}x$；　　　（2）$\displaystyle\int_0^1 \dfrac{\ln(1+x)}{1+x^2}\mathrm{d}x$；

（3）$\displaystyle\int_0^1 \dfrac{\arctan x}{1+x}\mathrm{d}x$.

解　（1）**方法 1**　令 $x = \dfrac{\pi}{4} - t$，则

$$\int_0^{\frac{\pi}{4}} \ln(1+\tan x)\mathrm{d}x = \int_0^{\frac{\pi}{4}} \ln\left(1+\tan\left(\frac{\pi}{4}-t\right)\right)\mathrm{d}t$$
$$= \int_0^{\frac{\pi}{4}} \ln\left(1+\frac{1-\tan t}{1+\tan t}\right)\mathrm{d}t$$
$$= \int_0^{\frac{\pi}{4}} \ln \frac{2}{1+\tan t}\mathrm{d}t$$
$$= \frac{\pi}{4}\ln 2 - \int_0^{\frac{\pi}{4}} \ln(1+\tan x)\mathrm{d}x,$$

移项得　$\displaystyle\int_0^{\frac{\pi}{4}} \ln(1+\tan x)\mathrm{d}x = \dfrac{\pi}{8}\ln 2.$

方法 2　$\displaystyle\int_0^{\frac{\pi}{4}} \ln(1+\tan x)\mathrm{d}x = \int_0^{\frac{\pi}{4}} \ln \dfrac{\cos x+\sin x}{\cos x}\mathrm{d}x$

$$= \int_0^{\frac{\pi}{4}} \left[\ln\left(\sqrt{2}\sin\left(x+\frac{\pi}{4}\right)\right) - \ln\cos x \right]\mathrm{d}x$$

$$= \frac{\pi}{8}\ln 2 + \int_0^{\frac{\pi}{4}} \ln\sin\left(x + \frac{\pi}{4}\right)\mathrm{d}x - \int_0^{\frac{\pi}{4}} \ln\cos x\,\mathrm{d}x = \frac{\pi}{8}\ln 2,$$

其中，令 $x = \frac{\pi}{4} - t$，有 $\int_0^{\frac{\pi}{4}} \ln\sin\left(x + \frac{\pi}{4}\right)\mathrm{d}x = \int_0^{\frac{\pi}{4}} \ln\cos x\,\mathrm{d}x.$

（2）令 $x = \tan t$，有 $\mathrm{d}x = \sec^2 t\mathrm{d}t$，则由（1）有

$$\int_0^1 \frac{\ln(1+x)}{1+x^2}\mathrm{d}x = \int_0^{\frac{\pi}{4}} \frac{\ln(1+\tan t)}{1+\tan^2 t}\sec^2 t\mathrm{d}t$$

$$= \int_0^{\frac{\pi}{4}} \ln(1+\tan t)\mathrm{d}t = \frac{\pi}{8}\ln 2.$$

（3）利用分部积分法及（2）的结果得

$$\int_0^1 \frac{\arctan x}{1+x}\mathrm{d}x = \int_0^1 \arctan x\mathrm{d}\ln(1+x)$$

$$= (\arctan x)\ln(1+x)\Big|_0^1 - \int_0^1 \frac{\ln(1+x)}{1+x^2}\mathrm{d}x$$

$$= \frac{\pi}{4}\ln 2 - \frac{\pi}{8}\ln 2 = \frac{\pi}{8}\ln 2.$$

注记　在定积分计算中，其中某些积分可以不必求得其值，而利用变量替换、分部积分及定积分性质等方法使它们相消或合并，请读者注意这一技巧.

例 23　计算下列定积分.

（1）$\int_{-\frac{\pi}{4}}^{\frac{\pi}{3}} \frac{2x + \sin 2x}{\cos^2 x}\mathrm{d}x.$　　　　（2）$\int_{\frac{1}{2}}^2 \left(1 + x - \frac{1}{x}\right)\mathrm{e}^{x+\frac{1}{x}}\mathrm{d}x.$

解　（1）由分部积分法知

$$\int_{\frac{\pi}{4}}^{\frac{\pi}{3}} \frac{2x}{\cos^2 x}\mathrm{d}x = 2\int_{\frac{\pi}{4}}^{\frac{\pi}{3}} x\mathrm{d}\tan x = 2x\tan x\Big|_{\frac{\pi}{4}}^{\frac{\pi}{3}} - 2\int_{\frac{\pi}{4}}^{\frac{\pi}{3}} \tan x\mathrm{d}x$$

$$= 2\pi\left(\frac{\sqrt{3}}{3} - \frac{1}{4}\right) - 2\int_{\frac{\pi}{4}}^{\frac{\pi}{3}} \tan x\mathrm{d}x.$$

则根据定积分的分段可加性与被积函数奇偶性的性质得

$$\int_{-\frac{\pi}{4}}^{\frac{\pi}{3}} \frac{2x + \sin 2x}{\cos^2 x}\mathrm{d}x = \int_{-\frac{\pi}{4}}^{\frac{\pi}{4}} \frac{2x + \sin 2x}{\cos^2 x}\mathrm{d}x + \int_{\frac{\pi}{4}}^{\frac{\pi}{3}} \frac{2x + \sin 2x}{\cos^2 x}\mathrm{d}x$$

$$= \int_{\frac{\pi}{4}}^{\frac{\pi}{3}} \frac{2x + \sin 2x}{\cos^2 x} \mathrm{d}x = \int_{\frac{\pi}{4}}^{\frac{\pi}{3}} \frac{2x}{\cos^2 x} \mathrm{d}x + 2\int_{\frac{\pi}{4}}^{\frac{\pi}{3}} \tan x \mathrm{d}x$$

$$= \left[2\pi\left(\frac{\sqrt{3}}{3} - \frac{1}{4}\right) - 2\int_{\frac{\pi}{4}}^{\frac{\pi}{3}} \tan x \mathrm{d}x \right] + 2\int_{\frac{\pi}{4}}^{\frac{\pi}{3}} \tan x \mathrm{d}x$$

$$= 2\pi\left(\frac{\sqrt{3}}{3} - \frac{1}{4}\right).$$

(2) **方法 1** 由分部积分法得

$$\int_{\frac{1}{2}}^{2} \left(1 + x - \frac{1}{x}\right) \mathrm{e}^{x+\frac{1}{x}} \mathrm{d}x = \int_{\frac{1}{2}}^{2} \mathrm{e}^{x+\frac{1}{x}} \mathrm{d}x + \int_{\frac{1}{2}}^{2} \left(x - \frac{1}{x}\right) \mathrm{e}^{x+\frac{1}{x}} \mathrm{d}x$$

$$= \left[x\mathrm{e}^{x+\frac{1}{x}} \Big|_{\frac{1}{2}}^{2} - \int_{\frac{1}{2}}^{2} x\left(1 - \frac{1}{x^2}\right) \mathrm{e}^{x+\frac{1}{x}} \mathrm{d}x \right]$$

$$+ \int_{\frac{1}{2}}^{2} \left(x - \frac{1}{x}\right) \mathrm{e}^{x+\frac{1}{x}} \mathrm{d}x = \frac{3}{2} \mathrm{e}^{\frac{5}{2}}.$$

方法 2 因 $\int \left(1 - \frac{1}{x^2}\right) \mathrm{e}^{x+\frac{1}{x}} \mathrm{d}x = \int \mathrm{e}^{x+\frac{1}{x}} \mathrm{d}\left(x + \frac{1}{x}\right) = \mathrm{e}^{x+\frac{1}{x}} + C$, 则
由分部积分法得

$$\int_{\frac{1}{2}}^{2} \left(1 + x - \frac{1}{x}\right) \mathrm{e}^{x+\frac{1}{x}} \mathrm{d}x = \int_{\frac{1}{2}}^{2} \mathrm{e}^{x+\frac{1}{x}} \mathrm{d}x + \int_{\frac{1}{2}}^{2} x\left(1 - \frac{1}{x^2}\right) \mathrm{e}^{x+\frac{1}{x}} \mathrm{d}x$$

$$= \int_{\frac{1}{2}}^{2} \mathrm{e}^{x+\frac{1}{x}} \mathrm{d}x + \left[x\mathrm{e}^{x+\frac{1}{x}} \Big|_{\frac{1}{2}}^{2} - \int_{\frac{1}{2}}^{2} \mathrm{e}^{x+\frac{1}{x}} \mathrm{d}x \right]$$

$$= \frac{3}{2} \mathrm{e}^{\frac{5}{2}}.$$

注记 (i) 本例的两个积分的解题过程中都采用了把其中一个
定积分经分部积分后与另一个定积分相消的方法,这是计算定积分
的一种技巧.

例如,设可微函数 $f(x)$ 满足 $f(0) = 0$, $f(\pi) = 1$,则由分部积
分法得

$$\int_{0}^{\pi} \frac{(1+x)f'(x) - f(x)}{(1+x)^2} \mathrm{d}x = \int_{0}^{\pi} \left[\frac{f'(x)}{1+x} - \frac{f(x)}{(1+x)^2} \right] \mathrm{d}x$$

$$= \left[\frac{f(x)}{1+x} \Big|_0^\pi + \int_0^\pi \frac{f(x)}{(1+x)^2} \mathrm{d}x \right]$$

$$- \int_0^\pi \frac{f(x)}{(1+x)^2} \mathrm{d}x = \frac{1}{1+\pi}.$$

当然,这个积分可用凑微分法立即得

$$\int_0^\pi \frac{(1+x)f'(x) - f(x)}{(1+x)^2} \mathrm{d}x = \int_0^\pi \left(\frac{f(x)}{1+x} \right)' \mathrm{d}x = \frac{f(x)}{1+x} \Big|_0^\pi = \frac{1}{1+\pi}.$$

(ii) 如积分(1)那样,利用定积分的分段可加性分出一个在对称区间 $[-l, l]$ 上的定积分,以可以应用被积函数的奇偶性性质. 这将会简化定积分的计算.

例 24 设 $f'(x)$ 在 $(-\infty, +\infty)$ 上连续,记

$$F(x) = \int_0^x f(t)f'(2a-t)\mathrm{d}t,$$

证明 $F(2a) - 2F(a) = f^2(a) - f(0)f(2a).$

证明   显然

$$F(2a) = \int_0^{2a} f(t)f'(2a-t)\mathrm{d}t$$

$$= \int_0^a f(t)f'(2a-t)\mathrm{d}t + \int_a^{2a} f(t)f'(2a-t)\mathrm{d}t.$$

令 $u = 2a - t$,得 $\int_a^{2a} f(t)f'(2a-t)\mathrm{d}t = \int_0^a f(2a-u)f'(u)\mathrm{d}u.$ 于是由分部积分法得

$$F(2a) - 2F(a) = \int_a^{2a} f(t)f'(2a-t)\mathrm{d}t - \int_0^a f(t)f'(2a-t)\mathrm{d}t$$

$$= \int_0^a f(2a-t)f'(t)\mathrm{d}t - \int_0^a f(t)f'(2a-t)\mathrm{d}t$$

$$= \left[f(2a-t)f(t) \Big|_0^a + \int_0^a f'(2a-t)f(t)\mathrm{d}t \right]$$

$$- \int_0^a f(t)f'(2a-t)\mathrm{d}t$$

$$= f^2(a) - f(0)f(2a).$$

例 25　计算下列定积分.

(1) $\displaystyle\int_{-\frac{\pi}{2}}^{\frac{\pi}{2}} \frac{(1-x)^2 \cos^5 x}{1+x^2}\mathrm{d}x.$　　　　　(2) $\displaystyle\int_{-1}^{1} \frac{x^2}{1+\mathrm{e}^{-x}}\mathrm{d}x.$

(3) $\displaystyle\int_{-\frac{1}{2}}^{\frac{1}{2}} \left[\frac{\sin x}{1+x^2} + \sqrt{(\ln(1-x))^2}\right]\mathrm{d}x.$

解　(1) 利用被积函数奇偶性的定积分性质得

$$\int_{-\frac{\pi}{2}}^{\frac{\pi}{2}} \frac{(1-x)^2 \cos^5 x}{1+x^2}\mathrm{d}x = \int_{-\frac{\pi}{2}}^{\frac{\pi}{2}} \frac{(1+x^2)\cos^5 x}{1+x^2}\mathrm{d}x - \int_{-\frac{\pi}{2}}^{\frac{\pi}{2}} \frac{2x\cos^5 x}{1+x^2}\mathrm{d}x$$

$$= 2\int_0^{\frac{\pi}{2}} \cos^5 x\mathrm{d}x - 0$$

$$= 2 \times \frac{4}{5} \times \frac{2}{3} = \frac{16}{15}.$$

(2) 显然, $\dfrac{x^2}{1+\mathrm{e}^{-x}}$ 在 $[-1,1]$ 上是连续的, 但它既不是奇函数, 又不是偶函数, 则根据定积分性质有

$$\int_{-1}^{1} \frac{x^2}{1+\mathrm{e}^{-x}}\mathrm{d}x = \int_0^1 \left(\frac{x^2}{1+\mathrm{e}^{-x}} + \frac{(-x)^2}{1+\mathrm{e}^{x}}\right)\mathrm{d}x = \int_0^1 x^2\mathrm{d}x = \frac{1}{3}.$$

(3) 注意到 $\dfrac{\sin x}{1+x^2}$ 是连续的奇函数, $\sqrt{(\ln(1-x))^2} = |\ln(1-x)|$ 是连续的非奇非偶函数, 则由定积分性质及分部积分法得 0

$$\int_{-\frac{1}{2}}^{\frac{1}{2}} \left[\frac{\sin x}{1+x^2} + \sqrt{(\ln(1-x))^2}\right]\mathrm{d}x$$

$$= 0 + \int_0^{\frac{1}{2}} \left[|\ln(1-x)| + |\ln(1+x)|\right]\mathrm{d}x$$

$$= -\int_0^{\frac{1}{2}} \ln(1-x)\mathrm{d}x + \int_0^{\frac{1}{2}} \ln(1+x)\mathrm{d}x$$

$$= \left[(1-x)\ln(1-x) - (1-x)\right]\Big|_0^{\frac{1}{2}} + \left[-x + (1+x)\ln(1+x)\right]\Big|_0^{\frac{1}{2}}$$

$$= \left(\frac{1}{2} + \frac{1}{2} \ln \frac{1}{2} \right) + \left(-\frac{1}{2} + \frac{3}{2} \ln \frac{3}{2} \right) = \frac{3}{2} \ln 3 - 2 \ln 2.$$

注记 作为被积函数奇偶性的定积分性质在定积分计算中的应用,请读者计算验证

$$\int_{-2}^{2} (\mid x \mid + x) \mathrm{e}^{-\mid x \mid} \mathrm{d}x = 2 - \frac{6}{\mathrm{e}^2}; \quad \int_{-\frac{\pi}{6}}^{\frac{\pi}{6}} \frac{\sin^2 x}{1 + \mathrm{e}^x} \mathrm{d}x = \frac{2\pi - 3\sqrt{3}}{24}.$$

例 26 设函数 $f(x)$ 在 $(-\infty, +\infty)$ 内连续,且满足条件 $f(x+\pi) = -f(x)$,分别求定积分 $\int_{-\pi}^{\pi} f(x) \cos 2nx \, \mathrm{d}x$ 与 $\int_{-\pi}^{\pi} f(x) \sin 2nx \, \mathrm{d}x$ 的值.

解 因函数 $f(x)$ 满足 $f(x+\pi) = -f(x)$,故有

$$f(x + 2\pi) = f((x+\pi) + \pi) = -f(x+\pi) = f(x),$$

即 $f(x)$ 是以 2π 为周期的周期函数.

令 $u = x + \pi$,则由周期函数的定积分性质得

$$\begin{aligned}
\int_{-\pi}^{\pi} f(x) \cos 2nx \, \mathrm{d}x &= -\int_{-\pi}^{\pi} f(x+\pi) \cos 2nx \, \mathrm{d}x \\
&= -\int_{0}^{2\pi} f(u) \cos(2nu - 2n\pi) \, \mathrm{d}u \\
&= -\int_{0}^{2\pi} f(u) \cos 2nu \, \mathrm{d}u \\
&= -\int_{-\pi}^{\pi} f(x) \cos 2nx \, \mathrm{d}x,
\end{aligned}$$

所以 $\int_{-\pi}^{\pi} f(x) \cos 2nx \, \mathrm{d}x = 0$.

同理,可求得 $\int_{-\pi}^{\pi} f(x) \sin 2nx \, \mathrm{d}x = 0$,请读者完成其证明.

例 27 计算 $\int_{0}^{n\pi} \sqrt{1 - \sin 2x} \, \mathrm{d}x$,其中,$n$ 为自然数.

解 由于被积函数是以 π 为周期的周期函数,所以由定积分的分段可加性得

154

$$\int_0^{n\pi} \sqrt{1 - \sin 2x}\,dx = \int_0^{n\pi} |\sin x - \cos x|\,dx$$

$$= \sum_{k=0}^{n-1} \int_{k\pi}^{(k+1)\pi} |\sin x - \cos x|\,dx$$

$$= \sum_{k=0}^{n-1} \int_0^\pi |\sin x - \cos x|\,dx$$

$$= n\Big[\int_0^{\frac{\pi}{4}} (\cos x - \sin x)\,dx$$

$$+ \int_{\frac{\pi}{4}}^\pi (\sin x - \cos x)\,dx\Big] = 2\sqrt{2}\,n.$$

注记 这里的两个例题都应用了周期函数的定积分性质:设 $f(x)$ 是以 $2l$ 为周期的连续函数,则对任意实数 a 有

$$\int_a^{a+2l} f(x)\,dx = \int_0^{2l} f(x)\,dx = \int_{-l}^l f(x)\,dx.$$

例 28 计算 $\displaystyle\int_0^2 \frac{x^4}{(x^2+4)^2}\,dx$.

解法 1 由 $\displaystyle\int \frac{1}{(a^2+x^2)^{n+1}}\,dx$ 的递推公式得

$$\int \frac{1}{(x^2+4)^2}\,dx = \frac{1}{2}\,\frac{x}{4(x^2+4)} + \frac{1}{2}\,\frac{1}{4}\int \frac{1}{x^2+4}\,dx$$

$$= \frac{x}{8(x^2+4)} + \frac{1}{16}\arctan\frac{x}{2} + C.$$

故原有理函数的积分

$$\int_0^2 \frac{x^4}{(x^2+4)^2}\,dx = \int_0^2 \frac{(x^2+4-4)^2}{(x^2+4)^2}\,dx$$

$$= \int_0^2 \Big[1 - \frac{8}{x^2+4} + \frac{16}{(x^2+4)^2}\Big]\,dx$$

$$= \Big[x - 4\arctan\frac{x}{2} + 16\Big(\frac{x}{8(x^2+4)} + \frac{1}{16}\arctan\frac{x}{2}\Big)\Big]\Big|_0^2$$

$$= \frac{5}{2} - \frac{3\pi}{4}.$$

解法 2　由分部积分法得

$$\int_0^2 \frac{x^4}{(x^2+4)^2}\mathrm{d}x = \frac{1}{2}\int_0^2 \frac{x^3}{(x^2+4)^2}\mathrm{d}(x^2+4) = -\frac{1}{2}\int_0^2 x^3 \mathrm{d}\frac{1}{x^2+4}$$

$$= -\frac{x^3}{2(x^2+4)}\bigg|_0^2 + \frac{3}{2}\int_0^2 \frac{x^2}{x^2+4}\mathrm{d}x$$

$$= -\frac{1}{2} + \frac{3}{2}\int_0^2 \frac{(x^2+4)-4}{x^2+4}\mathrm{d}x$$

$$= -\frac{1}{2} + \left(\frac{3}{2}x - 3\arctan\frac{x}{2}\right)\bigg|_0^2 = \frac{5}{2} - \frac{3\pi}{4}.$$

解法 3　令 $x = 2\tan t$，则 $\mathrm{d}x = 2\sec^2 t\mathrm{d}t$，故

$$\int_0^2 \frac{x^4}{(x^2+4)^2}\mathrm{d}x = \int_0^{\frac{\pi}{4}} \frac{16\tan^4 t}{16\sec^4 t} 2\sec^2 t\mathrm{d}t = 2\int_0^{\frac{\pi}{4}} \frac{(1-\cos^2 t)^2}{\cos^2 t}\mathrm{d}t$$

$$= 2\int_0^{\frac{\pi}{4}} (\sec^2 t - 2 + \cos^2 t)\mathrm{d}t$$

$$= \left(2\tan t - 4t + t + \frac{1}{2}\sin 2t\right)\bigg|_0^{\frac{\pi}{4}} = \frac{5}{2} - \frac{3\pi}{4}.$$

注记　有理函数的积分，可以用部分分式化方法、分部积分法、变量替换法以及凑微分法等.

例 29　设函数 $f(x)$ 在 $(-\infty, +\infty)$ 内满足 $f(x) = f(x-\pi) + \sin x$，且 $f(x) = x$，$x \in [0, \pi)$，计算 $\int_\pi^{3\pi} f(x)\mathrm{d}x$.

解法 1　$\int_\pi^{3\pi} f(x)\mathrm{d}x = \int_\pi^{3\pi}[f(x-\pi) + \sin x]\mathrm{d}x$

$$= \int_\pi^{3\pi} f(x-\pi)\mathrm{d}x.$$

令 $t = x - \pi$，有

$$\int_\pi^{3\pi} f(x-\pi)\mathrm{d}x = \int_0^{2\pi} f(t)\mathrm{d}t = \int_0^\pi f(t)\mathrm{d}t + \int_\pi^{2\pi} f(t)\mathrm{d}t$$

$$= \int_0^\pi t\mathrm{d}t + \int_\pi^{2\pi}[f(t-\pi) + \sin t]\mathrm{d}t$$

$$= \frac{\pi^2}{2} - 2 + \int_\pi^{2\pi} f(t-\pi)\mathrm{d}t.$$

令 $u = t - \pi$，有 $\int_\pi^{2\pi} f(t-\pi)\mathrm{d}t = \int_0^\pi f(u)\mathrm{d}u$，则得

$$\int_\pi^{3\pi} f(x)\mathrm{d}x = \frac{\pi^2}{2} - 2 + \int_0^\pi f(u)\mathrm{d}u = \frac{\pi^2}{2} - 2 + \int_0^\pi u\mathrm{d}u = \pi^2 - 2.$$

解法 2　由条件可知，当 $x \in [\pi, 3\pi)$ 时有

$$f(x) = \begin{cases} x - \pi + \sin x, & x \in [\pi, 2\pi), \\ x - 2\pi, & x \in [2\pi, 3\pi). \end{cases}$$

故利用定积分的分段相加性得

$$\int_\pi^{3\pi} f(x)\mathrm{d}x = \int_\pi^{2\pi} f(x)\mathrm{d}x + \int_{2\pi}^{3\pi} f(x)\mathrm{d}x$$

$$= \int_\pi^{2\pi} (x - \pi + \sin x)\mathrm{d}x + \int_{2\pi}^{3\pi} (x - 2\pi)\mathrm{d}x = \pi^2 - 2.$$

例 30　计算定积分 $\int_{-1}^1 \dfrac{x^2+1}{x^4+1}\mathrm{d}x$.

解法 1　这是一个连续的偶函数在对称区间上的常义定积分，由部分分式法得

$$\int_{-1}^1 \frac{x^2+1}{x^4+1}\mathrm{d}x = 2\int_0^1 \frac{x^2+1}{x^4+1}\mathrm{d}x$$

$$= 2\int_0^1 \frac{\mathrm{d}x}{1+(\sqrt{2}x+1)^2} + 2\int_0^1 \frac{\mathrm{d}x}{1+(\sqrt{2}x-1)^2}$$

$$= \sqrt{2}\left[\arctan(\sqrt{2}x+1) + \arctan(\sqrt{2}x-1)\right]\Big|_0^1 = \frac{\sqrt{2}}{2}\pi.$$

解法 2　令 $t = x - \dfrac{1}{x}$，则将原常义定积分化为广义积分

$$\int_{-1}^1 \frac{x^2+1}{x^4+1}\mathrm{d}x = 2\int_0^1 \frac{x^2+1}{x^4+1}\mathrm{d}x = 2\int_0^1 \frac{1}{(x-x^{-1})^2+2}\mathrm{d}(x-x^{-1})$$

$$= 2\int_{-\infty}^0 \frac{\mathrm{d}t}{2+t^2} = \sqrt{2}\arctan\frac{t}{\sqrt{2}}\Big|_{-\infty}^0 = \frac{\sqrt{2}\pi}{2}.$$

注记 (i) 如果令 $x = \dfrac{1}{t}$，则有 $\displaystyle\int_{-1}^{1} \dfrac{x^2+1}{x^4+1}\mathrm{d}x = -\int_{-1}^{1}\dfrac{1+t^2}{1+t^4}\mathrm{d}t$，得原定积分等于零. 这个结论显然是错误的，因为它的被积函数大于零，故原积分值必定大于零. 其出错的原因是，定积分的变量替换法要求变换式 $x = \varphi(t)$ 的 $\varphi(t)$ 单值、连续，且具有连续的导数，但这里的 $\varphi(t) = \dfrac{1}{t}$ 在 $t=0$ 处不连续，且 $\varphi'(t)$ 在 $t=0$ 处也间断，故出现这个错误. 为此，在上述解法中是先利用连续的偶函数在对称区间上积分的性质.

(ii) 实际上，解法 2 中的 $\displaystyle\int_{0}^{1}\dfrac{1}{(x-x^{-1})^2+2}\mathrm{d}(x-x^{-1})$ 是一个以 $x=0$ 为瑕点的瑕积分.

例 31 对实数 $a > -1$ 与自然数 n，求 $I_n = \displaystyle\int_{0}^{1}x^a(\ln x)^n\mathrm{d}x$，并求 $\displaystyle\int_{0}^{1}(\ln x)^4\mathrm{d}x$.

解 利用分部积分法，得

$$I_n = \int_{0}^{1}x^a(\ln x)^n\mathrm{d}x = \frac{1}{a+1}x^{a+1}(\ln x)^n\Big|_{0}^{1} - \frac{n}{a+1}\int_{0}^{1}x^a(\ln x)^{n-1}\mathrm{d}x$$

$$= -\frac{n}{a+1}I_{n-1}, \quad n = 1, 2, \cdots.$$

反复使用该递推公式，得原积分

$$I_n = -\frac{n}{a+1}I_{n-1} = \frac{n(n-1)}{(a+1)^2}I_{n-2} = \cdots = (-1)^n\frac{n!}{(a+1)^{n+1}}$$

在递推公式中，令 $a=0$，$n=4$，得 $\displaystyle\int_{0}^{1}(\ln x)^4\mathrm{d}x = 4! = 24$.

注记 利用分部积分法可以导出定积分与广义积分的一些重要递推公式，例如，$\Gamma(s+1) = s\Gamma(s)$；以及计算 $\displaystyle\int_{0}^{\frac{\pi}{2}}\sin^n x\,\mathrm{d}x = \int_{0}^{\frac{\pi}{2}}\cos^n x\,\mathrm{d}x$ 值的公式等都是大家熟悉的递推公式，它们可以简化计

算. 同理, 读者还可以证明: 当 m, n 为正整数时, 有

$$\int_0^1 x^m (1-x)^n \mathrm{d}x = \int_0^1 x^n (1-x)^m \mathrm{d}x = \frac{m! n!}{(m+n+1)!}.$$

其中, 第一个等号是经令 $t = 1-x$ 的变量替换证得的.

例 32 计算下列定积分.

(1) 已知 $f(2) = 2$, $f'(2) = 0$, $\int_0^2 f(x)\mathrm{d}x = 4$, 求 $\int_0^1 x^2 f''(2x)\mathrm{d}x$.

(2) 已知 $f'(x) = \arctan(x-1)^2$, 且 $f(0) = 0$, 求 $\int_0^1 f(x)\mathrm{d}x$.

解 (1) 令 $t = 2x$, 则由分部积分法得

$$\int_0^1 x^2 f''(2x)\mathrm{d}x = \frac{1}{8}\int_0^2 t^2 f''(t)\mathrm{d}t = \frac{1}{8}\left[t^2 f'(t) \Big|_0^2 - 2\int_0^2 t f'(t)\mathrm{d}t \right]$$

$$= \frac{1}{2} f'(2) - \frac{1}{4}\int_0^2 t f'(t)\mathrm{d}t$$

$$= -\frac{1}{4}\left[t f(t) \Big|_0^2 - \int_0^2 f(t)\mathrm{d}t \right] = 0.$$

(2) 分部积分两次得

$$\int_0^1 f(x)\mathrm{d}x = x f(x) \Big|_0^1 - \int_0^1 x f'(x)\mathrm{d}x$$

$$= f(1) - \int_0^1 x \arctan(x-1)^2 \mathrm{d}x$$

$$= f(1) - \int_0^1 (x-1)\arctan(x-1)^2 \mathrm{d}x - \int_0^1 f'(x)\mathrm{d}x$$

$$= -\int_0^1 (x-1)\arctan(x-1)^2 \mathrm{d}(x-1)$$

$$= -\frac{1}{2}(x-1)^2 \arctan(x-1)^2 \Big|_0^1 + \frac{1}{2}\int_0^1 \frac{(x-1)^2 2(x-1)}{1+(x-1)^4}\mathrm{d}(x-1)$$

$$= \frac{\pi}{8} + \frac{1}{4}\int_0^1 \frac{1}{1+(x-1)^4}\mathrm{d}(x-1)^4 = \frac{\pi}{8} + \frac{1}{4}\ln[1+(x-1)^4] \Big|_0^1$$

$$= \frac{\pi}{8} - \frac{1}{4}\ln 2.$$

注记 本题型的解决常常采用分部积分法.

例 33 试求连续函数 $f(x)$，使它满足

(1) $f(x) = x^2 - \int_0^a f(x)\mathrm{d}x,\ a \neq -1$；

(2) $f(x) = 3x - \sqrt{1-x^2}\int_0^1 f^2(x)\mathrm{d}x.$

解 (1) 对所给的等式两边积分，并注意到 $\int_0^a f(x)\mathrm{d}x$ 是与积分变量无关的常数，便有

$$\int_0^a f(x)\mathrm{d}x = \int_0^a x^2 \mathrm{d}x - \int_0^a \left(\int_0^a f(x)\mathrm{d}x\right)\mathrm{d}x$$

$$= \frac{1}{3}a^3 - \int_0^a f(x)\mathrm{d}x \int_0^a \mathrm{d}x = \frac{1}{3}a^3 - a\int_0^a f(x)\mathrm{d}x,$$

移项即得 $\int_0^a f(x)\mathrm{d}x = \dfrac{a^3}{3(a+1)}$. 把它代入原等式得函数

$$f(x) = x^2 - \frac{a^3}{3(a+1)}.$$

(2) 对所给等式两边平方，有

$$f^2(x) = 9x^2 - 6x\sqrt{1-x^2}\int_0^1 f^2(x)\mathrm{d}x + (1-x^2)\left(\int_0^1 f^2(x)\mathrm{d}x\right)^2.$$

因 $\displaystyle\int_0^1 6x\sqrt{1-x^2}\,\mathrm{d}x = -3\int_0^1 \sqrt{1-x^2}\,\mathrm{d}(1-x^2)$

$$= -2(1-x^2)^{\frac{3}{2}}\Big|_0^1 = 2,$$

故对题给的等式两边积分，并从相应的定积分中提出因子 $\int_0^1 f^2(x)\mathrm{d}x$ 与 $\left(\int_0^1 f^2(x)\mathrm{d}x\right)^2$ 得

$$\int_0^1 f^2(x)\mathrm{d}x = 9\int_0^1 x^2 \mathrm{d}x - \int_0^1 f^2(x)\mathrm{d}x \int_0^1 6x\sqrt{1-x^2}\,\mathrm{d}x$$

$$+ \left(\int_0^1 f^2(x)\mathrm{d}x \right)^2 \int_0^1 (1-x^2)\mathrm{d}x$$

$$= 3 - 2\int_0^1 f^2(x)\mathrm{d}x + \frac{2}{3}\left(\int_0^1 f^2(x)\mathrm{d}x \right)^2.$$

即有
$$2\left(\int_0^1 f^2(x)\mathrm{d}x \right)^2 - 9\int_0^1 f^2(x)\mathrm{d}x + 9 = 0.$$

由此得 $\int_0^1 f^2(x)\mathrm{d}x = 3$ 与 $\int_0^1 f^2(x)\mathrm{d}x = \dfrac{3}{2}$. 把它们代入原等式

得函数

$$f(x) = 3x - 3\sqrt{1-x^2} \quad \text{与} \quad f(x) = 3x - \frac{3}{2}\sqrt{1-x^2}.$$

注记 因为定积分是乘积之和的极限值,它们是与积分变量无关的数值,所以如果给定含有未知被积函数的确定上、下限值的定积分的等式,欲求它们的未知函数的问题,通常的方法是对该给定的等式两边再进行同一积分运算.

这类题型的求解路线是与含有变限定积分的积分方程的求解路线是不同的.请读者细细品味加以比较.例如,欲求连续函数 $f(x)$ 使它满足

$$f(x) = x^2 - \int_0^x f(t)\mathrm{d}t,$$

则应对该式两边求导数得

$$f'(x) + f(x) = 2x, \quad f(0) = 0.$$

求解这个初值问题得 $f(x) = 2\mathrm{e}^{-x} + 2x - 2$.

例 34 试求通过点 $(1,1)$ 的直线束 $y = f(x)$ 中使得

$$J = \int_0^2 [x^2 - f(x)]^2 \mathrm{d}x$$

为最小的直线方程.

解 通过点 $(1,1)$ 的直线束为 $y = 1 + k(x-1)$,把它代入积分 J 中,得 $J = \int_0^2 [x^2 - 1 - k(x-1)]^2 \mathrm{d}x$. 令

$$\frac{\mathrm{d}J}{\mathrm{d}k} = 2\int_0^2 (1-x)[x^2 - 1 - k(x-1)]\mathrm{d}x = \frac{4}{3}(k-2) = 0,$$

得唯一驻点 $k=2$. 又 $\dfrac{\mathrm{d}^2 J}{\mathrm{d}k^2} = \dfrac{4}{3} > 0$, 则使得积分 J 为最小的直线方程为 $y = 1 + 2(x-1)$. 即 $y = 2x - 1$.

注记   注意,这里的定积分 J 是函数 $f(x)$ 的泛函,而求积分型泛函的最优值问题是有相当难度的,且不属本课程要求的范围. 但是,对于特定的函数簇求其最优值问题,一般只要把先确定的这类函数簇关于某个变量的方程代入积分后按常规的极值问题加以处理即可.

6.1.3 分段函数积分的计算

1. 分段函数的不定积分的计算

求分段函数的原函数时,应先分别求函数在各个相应区间内的原函数,然后考察函数在分段点处的连续性.

如果给定的分段函数在包括分段点的区间内连续,那么它的原函数存在,且其原函数可导,然后根据原函数的连续条件确定各个区间上积分常数间的关系;如果给定的分段函数的分段点是它的第一类间断点,那么由 5.1.1 节所述可知,这样的分段函数在包括该第一类间断点的区间内不存在原函数,而它只在第一类间断点两侧的区间内存在各自的原函数,当然它们的积分常数互相独立.

例 35   设 $f(x) = \mathrm{e}^{-|x|}$,求不定积分 $\displaystyle\int f(x)\mathrm{d}x$,及满足 $F(0) = 0$ 的 $f(x)$ 的原函数 $F(x)$.

解   因分段函数

$$f(x) = \mathrm{e}^{-|x|} = \begin{cases} \mathrm{e}^{-x}, & x \geqslant 0, \\ \mathrm{e}^{x}, & x < 0, \end{cases}$$

在 $(-\infty, +\infty)$ 上连续,故 $f(x)$ 在 $(-\infty, +\infty)$ 上的原函数 $F(x)$ 存

在,则

$$F(x) = \int f(x)\mathrm{d}x = \int \mathrm{e}^{-|x|}\mathrm{d}x = \begin{cases} -\mathrm{e}^{-x} + C_1, & x \geqslant 0, \\ \mathrm{e}^{x} + C_2, & x < 0, \end{cases}$$

其中,C_1 与 C_2 不是互相独立的常数.下面确定常数 C_1,C_2 的关系.

由于 $f(x)$ 的原函数 $F(x)$ 是可导的,即 $F'(x) = \mathrm{e}^{-|x|}$,故 $F(x)$ 在 $(-\infty, +\infty)$ 上连续,当然在 $x = 0$ 处连续,因此

$$\lim_{x \to 0^-} F(x) = \lim_{x \to 0^-}(\mathrm{e}^x + C_2) = \lim_{x \to 0^+}(-\mathrm{e}^{-x} + C_1) = \lim_{x \to 0^+} F(x)$$

即有 $C_2 = C_1 - 2$.若记 $C = C_1$,则

$$F(x) = \int f(x)\mathrm{d}x = \int \mathrm{e}^{-|x|}\mathrm{d}x = \begin{cases} -\mathrm{e}^{-x} + C, & x \geqslant 0, \\ \mathrm{e}^{x} - 2 + C, & x < 0. \end{cases}$$

由条件 $F(0) = 0$,得 $C = 1$,故满足 $F(0) = 0$ 的原函数

$$F(x) = \begin{cases} 1 - \mathrm{e}^{-x}, & x \geqslant 0, \\ \mathrm{e}^{x} - 1, & x < 0. \end{cases}$$

注记 事实上,求分段函数的一个原函数也可以采用变限定积分而轻松地获得.如本例 $f(x) = \mathrm{e}^{-|x|}$ 的原函数

$$F(x) = \int_0^x \mathrm{e}^{-|x|}\mathrm{d}x = \begin{cases} \int_0^x \mathrm{e}^{-t}\mathrm{d}t = 1 - \mathrm{e}^{-x}, & x \geqslant 0, \\ \int_0^x \mathrm{e}^{t}\mathrm{d}t = \mathrm{e}^{x} - 1, & x < 0. \end{cases}$$

例 36 设函数 $f(x)$ 在 $(0, +\infty)$ 内可导,$f(1) = 0$,且

$$f'(\mathrm{e}^x) = \begin{cases} 1, & x \geqslant 0, \\ 1 + x, & x < 0, \end{cases}$$

求 $f(x)$.

解 令 $t = \mathrm{e}^x$,$t > 0$,则 $f'(t) = \begin{cases} 1, & t \geqslant 1, \\ 1 + \ln t, & 0 < t < 1. \end{cases}$ 显然,$f'(t)$ 连续,故它的原函数 $f(t)$ 存在,且

163

$$f(t) = \int f'(t) dt = \begin{cases} t + C_1, & t \geqslant 1, \\ t\ln t + C_2, & 0 < t < 1. \end{cases}$$

因 $f(t)$ 可导，故 $f(t)$ 连续，即有

$$f(1+0) = 1 + C_1 = C_2 = f(1-0),$$

因此

$$f(x) = \begin{cases} x + C, & x \geqslant 1, \\ x\ln x + 1 + C, & 0 < x < 1. \end{cases}$$

由 $f(1) = 0$ 知，其中的积分常数 $C = -1$.

例 37 设函数 $f(x) = \begin{cases} 0, & x < 0, \\ 2x+1, & 0 \leqslant x \leqslant 1, \\ 4x-1, & x > 1, \end{cases}$ 求 $\int f(x) dx$.

解 因 $x = 0$ 是 $f(x)$ 的第一类间断点，故 $f(x)$ 在 $(-\infty, +\infty)$ 内不存在原函数，而 $x = 1$ 是 $f(x)$ 的连续点，所以 $f(x)$ 的不定积分只能分别在区间 $(-\infty, 0)$ 与 $(0, +\infty)$ 内得到，有

$$\int f(x) dx = \begin{cases} C_1, & x < 0, \\ x^2 + x + C_2, & 0 < x \leqslant 1, \\ 2x^2 - x + C_3, & x > 1, \end{cases}$$

由于 $f(x)$ 在 $(0, +\infty)$ 内的原函数是可导的，则该原函数在 $x = 1$ 处连续而得 $C_3 = 1 + C_2$. 故

$$\int f(x) dx = \begin{cases} C_1, & x < 0, \\ x^2 + x + C_2, & 0 < x \leqslant 1, \\ 2x^2 - x + 1 + C_2, & x > 1. \end{cases}$$

其中，C_1 与 C_2 是两个独立的积分常数.

2. 分段函数的定积分的计算

分段函数的定积分的一般计算方法是利用定积分的分段可加性分段进行积分. 如果被积函数中含有绝对值，应去掉绝对值符号，把

164

它表示为分段函数,然后分段进行计算.

例 38 计算下列分段函数的定积分.

(1) $\int_{-1}^{2} [x] \max\{1, e^{-x}\} dx$,其中,$[x]$ 表示不超过 x 的最大整数.

(2) $\int_{0}^{3} (|x-1|+|x-2|) dx$.

(3) 设 $f(x) = \begin{cases} 1+x^2, & x \leqslant 0, \\ e^{-x}, & x > 0, \end{cases}$ 求 $\int_{1}^{3} f(x-2) dx$.

(4) 已知 $f(x) = \begin{cases} x, & 0 \leqslant x \leqslant 1, \\ 2-x, & 1 < x \leqslant 2, \end{cases}$ 求 $\int_{2n}^{2n+2} f(x-2n) e^{-x} dx$,$n = 2, 3, \cdots$.

解 (1) 因分段函数

$$[x] = \begin{cases} -1, & -1 \leqslant x < 0, \\ 0, & 0 \leqslant x < 1, \\ 1, & 1 \leqslant x < 2; \end{cases}$$

$$\max\{1, e^{-x}\} = \begin{cases} e^{-x}, & -1 \leqslant x < 0, \\ 1, & 0 \leqslant x \leqslant 2. \end{cases}$$

则由定积分的分段可加性得

$$\int_{-1}^{2} [x] \max\{1, e^{-x}\} dx = \int_{-1}^{0} (-1) e^{-x} dx + \int_{0}^{1} 0 dx + \int_{1}^{2} 1 dx$$
$$= 2 - e.$$

(2) 因分段函数

$$|x-1|+|x-2| = \begin{cases} (1-x)+(2-x), & 0 \leqslant x \leqslant 1, \\ (x-1)+(2-x), & 1 \leqslant x \leqslant 2, \\ (x-1)+(x-2), & 2 \leqslant x \leqslant 3. \end{cases}$$

则由定积分的分段可加性得

$$\int_{0}^{3} (|x-1|+|x-2|) dx$$
$$= \int_{0}^{1} (3-2x) dx + \int_{1}^{2} dx + \int_{2}^{3} (2x-3) dx = 5.$$

(3) 令 $t = x - 2$，则由定积分的分段可加性得

$$\int_1^3 f(x-2)\mathrm{d}x = \int_{-1}^1 f(t)\mathrm{d}t = \int_{-1}^0 (1+t^2)\mathrm{d}t + \int_0^1 \mathrm{e}^{-t}\mathrm{d}t$$

$$= \frac{7}{3} - \frac{1}{\mathrm{e}}.$$

(4) 令 $t = x - 2n$，则由定积分的分段可加性与分部积分得

$$\int_{2n}^{2n+2} f(x-2n)\mathrm{e}^{-x}\mathrm{d}x = \int_0^2 f(t)\mathrm{e}^{-t-2n}\mathrm{d}t$$

$$= \mathrm{e}^{-2n}\int_0^1 t\mathrm{e}^{-t}\mathrm{d}t + \mathrm{e}^{-2n}\int_1^2 (2-t)\mathrm{e}^{-t}\mathrm{d}t$$

$$= (1-\mathrm{e}^{-1})^2 \mathrm{e}^{-2n}.$$

例 39 计算下列分段函数的定积分．

(1) $\displaystyle\int_{-2}^3 |x^2-2x-3|\,\mathrm{d}x$；(2) $\displaystyle\int_{-2}^3 |x^2+2|x|-3|\,\mathrm{d}x$．

解 (1) 容易知道，函数 $f(x) = x^2-2x-3$ 的两个零点为 -1 与 3，且 x^2-2x-3 在 $[-2,-1)$ 上取正值，在 $(-1,3]$ 上取负值，所以

$$\int_{-2}^3 |x^2-2x-3|\,\mathrm{d}x$$

$$= \int_{-2}^{-1} (x^2-2x-3)\mathrm{d}x - \int_{-1}^3 (x^2-2x-3)\mathrm{d}x = 13.$$

(2) 因被积函数是偶函数，且函数 $f(x) = x^2+2x-3$ 在 $[-2,3]$ 内有一个零点 $x=1$，它在 $x \leqslant 1$ 时取负值，在 $x>1$ 时取正值，则由定积分的分段可加性得

$$\int_{-2}^3 |x^2+2|x|-3|\,\mathrm{d}x$$

$$= \int_{-2}^2 |x^2+2|x|-3|\,\mathrm{d}x + \int_2^3 |x^2+2|x|-3|\,\mathrm{d}x$$

$$= 2\int_0^2 |x^2+2x-3|\,\mathrm{d}x + \int_2^3 |x^2+2x-3|\,\mathrm{d}x$$

166

$$=-2\int_0^1(x^2+2x-3)\mathrm{d}x+2\int_1^2(x^2+2x-3)\mathrm{d}x+\int_2^3(x^2+2x-3)\mathrm{d}x$$

$$=\frac{49}{3}.$$

例 40 求函数 $f(t)=6\int_0^1 x\,|\,x-t\,|\,\mathrm{d}x$ 的解析表达式;并求 $t\in[0,1]$ 的值使 $f(t)=\dfrac{3}{4}$.

解 因积分区间为$[0,1]$,故必须把 t 的取值范围分为 $t<0$,$0\leqslant t\leqslant 1$ 与 $t>1$ 三种情形. 若 $t<0$,则 $x-t>0$,故

$$f(t)=6\int_0^1 x\,|\,x-t\,|\,\mathrm{d}x=6\int_0^1 x(x-t)\mathrm{d}x=2-3t.$$

当 $0\leqslant t\leqslant 1$,则由定积分的分段可加性得

$$f(t)=6\int_0^1 x\,|\,x-t\,|\,\mathrm{d}x=6\int_0^t x(t-x)\mathrm{d}x+6\int_t^1 x(x-t)\mathrm{d}x$$
$$=2t^3-3t+2.$$

若 $t>1$,则 $x-t<0$,故

$$f(t)=6\int_0^1 x(t-x)\mathrm{d}x=3t-2.$$

所以分段函数

$$f(t)=\begin{cases}2-3t, & t<0,\\2t^3-3t+2, & 0\leqslant t\leqslant 1,\\3t-2, & t>1.\end{cases}$$

当 $t\in[0,1]$ 时,由 $f(t)=6\int_0^1 x\,|\,x-t\,|\,\mathrm{d}x=2t^3-3t+2=\dfrac{3}{4}$,即有 $\left(t-\dfrac{1}{2}\right)\left(2t^2+t-\dfrac{5}{2}\right)=0$ 得 $t=\dfrac{1}{2}$ 时有 $f\left(\dfrac{1}{2}\right)=\dfrac{3}{4}$.

注记 如本例这种含有参数的分段函数的定积分的计算,往往应对参数的不同取值范围分别积分,而积分后仍为分段函数. 同理,

容易求得积分 $\int_0^1 \mid t-x \mid \mathrm{d}x$，且 $t=\dfrac{1}{2}$ 时 $\int_0^1 \mid t-x \mid \mathrm{d}x=\dfrac{1}{4}$.

3. 分段函数的变限定积分的计算

例 41　已知 $f'(\ln x)=\begin{cases}1, & 0<x\leqslant 1,\\ x, & x>1,\end{cases}$ 且 $f(0)=0$，求 $f(x)$.

解　令 $t=\ln x$，则 $f'(t)=\begin{cases}1, & t\leqslant 0,\\ \mathrm{e}^t, & t>0.\end{cases}$ 于是当 $x\leqslant 0$ 时，有 $f(x)=\int_0^x f'(t)\mathrm{d}t=\int_0^x \mathrm{d}t=x$；当 $x>0$ 时，有 $f(x)=\int_0^x f'(t)\mathrm{d}t=\int_0^x \mathrm{e}^t\mathrm{d}t=\mathrm{e}^x-1$. 即有

$$f(x)=\begin{cases}x, & x\leqslant 0,\\ \mathrm{e}^x-1, & x>0.\end{cases}$$

注记　设 $F(x)$ 是分段函数 $f(x)$ 的一个原函数，本例属于这样一种题型：所求的变限积分 $F(x)=\int_{x_0}^x f(t)\mathrm{d}t$ 的一个积分限恰是 $f(x)$ 的分段点 x_0. 此时，应分别在 $x\leqslant x_0$ 与 $x>x_0$ 相应的不同区间上积分，得到的 $F(x)$ 也是一个分段函数.

例如，设 $f(x)=\begin{cases}x^2, & 0\leqslant x<1,\\ 1, & 1\leqslant x\leqslant 2,\end{cases}$ 则 $F(x)=\int_1^x f(t)\mathrm{d}t$ 也应分别在 $x\in[0,1)$ 与 $x\in[1,2]$ 上积分得

$$F(x)=\begin{cases}\dfrac{1}{3}x^3-\dfrac{1}{3}, & 0\leqslant x<1,\\ x-1, & 1\leqslant x\leqslant 2.\end{cases}$$

例 42　设 $f(x)=\begin{cases}a+x, & x\leqslant 0,\\ 1+\mathrm{e}^{-x}, & x>0,\end{cases}$ $F(x)=\int_{-1}^x f(t)\mathrm{d}t$，试讨论 $F(x)$ 在点 $x=0$ 处的可导性.

解　当 $x\leqslant 0$ 时，

$$F(x)=\int_{-1}^x f(t)\mathrm{d}t=\int_{-1}^x (a+t)\mathrm{d}t=\dfrac{1}{2}x^2+ax+a-\dfrac{1}{2}.$$

特别，$F(0) = a - \dfrac{1}{2}$. 当 $x > 0$ 时

$$F(x) = \int_{-1}^{x} f(t)\mathrm{d}t = \int_{-1}^{0}(a+t)\mathrm{d}t + \int_{0}^{x}(1+\mathrm{e}^{-t})\mathrm{d}t$$

$$= x - \mathrm{e}^{-x} + a + \frac{1}{2}.$$

根据导数定义，得 $F(x)$ 在 $x = 0$ 处的左、右导数为

$$F'_{-}(0) = \lim_{x \to 0^{-}} \frac{F(x) - F(0)}{x}$$

$$= \lim_{x \to 0^{-}} \frac{\left(\dfrac{1}{2}x^2 + ax + a - \dfrac{1}{2}\right) - \left(a - \dfrac{1}{2}\right)}{x} = a;$$

$$F'_{+}(0) = \lim_{x \to 0^{+}} \frac{F(x) - F(0)}{x}$$

$$= \lim_{x \to 0^{+}} \frac{\left(x - \mathrm{e}^{-x} + a + \dfrac{1}{2}\right) - \left(a - \dfrac{1}{2}\right)}{x} = 2.$$

因 $F(x)$ 在 $x = 0$ 处可导的充分必要条件是 $F'_{-}(0) = F'_{+}(0)$，故当 $a \neq 2$ 时 $F(x)$ 在 $x = 0$ 处不可导；当 $a = 2$ 时 $F(x)$ 在 $x = 0$ 处可导，且

$$F(x) = \int_{-1}^{x} f(t)\mathrm{d}t = \begin{cases} \dfrac{1}{2}x^2 + 2x + \dfrac{3}{2}, & x \leqslant 0; \\ x - \mathrm{e}^{-x} + \dfrac{5}{2}, & x > 0. \end{cases}$$

注记 设 $f(x) = \begin{cases} x^2 + b + 1, & x < 0, \\ c, & x = 0, \\ \mathrm{e}^x + ax, & x > 0 \end{cases}$ 可导，则容易按导数定

义与性质确定常数 a, b, c，并请求解积分 $\displaystyle\int_{-1}^{x} f(t)\mathrm{d}t$.

例 43 设 $f(x) = \begin{cases} \sin x, & 0 \leqslant x \leqslant \dfrac{\pi}{2}, \\ \dfrac{2}{\pi}x, & x > \dfrac{\pi}{2}, \end{cases}$ 求 $\displaystyle\int_{0}^{x} tf(x - t)\mathrm{d}t$,

$x \geqslant 0$.

解 令 $u = x - t$，则

$$\int_0^x tf(x-t)\mathrm{d}t = \int_0^x (x-u)f(u)\mathrm{d}u = x\int_0^x f(u)\mathrm{d}u - \int_0^x uf(u)\mathrm{d}u.$$

当 $0 \leqslant x \leqslant \dfrac{\pi}{2}$ 时，由分部积分法得

$$\int_0^x tf(x-t)\mathrm{d}t = x\int_0^x \sin u\,\mathrm{d}u - \int_0^x u\sin u\,\mathrm{d}u = x - \sin x.$$

当 $x > \dfrac{\pi}{2}$ 时，由定积分的分段可加性得

$$\int_0^x tf(x-t)\mathrm{d}t = x\left(\int_0^{\frac{\pi}{2}} \sin u\,\mathrm{d}u + \int_{\frac{\pi}{2}}^x \frac{2}{\pi}u\,\mathrm{d}u\right)$$

$$- \left(\int_0^{\frac{\pi}{2}} u\sin u\,\mathrm{d}u + \int_{\frac{\pi}{2}}^x \frac{2}{\pi}u^2\,\mathrm{d}u\right)$$

$$= \frac{1}{3\pi}x^3 + \left(1 - \frac{\pi}{4}\right)x + \frac{\pi^2}{12} - 1.$$

注记 上述两例所计算的分段函数的变限定积分的积分限都不是该分段函数的分段点，在计算它的变限定积分时应考虑变限的变量在分段函数的不同区间内分别积分. 读者容易把该积分写为分段函数形式.

6.1.4 广义积分的计算

当广义积分收敛时，计算它的积分值的方法之一是直接利用广义积分的定义与性质进行计算. 这项工作一般都可归结为三步：先求出被积函数 $f(x)$ 的原函数 $F(x)$；其次，使用牛顿-莱布尼兹公式；最后，求极限. 把三步结合起来，就像常义定积分一样写为

$$\int_a^b f(x)\mathrm{d}x = F(x)\Big|_a^b = F(b) - F(a).$$

不过,对 $F(b)$ 与 $F(a)$ 的理解要随不同的广义积分而不同. 当点 b 或 a 是函数 $f(x)$ 的瑕点时,$F(b)$ 与 $F(a)$ 分别理解为

$$F(b) = \lim_{x \to b^-} F(x), \qquad F(a) = \lim_{x \to a^+} F(x).$$

当 b 或 a 分别为 $+\infty$ 或 $-\infty$ 时,$F(+\infty)$ 与 $F(-\infty)$ 分别理解为

$$F(+\infty) = \lim_{x \to +\infty} F(x), \qquad F(-\infty) = \lim_{x \to -\infty} F(x).$$

计算广义积分值的方法之二是应用分部积分法与变量替换法.

例 44 证明不等式 $\dfrac{\pi}{2\sqrt{2}} < \displaystyle\int_0^1 \dfrac{1}{\sqrt{1-x^4}} \mathrm{d}x < \dfrac{\pi}{2}$.

证明 显然,$x=1$ 是 $\displaystyle\int_0^1 \dfrac{1}{\sqrt{1-x^4}} \mathrm{d}x$ 与 $\displaystyle\int_0^1 \dfrac{1}{\sqrt{1-x^2}} \mathrm{d}x$ 的瑕点. 按瑕积分的定义得

$$\int_0^1 \frac{1}{\sqrt{1-x^2}} \mathrm{d}x = \lim_{\varepsilon \to 0^+} \int_0^{1-\varepsilon} \frac{1}{\sqrt{1-x^2}} \mathrm{d}x = \lim_{\varepsilon \to 0^+} \arcsin(1-\varepsilon) = \frac{\pi}{2}.$$

则

$$\int_0^1 \frac{1}{\sqrt{1-x^4}} \mathrm{d}x < \int_0^1 \frac{1}{\sqrt{1-x^2}} \mathrm{d}x = \frac{\pi}{2};$$

$$\int_0^1 \frac{1}{\sqrt{1-x^4}} \mathrm{d}x = \int_0^1 \frac{1}{\sqrt{(1+x^2)(1-x^2)}} \mathrm{d}x$$

$$> \frac{1}{\sqrt{2}} \int_0^1 \frac{1}{\sqrt{1-x^2}} \mathrm{d}x = \frac{\pi}{2\sqrt{2}}.$$

例 45 求 $\displaystyle\int_0^{+\infty} \dfrac{x\mathrm{e}^{-x}}{(1+\mathrm{e}^{-x})^2} \mathrm{d}x$.

解法 1 由凑微分法知 $\displaystyle\int \dfrac{\mathrm{e}^x}{(1+\mathrm{e}^x)^2} \mathrm{d}x = -\int (1+\mathrm{e}^x)^{-2} \mathrm{d}(1+\mathrm{e}^x)$

$= \dfrac{-1}{1+\mathrm{e}^x} + C.$ 故由分部积分法得

$$\int_0^{+\infty} \frac{x\mathrm{e}^{-x}}{(1+\mathrm{e}^{-x})^2} \mathrm{d}x = \int_0^{+\infty} x \frac{\mathrm{e}^x}{(1+\mathrm{e}^x)^2} \mathrm{d}x$$

$$= -\left. \frac{x}{1+\mathrm{e}^x} \right|_0^{+\infty} + \int_0^{+\infty} \frac{\mathrm{d}x}{1+\mathrm{e}^x} = \int_0^{+\infty} \frac{\mathrm{d}x}{1+\mathrm{e}^x}.$$

令 $\mathrm{e}^x = t$，有 $\mathrm{d}x = \dfrac{1}{t}\mathrm{d}t$，则

$$\int_0^{+\infty} \frac{x\mathrm{e}^{-x}}{(1+\mathrm{e}^{-x})^2}\mathrm{d}x = \int_0^{+\infty} \frac{1}{1+\mathrm{e}^x}\mathrm{d}x = \int_1^{+\infty} \frac{1}{t(1+t)}\mathrm{d}t$$
$$= \int_1^{+\infty} \left(\frac{1}{t} - \frac{1}{1+t}\right)\mathrm{d}t = \ln\frac{t}{1+t}\Big|_1^{+\infty} = \ln 2.$$

解法 2 由凑微分法知 $\displaystyle\int \frac{\mathrm{e}^{-x}}{(1+\mathrm{e}^{-x})^2}\mathrm{d}x = C + \frac{1}{1+\mathrm{e}^{-x}}$，故由分部积分法得

$$\int \frac{x\mathrm{e}^{-x}}{(1+\mathrm{e}^{-x})^2}\mathrm{d}x = \frac{x}{1+\mathrm{e}^{-x}} - \int \frac{1}{1+\mathrm{e}^{-x}}\mathrm{d}x = \frac{x\mathrm{e}^x}{1+\mathrm{e}^x} - \int \frac{\mathrm{e}^x}{1+\mathrm{e}^x}\mathrm{d}x$$
$$= \frac{x\mathrm{e}^x}{1+\mathrm{e}^x} - \ln(1+\mathrm{e}^x) + C.$$

所以由广义积分定义得

$$\int_0^{+\infty} \frac{x\mathrm{e}^{-x}}{(1+\mathrm{e}^{-x})^2}\mathrm{d}x = \lim_{x\to+\infty}\left[\frac{x\mathrm{e}^x}{1+\mathrm{e}^x} - \ln(1+\mathrm{e}^x)\right] + \ln 2$$
$$= \lim_{x\to+\infty}\left[\left(\frac{x\mathrm{e}^x}{1+\mathrm{e}^x} - x\right) + \ln\mathrm{e}^x - \ln(1+\mathrm{e}^x)\right] + \ln 2$$
$$= \lim_{x\to+\infty}\left(-\frac{x}{1+\mathrm{e}^x} + \ln\frac{\mathrm{e}^x}{1+\mathrm{e}^x}\right) + \ln 2$$
$$= 0 + \ln 2 = \ln 2.$$

解法 3 令 $\mathrm{e}^{-x} = t$，有 $\mathrm{d}x = -\dfrac{1}{t}\mathrm{d}t$，则把原广义积分化为无界函数的广义积分

$$\int_0^{+\infty} \frac{x\mathrm{e}^{-x}}{(1+\mathrm{e}^{-x})^2}\mathrm{d}x = -\int_0^1 \frac{\ln t}{(1+t)^2}\mathrm{d}t,$$

其中，$t = 0$ 是瑕点. 由分部积分法得

$$-\int \frac{\ln t}{(1+t)^2}\mathrm{d}t = \frac{\ln t}{1+t} - \int \frac{1}{t(1+t)}\mathrm{d}t = \frac{\ln t}{1+t} - \ln\frac{t}{1+t} + C.$$

故由无界函数的广义积分定义得

$$\int_0^{+\infty} \frac{x\mathrm{e}^{-x}}{(1+\mathrm{e}^{-x})^2}\mathrm{d}x = -\int_0^1 \frac{\ln t}{(1+t)^2}\mathrm{d}t = \ln 2 - \lim_{t\to 0^+}\left(\frac{\ln t}{1+t} - \ln\frac{1}{1+t}\right)$$

$$= \ln 2 + \lim_{t\to 0^+}\frac{t\ln t - (1+t)\ln(1+t)}{1+t} = \ln 2.$$

例 46 求 $\displaystyle\int_0^{+\infty}\frac{\mathrm{d}x}{(1+x^a)(1+x^2)}$.

解法 1 令 $x = \dfrac{1}{t}$,则

$$\int_0^{+\infty}\frac{\mathrm{d}x}{(1+x^a)(1+x^2)} = \int_{+\infty}^0 \frac{-t^{-2}}{(1+t^{-a})(1+t^{-2})}\mathrm{d}t$$

$$= \int_0^{+\infty}\frac{t^a}{(1+t^a)(1+t^2)}\mathrm{d}t$$

$$= \int_0^{+\infty}\frac{\mathrm{d}t}{1+t^2} - \int_0^{+\infty}\frac{\mathrm{d}t}{(1+t^a)(1+t^2)}$$

移项后得

$$\int_0^{+\infty}\frac{\mathrm{d}x}{(1+x^a)(1+x^2)} = \frac{1}{2}\int_0^{+\infty}\frac{\mathrm{d}t}{1+t^2} = \frac{1}{2}\arctan t\Big|_0^{+\infty} = \frac{\pi}{4}.$$

解法 2 令 $x = \dfrac{1}{t}$,则

$$\int_0^1\frac{\mathrm{d}x}{(1+x^a)(1+x^2)} = -\int_{+\infty}^1 \frac{t^a}{(1+t^a)(1+t^2)}\mathrm{d}t$$

于是

$$\int_0^{+\infty}\frac{\mathrm{d}x}{(1+x^a)(1+x^2)}$$

$$= \int_0^1\frac{\mathrm{d}x}{(1+x^a)(1+x^2)} + \int_1^{+\infty}\frac{\mathrm{d}x}{(1+x^a)(1+x^2)}$$

$$= \int_1^{+\infty}\frac{x^a}{(1+x^a)(1+x^2)}\mathrm{d}x + \int_1^{+\infty}\frac{\mathrm{d}x}{(1+x^a)(1+x^2)}$$

$$= \int_1^{+\infty}\frac{\mathrm{d}x}{1+x^2} = \frac{\pi}{4}.$$

例 47 计算下列广义积分的值.

(1) $\displaystyle\int_3^{+\infty} \frac{1}{(x-1)^4\sqrt{x^2-2x}}\mathrm{d}x$;

(2) $\displaystyle\int_0^{+\infty} \frac{\ln x}{1+x^2}\mathrm{d}x$;

(3) $\displaystyle\int_{-2}^{+\infty} \min\{\mathrm{e}^{-x},\, 1\}\mathrm{d}x$;

(4) 若已知 $\displaystyle\int_0^{+\infty} \frac{\sin x}{x}\mathrm{d}x = \frac{\pi}{2}$,求 $\displaystyle\int_0^{+\infty}\left(\frac{\sin x}{x}\right)^2\mathrm{d}x$.

解 (1) 令 $x-1 = \sec t$, $\mathrm{d}x = \sec t\,\tan t\,\mathrm{d}t$,则

$$\int_3^{+\infty} \frac{1}{(x-1)^4\sqrt{x^2-2x}}\mathrm{d}x$$

$$= \int_3^{+\infty} \frac{1}{(x-1)^4\sqrt{(x-1)^2-1}}\mathrm{d}x$$

$$= \int_{\frac{\pi}{3}}^{\frac{\pi}{2}} \frac{\sec t\,\tan t}{\sec^4 t\,\tan t}\mathrm{d}t = \int_{\frac{\pi}{3}}^{\frac{\pi}{2}}(1-\sin^2 t)\cos t\,\mathrm{d}t = \frac{2}{3} - \frac{3\sqrt{3}}{8}.$$

(2) 本例是无穷限广义积分,又是以 $x=0$ 为瑕点的瑕积分. 为此利用广义积分的分段可加性,再令 $t = \dfrac{1}{x}$ 得

$$\int_0^{+\infty} \frac{\ln x}{1+x^2}\mathrm{d}x = \int_0^1 \frac{\ln x}{1+x^2}\mathrm{d}x + \int_1^{+\infty} \frac{\ln x}{1+x^2}\mathrm{d}x$$

$$= \int_0^1 \frac{\ln x}{1+x^2}\mathrm{d}x + \int_1^{+\infty} \frac{-\ln x}{1+\left(\frac{1}{x}\right)^2}\mathrm{d}\frac{1}{x}$$

$$= \int_0^1 \frac{\ln x}{1+x^2}\mathrm{d}x - \int_0^1 \frac{\ln t}{1+t^2}\mathrm{d}t = 0.$$

(3) $\displaystyle\int_{-2}^{+\infty} \min\{\mathrm{e}^{-x},\, 1\}\mathrm{d}x = \int_{-2}^0 \mathrm{d}x + \int_0^{+\infty} \mathrm{e}^{-x}\mathrm{d}x = 3.$

(4) 由分部积分及广义积分的定义有

$$\int_0^{+\infty}\left(\frac{\sin x}{x}\right)^2\mathrm{d}x = x\left(\frac{\sin x}{x}\right)^2\bigg|_0^{+\infty} - 2\int_0^{+\infty} x\,\frac{\sin x}{x}\,\frac{x\cos x - \sin x}{x^2}\mathrm{d}x$$

$$= \lim_{x \to +\infty} \frac{\sin^2 x}{x} - \lim_{x \to 0} x \left(\frac{\sin x}{x} \right)^2 - \int_0^{+\infty} \frac{\sin 2x}{2x} \mathrm{d}(2x)$$

$$+ 2 \int_0^{+\infty} \left(\frac{\sin x}{x} \right)^2 \mathrm{d}x,$$

移项后即得 $\int_0^{+\infty} \left(\frac{\sin x}{x} \right)^2 \mathrm{d}x = \frac{\pi}{2}$.

例 48　证明广义积分 $\int_1^{+\infty} \frac{\mathrm{d}x}{x\sqrt{x^2-1}}$ 是收敛的,并求它的值.

证法 1　令 $x = \sec t$ 得

$$\int \frac{1}{x\sqrt{x^2-1}} \mathrm{d}x = \int \frac{\sec t \tan t}{\sec t \tan t} \mathrm{d}t = t + C = \operatorname{arcsec} x + C.$$

因题给的广义积分既是无穷限广义积分又是以 $x=1$ 为瑕点的无界函数的广义积分,故按广义积分的定义与性质得

$$\int_1^{+\infty} \frac{\mathrm{d}x}{x\sqrt{x^2-1}} = \int_1^2 \frac{\mathrm{d}x}{x\sqrt{x^2-1}} + \int_2^{+\infty} \frac{\mathrm{d}x}{x\sqrt{x^2-1}}$$

$$= \lim_{\varepsilon \to 0^+} \int_{1+\varepsilon}^2 \frac{\mathrm{d}x}{x\sqrt{x^2-1}} + \lim_{t \to +\infty} \int_2^t \frac{\mathrm{d}x}{x\sqrt{x^2-1}}$$

$$= \lim_{\varepsilon \to 0^+} \left(\operatorname{arcsec} x \Big|_{1+\varepsilon}^2 \right) + \lim_{t \to +\infty} \left(\operatorname{arcsec} x \Big|_2^t \right) = \frac{\pi}{2}.$$

证法 2　令 $x = \dfrac{1}{t}$,则原广义积分化为无界函数的广义积分

$$\int_1^{+\infty} \frac{\mathrm{d}x}{x\sqrt{x^2-1}} = \int_0^1 \frac{\mathrm{d}t}{\sqrt{1-t^2}} = \lim_{\varepsilon \to 0^+} \int_0^{1-\varepsilon} \frac{\mathrm{d}t}{\sqrt{1-t^2}}$$

$$= \lim_{\varepsilon \to 0^+} \left(\arcsin t \Big|_0^{1-\varepsilon} \right) = \frac{\pi}{2}.$$

证法 3　令 $x = \sec t$,有 $\mathrm{d}x = \sec t \tan t \mathrm{d}t$,则原广义积分化为定积分

$$\int_1^{+\infty} \frac{\mathrm{d}x}{x\sqrt{x^2-1}} = \int_0^{\frac{\pi}{2}} \mathrm{d}t = \frac{\pi}{2}.$$

注记 （i）如果给定的广义积分集两类广义积分于一式，则应利用积分的分段可加性，把无穷限广义积分与无界函数广义积分分开来讨论，分别按定义去做. 当求得其值时，显然也就表示了该广义积分是收敛的，故本例的广义积分是收敛的.

（ii）由证法 3 可见：经变量替换可把广义积分化为常义的定积分.

例 49 已知函数 $f(x) = \dfrac{(x+1)^2(x-1)}{x^3(x-2)}$，求积分

$$I = \int_{-1}^{3} \frac{f'(x)}{1 + f^2(x)} \mathrm{d}x.$$

解 注意到 $f'(x)$ 在 $x = 0$ 与 $x = 2$ 的邻域内无界，则积分 I 是无界函数的广义积分，其瑕点为 $x = 0$ 与 $x = 2$. 又因为

$$\int \frac{f'(x)}{1 + f^2(x)} \mathrm{d}x = \int \frac{1}{1 + f^2(x)} \mathrm{d}f(x) = \arctan f(x) + C;$$

$$f(0-0) = -\infty, \quad f(0+0) = +\infty, \quad f(2-0) = -\infty,$$

$f(2+0) = +\infty$；$f(-1) = 0$，$f(3) = \dfrac{32}{27}$，则

$$
\begin{aligned}
I &= \int_{-1}^{3} \frac{f'(x)}{1 + f^2(x)} \mathrm{d}x \\
&= \int_{-1}^{0} \frac{f'(x)}{1 + f^2(x)} \mathrm{d}x + \int_{0}^{2} \frac{f'(x)}{1 + f^2(x)} \mathrm{d}x + \int_{2}^{3} \frac{f'(x)}{1 + f^2(x)} \mathrm{d}x \\
&= \arctan f(x) \Big|_{-1}^{0} + \arctan f(x) \Big|_{0}^{2} + \arctan f(x) \Big|_{2}^{3} \\
&= \Big[\lim_{x \to 0^-} \arctan f(x) - \arctan f(-1) \Big] \\
&\quad + \Big[\lim_{x \to 2^-} \arctan f(x) - \lim_{x \to 0^+} \arctan f(x) \Big] \\
&\quad + \Big[\arctan f(3) - \lim_{x \to 2^+} \arctan f(x) \Big] \\
&= \Big(-\frac{\pi}{2} - 0 \Big) + \Big(-\frac{\pi}{2} - \frac{\pi}{2} \Big) + \Big(\arctan \frac{32}{27} - \frac{\pi}{2} \Big) \\
&= \arctan \frac{32}{27} - 2\pi.
\end{aligned}
$$

例 50 (1) 求广义积分 $\int_0^1 \ln(1-x^2)\mathrm{d}x$.

(2) 求常数 $a, a > -2, a \neq 0$ 使得

$$\int_1^{+\infty}\left[\frac{2x^2+ax+a}{x(2x+a)}-1\right]\mathrm{d}x = \int_0^1 \ln(1-x^2)\mathrm{d}x.$$

解 (1) 该积分是以 $x=1$ 为瑕点的瑕积分,则按瑕积分的定义及分部积分得

$$\int_0^1 \ln(1-x^2)\mathrm{d}x = \lim_{t\to 1^-}\int_0^t \ln(1-x^2)\mathrm{d}x$$

$$= \lim_{t\to 1^-}\left[x\ln(1-x^2)\Big|_0^t + 2\int_0^t \frac{x^2}{1-x^2}\mathrm{d}x\right]$$

$$= \lim_{t\to 1^-}\left[t\ln(1-t^2) - \int_0^t \left(2-\frac{1}{1+x}-\frac{1}{1-x}\right)\mathrm{d}x\right]$$

$$= \lim_{t\to 1^-}[t\ln(1+t)+t\ln(1-t)-2t+\ln(1+t)$$
$$\quad -\ln(1-t)]$$

$$= \lim_{t\to 1^-}[(t+1)\ln(1+t)-2t]+\lim_{t\to 1^-}(t-1)\ln(1-t)$$

$$= -2+2\ln 2.$$

(2) 由无穷限广义积分的定义得

$$\int_1^{+\infty}\left[\frac{2x^2+ax+a}{x(2x+a)}-1\right]\mathrm{d}x = \lim_{u\to+\infty}\int_1^u\left(\frac{1}{x}-\frac{2}{2x+a}\right)\mathrm{d}x$$

$$= \lim_{u\to+\infty}\left(\ln\frac{u}{2u+a}-\ln\frac{1}{2+a}\right)$$

$$= \ln(2+a)-\ln 2.$$

由题设条件知 $\ln(2+a)-\ln 2 = -2+2\ln 2$,得 $a = 8\mathrm{e}^{-2}-2$.

例 51 设 $g(x) = \lim_{t\to+\infty}\left(\frac{xt+1}{xt+2}\right)^{x^3 t}$, $f(x) = \int_0^x g(t)\mathrm{d}t$.

(1) 证明 $y = f(x)$ 为奇函数,并求其曲线的水平渐近线.

(2) 求曲线 $y = f(x)$ 与它所有水平渐近线及 Oy 轴围成图形的面积.

解 显然，$g(0) = 1$，而当 $x \neq 0$ 时由"1^∞"型极限得 $g(x) =$
$\lim\limits_{t \to +\infty}\left[\left(1 - \dfrac{1}{xt+2}\right)^{-(xt+2)}\right]^{\frac{-1}{xt+2}x^3 t} = \mathrm{e}^{-x^2}$，$x \neq 0$，其中，$\lim\limits_{t \to +\infty}\dfrac{x^3 t}{xt+2} =$
x^2，则不论 x 是否为零都有 $g(x) = \mathrm{e}^{-x^2}$，$f(x) = \displaystyle\int_0^x \mathrm{e}^{-t^2}\,\mathrm{d}t$.

（1）因令 $t = -u$ 有 $f(-x) = \displaystyle\int_0^{-x} \mathrm{e}^{-t^2}\,\mathrm{d}t = -\int_0^x \mathrm{e}^{-u^2}\,\mathrm{d}u = -f(x)$，
故 $f(x)$ 为奇函数. 因

$$\lim_{x \to +\infty} f(x) = \int_0^{+\infty} \mathrm{e}^{-t^2}\,\mathrm{d}t = \frac{\sqrt{\pi}}{2}, \qquad \lim_{x \to -\infty} f(x) = \int_0^{-\infty} \mathrm{e}^{-t^2}\,\mathrm{d}t =$$

$-\displaystyle\int_0^{+\infty} \mathrm{e}^{-t^2}\,\mathrm{d}t = -\dfrac{\sqrt{\pi}}{2}$，故 $y = f(x)$ 有两条水平渐近线 $y = \pm\dfrac{\sqrt{\pi}}{2}$.

（2）由所考虑的平面图形的对称性及分部积分法得所求的面积为

$$\sigma = 2\int_0^{+\infty}\left[\frac{\sqrt{\pi}}{2} - f(x)\right]\mathrm{d}x = 2\int_0^{+\infty}\left(\frac{\sqrt{\pi}}{2} - \int_0^x \mathrm{e}^{-t^2}\,\mathrm{d}t\right)\mathrm{d}x$$

$$= 2x\left(\frac{\sqrt{\pi}}{2} - \int_0^x \mathrm{e}^{-t^2}\,\mathrm{d}t\right)\bigg|_0^{+\infty} + 2\int_0^{+\infty} x\mathrm{e}^{-x^2}\,\mathrm{d}x = 1,$$

其中，由洛必达法则得

$$\lim_{x \to +\infty} x\left(\frac{\sqrt{\pi}}{2} - \int_0^x \mathrm{e}^{-t^2}\,\mathrm{d}t\right) = \lim_{x \to +\infty}\frac{-\mathrm{e}^{-x^2}}{-x^{-2}} = \lim_{x \to +\infty}\frac{x^2}{\mathrm{e}^{x^2}} = 0,$$

而 $\quad 2\displaystyle\int_0^{+\infty} x\mathrm{e}^{-x^2}\,\mathrm{d}x = -\int_0^{+\infty} \mathrm{e}^{-x^2}\,\mathrm{d}(-x^2) = (-\mathrm{e}^{-x^2})\bigg|_0^{+\infty} = 1.$

§6.2　定积分的应用

（1）数学的应用问题是指把具有实际应用背景的专业问题化归为数学问题，然后对该数学问题进行求解，再对求得的数学问题

解进行原实际问题解的专业解释. 它实际上是一种数学建模的工作, 它的基本思想就是关系映射反演方法的思维. 它要求读者具有一定的相关专业的专业知识以及较强的计算能力. 例如, 定积分在几何上与物理上的应用, 要求读者具有一定的几何与物理知识, 并能正确选定微分元与确定积分区间.

（2）求解应用问题的常用方法有两种: 对于某些典型的实际应用问题的几何量或物理量, 已在有关资料中推得求解的相关公式, 读者可以根据题意直接代用这些熟悉的定积分公式. 另一种方法是要求读者根据题意建立适当的坐标系并作图, 选取积分变量, 确定积分区间, 然后结合几何或物理概念列出所求量的微元分析式, 便得所求量值的定积分表达式. 但采用这个微元法时, 对所求量关于分布区间必须是代数可加的.

另外, 请读者注意, 这里的许多几何量与物理量不但可以用定积分来计算, 还可以用二、三重积分或曲面、曲线积分来计算. 例如, 平面图形的面积也可以用二重积分计算; 曲线的弧长可用第一类曲线积分计算; 立体的体积一般都用二重积分或三重积分计算, 特别对于平行截面面积为已知的立体体积的定积分计算的本质上就是二重积分计算的思想; 立体的边界曲面的面积实际上是第一类曲面积分; 变力沿直线作功是变力沿曲线作功的第二类曲线积分的特殊情形. 因此, 如果读者拓宽加深点自身的知识面, 则对掌握定积分的应用问题是大有益处的.

（3）设 $f(x)$ 在 $[a, b]$ 上连续, 则其定积分表达式的微元分析法的关键一步是写出所求量 Q 在任一子区间 $[x, x+\Delta x]$ 上部分量 $\Delta Q = Q(x+\Delta x) - Q(x)$ 的近似值, 即所求量的被积表达式 $f(x)\Delta x$. 而且要求该近似值 $f(x)\Delta x$ 与部分量 ΔQ 之差关于 Δx 为高阶无穷小, 或者说 $f(x)\Delta x$ 与 ΔQ 是等价无穷小, 即有

$$\lim_{\Delta x \to 0} \frac{\Delta Q - f(x)\Delta x}{\Delta x} = 0, \quad \text{或} \quad \lim_{\Delta x \to 0} \frac{f(x)\Delta x}{\Delta Q} = 1.$$

例如, 具有连续导数的非负函数 $y = y(x)$, $a \leqslant x \leqslant b$, 绕 Ox 轴

旋转一周而成的旋转曲面面积 S 的微元是 $\mathrm{d}S = 2\pi y\mathrm{d}l = 2\pi y(x)\sqrt{1+(y'(x))^2}\,\mathrm{d}x$，而不能取为 $2\pi y\mathrm{d}x$，因为它与 ΔS 不是等价无穷小.

6.2.1 定积分在几何中的应用

用定积分表达和计算的几何量主要有：平面图形的面积、平面曲线的弧长、旋转体的体积与其侧面积、已知平行截面面积的立体体积等.

1. 平面图形的面积

根据定积分的几何意义，容易直接用定积分求得平面有界图形的面积.

例 1 求双曲线 $y=\dfrac{1}{x}$ 与直线 $y=x$ 及 $x=2$ 所围平面图形 σ 的面积 σ.

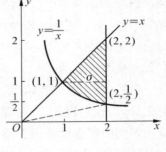

图 6-1

解法 1 题设的平面图形 σ 如图 6-1 所示. 在直角坐标系下，对变量 x 积分得所求图形的面积为

$$\sigma = \int_1^2\left(x-\frac{1}{x}\right)\mathrm{d}x = \left(\frac{1}{2}x^2-\ln x\right)\Big|_1^2 = \frac{3}{2}-\ln 2.$$

或者，对变量 y 积分，则须用直线 $y=1$ 把平面图形 σ 分为 $\dfrac{1}{2}\leqslant y\leqslant 1$ 与 $1\leqslant y\leqslant 2$ 两部分，得所求图形的面积

$$\sigma = \int_{\frac{1}{2}}^1\left(2-\frac{1}{y}\right)\mathrm{d}y + \int_1^2(2-y)\mathrm{d}y = \frac{3}{2}-\ln 2.$$

解法 2 在极坐标系下，题给的曲线 $y=\dfrac{1}{x}$ 为 $r=\dfrac{1}{\sqrt{\sin\theta\cos\theta}}$；$x=2$ 对应为 $r=\dfrac{2}{\cos\theta}$；$y=x$ 对应于 $\theta=\dfrac{\pi}{4}$；交点 $\left(2,\dfrac{1}{2}\right)$ 对应于 $\theta_0=$

$\arctan \dfrac{1}{4}$. 则所求平面图形的面积为

$$\sigma = \frac{1}{2}\int_{\theta_0}^{\frac{\pi}{4}}\left[\left(\frac{2}{\cos\theta}\right)^2 - \left(\frac{1}{\sqrt{\sin\theta\cos\theta}}\right)^2\right]\mathrm{d}\theta$$

$$= \frac{1}{2}\int_{\theta_0}^{\frac{\pi}{4}}\left(4\sec^2\theta - \frac{\sin^2\theta + \cos^2\theta}{\sin\theta\cos\theta}\right)\mathrm{d}\theta$$

$$= \frac{1}{2}\int_{\theta_0}^{\frac{\pi}{4}}\left(4\sec^2\theta - \tan\theta - \cot\theta\right)\mathrm{d}\theta$$

$$= \left(2\tan\theta - \frac{1}{2}\ln|\tan\theta|\right)\Big|_{\theta_0}^{\frac{\pi}{4}} = \frac{3}{2} - \ln 2.$$

注记 本例给出用定积分求平面图形面积的三种解法. 根据平面图形的结构可选定其中一种解法, 使其计算简洁些.

事实上, 平面图形 σ 的面积就是二重积分 $\iint\limits_{\sigma}\mathrm{d}\sigma$. 解法 1 是把这个二重积分化为在直角坐标系下分别先对 x 后对 y 与先对 y 后对 x 的累次积分; 解法 2 是这个二重积分在极坐标系下的计算. 总之, 求平面图形面积的定积分方法与二重积分方法在本质上是一致的.

例 2 求下列平面图形的面积 σ.

(1) 叶形线 $x^3 + y^3 = 3axy(a \neq 0)$ 圈套所围成的平面图形 σ_1.

(2) 星形线 $x^{\frac{2}{3}} + y^{\frac{2}{3}} = a^{\frac{2}{3}}$ 所围的平面图形 σ_2.

解 (1) 将叶形线 (图 6-2) 化成极坐标方程求解. 为此令 $x = r\cos\theta$, $y = r\sin\theta$ 代入原方程, 得

$$r(\theta) = \frac{3a\cos\theta\sin\theta}{\cos^3\theta + \sin^3\theta}, \quad 0 \leqslant \theta \leqslant \frac{\pi}{2}.$$

于是, 叶形线圈套所围成的平面图形 σ_1 的面积为

$$\sigma_1 = \int_0^{\frac{\pi}{2}}\frac{1}{2}r^2(\theta)\mathrm{d}\theta = \frac{9a^2}{2}\int_0^{\frac{\pi}{2}}\frac{\cos^2\theta\sin^2\theta}{(\cos^3\theta + \sin^3\theta)^2}\mathrm{d}\theta$$

$$= \frac{9a^2}{2}\int_0^{\frac{\pi}{2}}\frac{\tan^2\theta}{(1 + \tan^3\theta)^2}\mathrm{d}\tan\theta = -\frac{3}{2}a^2\frac{1}{1 + \tan^3\theta}\Big|_0^{\frac{\pi}{2}} = \frac{3}{2}a^2.$$

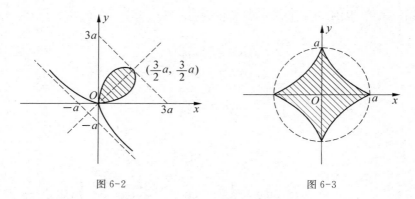

图 6-2   图 6-3

（2）由平面图形 σ_2 的对称性知，该星形线（图 6-3）所围的平面图形 σ_2 的面积是其在第一象限部分面积的 4 倍. 显然，该星形线在第一象限部分的参数方程为 $\begin{cases} x = a\cos^3 t, \\ y = a\sin^3 t, \end{cases} 0 \leqslant t \leqslant \dfrac{\pi}{2}$，则所求的平面图形 σ_2 的面积为

$$\sigma_2 = 4\int_0^a y\,dx = 4\int_{\frac{\pi}{2}}^0 a\sin^3 t(-3a\cos^2 t\sin t)\,dt$$

$$= 12a^2\int_0^{\frac{\pi}{2}}(\sin^4 t - \sin^6 t)\,dt$$

$$= 12a^2\left(\frac{3}{4}\,\frac{\pi}{4} - \frac{5}{6}\,\frac{3}{4}\,\frac{\pi}{4}\right) = \frac{3}{8}\pi a^2.$$

注记　（i）本例（2）是将曲线的参数方程直接代入求平面图形在直角坐标系中的面积公式进行计算.

（ii）同样，求本例给定的平面图形 σ 面积也可以用二重积分 $\iint\limits_{\sigma} d\sigma$ 计算. 其中，本例（1）是在极坐标系中计算该二重积分；本例（2）用格林公式把这个二重积分化为第二类平面曲线积分进行计算，这也是一种很有效的方法.

例 3　设过原点 $O(0,0)$ 的曲线 L 是一单调增加函数的图像，过 $y = x^2$ 上任一点 $M(x, y)$ 分别作垂直于 Ox 轴与 Oy 轴的直线记为 l_1

与 l_2. 如果曲线 $y = \dfrac{1}{3}x^2$，$y = x^2$ 与 l_1 所围平面图形的面积等于曲线

$y = x^2$ 与 L，l_2 所围平面图形的面积，试求

曲线 L 的方程 $x = \varphi(y)$.

解　按题意作图为图 6-4，两平面图

形面积为

图 6-4

$$\int_0^x \left(x^2 - \frac{1}{3}x^2 \right) \mathrm{d}x = \int_0^y (\sqrt{y} - \varphi(y)) \mathrm{d}y.$$

两边对 x 求导得

$$\frac{2}{3}x^2 = (\sqrt{y} - \varphi(y)) \frac{\mathrm{d}y}{\mathrm{d}x}.$$

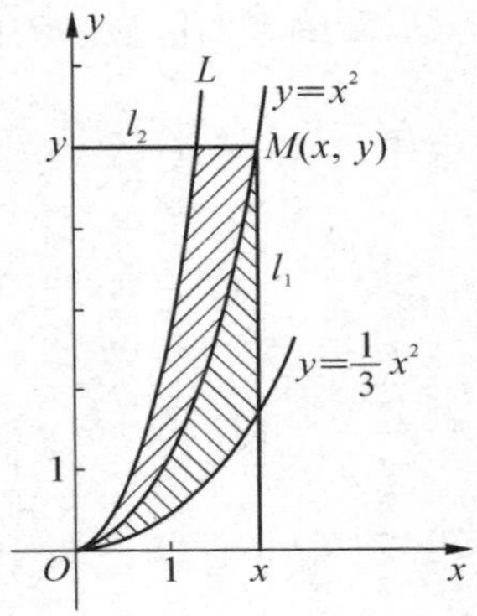

它满足条件 $y = x^2$，故有 $\dfrac{2}{3}x^2 = 2x(x -$

$\varphi(x^2))$，即有 $\varphi(x^2) = \dfrac{2}{3}x$，则 $\varphi(y) = \dfrac{2}{3}\sqrt{y}$. 于是所求的曲线 L 的方

程为

$$x = \frac{2}{3}\sqrt{y}, \quad \text{或} \quad y = \frac{9}{4}x^2.$$

例 4　设平面曲线 L 的方程为 $\begin{cases} x = t^2 + 1, \\ y = t^2 - 4t, \end{cases} t \geqslant 0$，记 L 上点

$(x_0, y_0) = (t_0^2 + 1, t_0^2 - 4t_0)$ 处切线为 l，若曲线 L 及其切线 l 与直线

$x = 2x_0$. 所围的平面区域 σ 的面积为 $\dfrac{44}{3} - 8\sqrt{3}$，试求切点 (x_0, y_0).

解法 1　因由参数方程确定的曲线 L 的导数为

$$\frac{\mathrm{d}y}{\mathrm{d}x} = \frac{2t - 4}{2t} = 1 - \frac{2}{t}; \qquad \frac{\mathrm{d}^2 y}{\mathrm{d}x^2} = \frac{1}{t^3} > 0, \ t > 0.$$

故曲线 L 向上凹，且在点 $P_0(x_0, y_0)$ 处切线斜率 $\dfrac{\mathrm{d}y}{\mathrm{d}x}\Big|_{P_0} = 1 - \dfrac{2}{t_0}$. 则曲线

L 在点 $P_0(x_0, y_0)$ 处的切线 l 为

$$y = (t_0^2 - 4t_0) + \left(1 - \frac{2}{t_0}\right)(x - t_0^2 - 1).$$

于是,所围平面区域 σ 的面积为

$$\sigma = \int_{x_0}^{2x_0} \left[y_L(x) - y_l(x)\right]\mathrm{d}x$$

$$= \int_{t_0}^{\sqrt{2t_0^2+1}} \left[(t^2 - 4t) - (t_0^2 - 4t_0) - \left(1 - \frac{2}{t_0}\right)(t^2 - t_0^2)\right](2t)\mathrm{d}t$$

$$= \int_{t_0}^{\sqrt{2t_0^2+1}} \left(\frac{4}{t_0}t^3 - 8t^2 + 4t_0 t\right)\mathrm{d}t$$

$$= \frac{1}{t_0}\left[(2t_0^2 + 1)^2 - t_0^4\right] - \frac{8}{3}(2t_0^2 + 1)^{\frac{3}{2}} + \frac{8}{3}t_0^3 + 2t_0(2t_0^2 + 1) - 2t_0^3.$$

注意,其中 x_0 对应着参数 t_0;$2x_0$ 对应着参数 $t_1 = \sqrt{2t_0^2 + 1}$.

易知,当 $t_0 = 1$ 时,所围平面区域的面积 $\sigma = \frac{44}{3} - 8\sqrt{3}$. 而由曲线 L 的方程知,当 $t_0 = 1$ 时,$x_0 = 2$,$y_0 = -3$,即所求的切点为 $(2, -3)$.

解法 2 显然,曲线 L 在直角坐标系中方程及其导数为

$$y = (x - 1) - 4\sqrt{x-1}, \qquad \frac{\mathrm{d}y}{\mathrm{d}x} = 1 - \frac{2}{\sqrt{x-1}}.$$

则 L 在点 $P_0(x_0, y_0)$ 处切线方程为

$$y = y_0 + \left(1 - \frac{2}{\sqrt{x_0 - 1}}\right)(x - x_0).$$

于是,所围平面区域 σ 的面积为

$$\sigma = \int_{x_0}^{2x_0} \left[(x - 1) - 4\sqrt{x-1} - y_0 - \left(1 - \frac{2}{\sqrt{x_0 - 1}}\right)(x - x_0)\right]\mathrm{d}x$$

$$= \left[\frac{1}{2}(x - 1)^2 - \frac{8}{3}(x - 1)^{\frac{3}{2}} - y_0 x\right.$$

$$\left. - \frac{1}{2}\left(1 - \frac{2}{\sqrt{x_0 - 1}}\right)(x - x_0)^2\right]\Bigg|_{x_0}^{2x_0}$$

$$= \frac{1}{2}(2x_0 - 1)^2 - \frac{1}{2}(x_0 - 1)^2 - \frac{8}{3}(2x_0 - 1)^{3/2} + \frac{8}{3}(x_0 - 1)^{3/2}$$

$$- x_0(x_0 - 1) + 4x_0\sqrt{x_0 - 1} - \frac{1}{2}\Big(1 - \frac{2}{\sqrt{x_0 - 1}}\Big)x_0^2.$$

易见,当 $x_0 = 2$ 时,所围平面区域的面积 $\sigma = \frac{44}{3} - 8\sqrt{3}$,故所求的切点为$(2, -3)$.

注记 本例再次给出参数式函数的相应定积分的两种计算方法.

2. 空间立体的体积

空间立体垂直于Ox轴的截面面积$S(x)$容易由初等方法或定积分求得,且是 $x \in [a, b]$ 的连续函数,则该立体的体积 $V = \int_a^b S(x)\mathrm{d}x$.

特别,以连续曲线为曲边的平面曲边梯形绕坐标轴旋转一周的旋转体体积公式也就是显然的.另外,用柱壳法(套筒法)也可以求得相应旋转体的体积.

例 5 求平面图形 $\sigma = \{(x, y) \mid 0 \leqslant y \leqslant \sin x, 0 \leqslant x \leqslant \pi\}$ 绕 Oy 轴旋转一周的旋转体体积.

解法 1 注意到曲线 $y = \sin x, 0 \leqslant x \leqslant \pi$ 的取值范围为 $0 \leqslant y \leqslant 1$;且在 $0 \leqslant x \leqslant \frac{\pi}{2}$ 时,$x = \arcsin y$;在 $\frac{\pi}{2} \leqslant x \leqslant \pi$ 时,$x = \pi - \arcsin y$,则平面图形 σ 绕 Oy 轴旋转一周的旋转体体积

$$V = \pi\int_0^1\Big[(\pi - \arcsin y)^2 - (\arcsin y)^2\Big]\mathrm{d}y$$

$$= \pi^2\int_0^1(\pi - 2\arcsin y)\mathrm{d}y = 2\pi^2.$$

解法 2 用柱壳法得所求的旋转体体积为

$$V = 2\pi\int_0^\pi xy\mathrm{d}x = 2\pi\int_0^\pi x\sin x\mathrm{d}x$$

$$= 2\pi\left(-x\cos x\Big|_0^\pi + \int_0^\pi \cos x\mathrm{d}x\right) = 2\pi^2.$$

注记 (i) 读者容易求得本例所给平面图形 σ 绕 Ox 轴旋转一周的旋转体体积.

(ii) 记 Oxy 平面上由曲线 $y = f(x) \geqslant 0$, $x = a$, $x = b$, $y = 0$ 围成的平面区域为 σ. 求该区域 σ 绕着垂直于 Ox 轴的直线 $x = x_0$, $x_0 \geqslant b > a$, 旋转一周的旋转体体积 V 似乎用柱壳法更方便些. 它的基本思路是用一串同心圆柱面切割该旋转体. 具体地说, 将该旋转体剖分成以 $x = x_0$ 为中心轴的一系列圆柱薄壳体. 小区间 $[x, x+\mathrm{d}x]$ 上 σ 内的小长条平面微元的面积近似于 $y\mathrm{d}x = f(x)\mathrm{d}x$, 此平面微元绕 $x = x_0$ 轴旋转所得的圆柱薄壳微元体的体积为 ΔV. 当 $\mathrm{d}x$ 很小时可认为此微元柱壳的高 $y = f(x)$ 保持不变. 特别注意该平面微元位于 x 处的直线段到其旋转体中心轴的距离(不妨称它为旋转半径)为 $x_0 - x$. 易知, 该微元柱壳外表面积为 $2\pi(x_0 - x)y = 2\pi(x_0 - x)f(x)$, 其柱壳厚为 $\mathrm{d}x$, 则该柱壳的体积微元为

$$\mathrm{d}V = 2\pi(x_0 - x)y\mathrm{d}x = 2\pi(x_0 - x)f(x)\mathrm{d}x, \quad x \in [a, b].$$

于是, 所求的旋转体体积为

$$V = 2\pi\int_a^b (x_0 - x)y\mathrm{d}x = 2\pi\int_a^b (x_0 - x)f(x)\mathrm{d}x.$$

特别, 当平面区域 σ 绕 Oy 轴旋转一周所得旋转体体积 V_0 为

$$V_0 = 2\pi\int_a^b xy\mathrm{d}x = 2\pi\int_a^b xf(x)\mathrm{d}x.$$

对于一般情形, 若平面区域 σ 由 Oxy 平面上曲线 $y = f(x)$, $y = g(x)$, $f(x) > g(x)$, 与直线 $x = a$, $x = b$ 围成, 则这一区域 σ 绕着直线 $x = x_0$ 旋转一周的旋转体体积 V 的柱壳法公式为

$$V = 2\pi\int_a^b (x_0 - x)[f(x) - g(x)]\mathrm{d}x, \quad x_0 \geqslant b > a.$$

读者通过本例应该认识到: 用定积分求解应用题时不必死套公

式,重要的是领会微元法的实质,灵活选取剖分的方式以及正确写出所求量的微元公式. 例如,由柱壳法得由摆线 $x=a(t-\sin t)$, $y=a(1-\cos t)$ 的一拱 $(0 \leqslant t \leqslant 2\pi)$ 与 Ox 轴围成的平面图形绕 Oy 轴旋转一周所得的旋转体体积为

$$V = 2\pi \int_0^{2\pi a} xy\,\mathrm{d}x = 2\pi a^3 \int_0^{2\pi} (t-\sin t)(1-\cos t)^2\,\mathrm{d}t = 6\pi^3 a^3.$$

例 6 已知一抛物线通过 Ox 轴上的两点 $A(1,0)$, $B(3,0)$,在 $0 \leqslant x \leqslant 1$ 段上它与 Ox 轴、Oy 轴一起围成的平面图形为 S_1,在 $1 \leqslant x \leqslant 3$ 段上它与 Ox 轴围成的平面图形为 S_2.

(1) 求证 S_1 与 S_2 的面积相等;

(2) 求 S_1 与 S_2 绕 Ox 轴旋转一周所产生的两个旋转体体积之比;

(3) 求 S_1 与 S_2 绕 Oy 轴旋转一周所产生的两个旋转体体积之比.

解法 1 用 x 作为积分变量.

设过 A,B 两点的抛物线方程为 $y=k(x-1)(x-3)$, $k \neq 0$. 请读者自行画出它的图形.

(1) 显然,当 $x \in [0,1)$ 时 $(x-1)(x-3)>0$;当 $x \in (1,3]$ 时 $(x-1)(x-3)<0$. 故图形 S_1 的面积为

$$\int_0^1 |k(x-1)(x-3)|\,\mathrm{d}x = |k| \int_0^1 (x^2-4x+3)\,\mathrm{d}x = \frac{4}{3}|k|;$$

图形 S_2 的面积为

$$\int_1^3 |k(x-1)(x-3)|\,\mathrm{d}x = |k| \int_1^3 (4x-x^2-3)\,\mathrm{d}x = \frac{4}{3}|k|.$$

因此,S_1 与 S_2 的面积相等.

(2) S_1 绕 Ox 轴旋转一周所得旋转体体积为

$$\pi \int_0^1 k^2(x-1)^2(x-3)^2\,\mathrm{d}x$$

$$= \pi k^2 \int_0^1 [(x-1)^4 - 4(x-1)^3 + 4(x-1)^2]\,\mathrm{d}x = \frac{38}{15}\pi k^2;$$

S_2 绕 x 轴旋转一周所得旋转体体积为

$$\pi \int_1^3 k^2 (x-1)^2 (x-3)^2 \mathrm{d}x$$

$$= \pi k^2 \int_1^3 [(x-1)^4 - 4(x-1)^3 + 4(x-1)^2] \mathrm{d}x = \frac{16}{15} \pi k^2.$$

因此,二者之比为 $19:8$.

（3）利用柱壳法计算. 位于 $[x, x+\mathrm{d}x] \subset [0, 1]$ 的圆柱薄壳体积微元是

$$\mathrm{d}V_1 = 2\pi x \mid y \mid \mathrm{d}x = 2\pi \mid k \mid x(x-1)(x-3) \mathrm{d}x,$$

于是,平面图形 S_1 绕 Oy 轴旋转一周所得旋转体体积是

$$V_1 = 2\pi \mid k \mid \int_0^1 x(x-1)(x-3) \mathrm{d}x = \frac{5\pi}{6} \mid k \mid.$$

同样,由于位于 $[x, x+\mathrm{d}x] \subset [1, 3]$ 的圆柱薄壳体积微元是

$$\mathrm{d}V_2 = 2\pi x \mid y \mid \mathrm{d}x = -2\pi \mid k \mid x(x-1)(x-3) \mathrm{d}x,$$

所以,平面图形 S_2 绕 Oy 轴旋转一周所得旋转体体积是

$$V_2 = -2\pi \mid k \mid \int_1^3 x(x-1)(x-3) \mathrm{d}x = \frac{32\pi}{6} \mid k \mid.$$

因此,二者之比为 $5:32$.

解法 2　用 y 作为积分变量.

抛物线方程改写为 $x = 2 \pm \sqrt{\dfrac{1}{k}y + 1}$, $y = -k$ 为其最值点.

（1）图形 S_1 的面积为

$$\left| \int_0^{3k} \left(2 - \sqrt{\frac{1}{k}y + 1} \right) \mathrm{d}y \right| = \left| 6k - \frac{2k}{3} \left(\frac{1}{k}y + 1 \right)^{\frac{3}{2}} \Big|_0^{3k} \right|$$

$$= \left| 6k - \frac{14}{3}k \right| = \frac{4}{3} \mid k \mid;$$

图形 S_2 的面积为

188

$$\left| \int_{-k}^{0} \left[\left(2 + \sqrt{\frac{1}{k}y + 1} \right) - \left(2 - \sqrt{\frac{1}{k}y + 1} \right) \right] dy \right|$$

$$= \left| \frac{4k}{3} \left(\frac{1}{k}y + 1 \right)^{\frac{3}{2}} \Big|_{-k}^{0} \right| = \frac{4}{3} \mid k \mid.$$

故 S_1 与 S_2 的面积相等.

（2）用柱壳法.平面图形 S_1，S_2 绕 Ox 轴旋转一周所得旋转体体积分别为

$$\left| \int_0^{3k} 2\pi xy \, dy \right| = \left| \int_0^{3k} 2\pi \left(2 - \sqrt{\frac{1}{k}y + 1} \right) y \, dy \right|$$

$$= \left| 18\pi k^2 - 2\pi \int_0^{3k} y \sqrt{\frac{1}{k}y + 1} \, dy \right| = \frac{38}{15}\pi k^2 ;$$

$$\left| \int_{-k}^{0} 2\pi y \left[\left(2 + \sqrt{\frac{1}{k}y + 1} \right) - \left(2 - \sqrt{\frac{1}{k}y + 1} \right) \right] dy \right|$$

$$= \left| 4\pi \int_{-k}^{0} y \sqrt{\frac{1}{k}y + 1} \, dy \right| = \frac{16}{15}\pi k^2 .$$

所以,两体积之比为 $19 : 8$.

（3）平面图形 S_1，S_2 绕 Oy 轴旋转一周所得旋转体体积分别为

$$\left| \int_0^{3k} \pi x^2 \, dy \right| = \left| \pi \int_0^{3k} \left(2 - \sqrt{\frac{1}{k}y + 1} \right)^2 dy \right| = \frac{5\pi}{6} \mid k \mid ,$$

$$\left| \int_{-k}^{0} \pi \left[\left(2 + \sqrt{\frac{1}{k}y + 1} \right)^2 - \left(2 - \sqrt{\frac{1}{k}y + 1} \right)^2 \right] dy \right|$$

$$= \left| \int_{-k}^{0} 8\pi \sqrt{\frac{1}{k}y + 1} \, dy \right| = \frac{16}{3} \mid k \mid .$$

所以,二者体积之比为 $5 : 32$.

注记 用定积分求平面图形的面积或旋转体体积等时,既可选 x 作为积分变量,也可用 y 做积分变量.

例 7 记 Oxy 平面上的有界区域 σ 是由平面曲线 $y = e^{-x}$ 与直线 $y = e^{-t}(t \in [0, 1])$ 以及直线 $x = 1$ 与 $x = 0$ 所围成的.试求以下

结果：

(1) 平面区域 σ 的面积 $\sigma(t)$；

(2) (1)中求得的面积 $\sigma(t)$ 在 $0 \leqslant t \leqslant 1$ 上的最小值点 t_0；

(3) 平面区域 σ 绕 Ox 轴旋转一周所得的旋转体体积 V_0；

(4) 平面区域 σ 绕直线 $x = 1$ 旋转一周所得的旋转体体积 V_1.

解 (1) 注意到题给的有界平面区域 σ 是由两块区域 σ_1 与 σ_2 构成的(图 6-5)，其中

$$\sigma_1 = \{(x, y) \mid \mathrm{e}^{-t} \leqslant y \leqslant \mathrm{e}^{-x}, 0 \leqslant x \leqslant t\},$$
$$\sigma_2 = \{(x, y) \mid \mathrm{e}^{-x} \leqslant y \leqslant \mathrm{e}^{-t}, t \leqslant x \leqslant 1\},$$

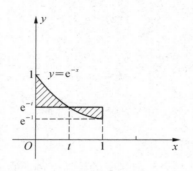

图 6-5

则按定积分的几何意义与分段性性质得平面区域 σ 的面积为

$$\sigma(t) = \int_0^t (\mathrm{e}^{-x} - \mathrm{e}^{-t})\mathrm{d}x + \int_t^1 (\mathrm{e}^{-t} - \mathrm{e}^{-x})\mathrm{d}x$$
$$= \int_0^t \mathrm{e}^{-x}\mathrm{d}x - \mathrm{e}^{-t}\int_0^t \mathrm{d}x + \mathrm{e}^{-t}\int_t^1 \mathrm{d}x - \int_t^1 \mathrm{e}^{-x}\mathrm{d}x$$
$$= 1 + \mathrm{e}^{-1} - (1 + 2t)\mathrm{e}^{-t}.$$

(2) 显然，平面区域 σ 的面积 $\sigma(t) = 1 + \mathrm{e}^{-1} - (1 + 2t)\mathrm{e}^{-t}$ 是参变量 t 在闭区间 $[0, 1]$ 上的连续函数，故 $\sigma(t)$ 必在闭区间 $[0, 1]$ 上取到其最小值与最大值.

令 $\sigma'(t) = (2t - 1)\mathrm{e}^{-t} = 0$，得唯一的驻点 $t_0 = \dfrac{1}{2}$. 因 $\sigma''(t_0) =$

$(3-2t_0)\mathrm{e}^{-t_0} = 2\mathrm{e}^{-\frac{1}{2}} > 0$，故 $t_0 = \dfrac{1}{2}$ 是 $\sigma(t)$ 的极小值点，且 $\sigma(t_0) =$

$1 + \dfrac{1}{\mathrm{e}} - \dfrac{2}{\sqrt{\mathrm{e}}}$.

连续函数 $\sigma(t)$ 在 $[0,1]$ 的边界点 $t = 0$ 与 $t = 1$ 处的函数值分别为

$$\sigma(0) = \int_0^1 (\mathrm{e}^0 - \mathrm{e}^{-x})\mathrm{d}x = \frac{1}{\mathrm{e}},$$

$$\sigma(1) = \int_0^1 (\mathrm{e}^{-x} - \mathrm{e}^{-1})\mathrm{d}x = 1 - \frac{2}{\mathrm{e}}.$$

比较这三点处函数值的大小即知，$t_0 = \dfrac{1}{2}$ 为 $\sigma(t)$ 在 $0 \leqslant t \leqslant 1$ 上的最小值点.

另外，注意到曲线 $y = \mathrm{e}^{-x}$ 是向上凹的以及定积分 $\sigma(0)$ 与 $\sigma(1)$ 所表示的特殊平面区域的面积大小，便有 $\sigma(1) < \sigma(0)$，所以 $\sigma(t)$ 在 $[0,1]$ 上的最大值点是 $t = 0$.

(3) 注意到区域 σ 绕 Ox 轴旋转，则区域 σ 的边界曲线上点到 Ox 轴的距离，也即其相应点的旋转半径分别是 $y = \mathrm{e}^{-x}$ 与 $y = \mathrm{e}^{-t}$，$t \in [0,1]$，于是由旋转体的定积分表示，即得其旋转体体积 $V_0 = V_0(t)$ 是

$$V_0 = \pi \int_0^t \left[(\mathrm{e}^{-x})^2 - (\mathrm{e}^{-t})^2\right]\mathrm{d}x + \pi \int_t^1 \left[(\mathrm{e}^{-t})^2 - (\mathrm{e}^{-x})^2\right]\mathrm{d}x$$

$$= \left(\frac{\pi}{2} - \frac{\pi}{2}\mathrm{e}^{-2t}\right) - \pi t \mathrm{e}^{-2t} + \pi(1-t)\mathrm{e}^{-2t} + \frac{\pi}{2}(\mathrm{e}^{-2} - \mathrm{e}^{-2t})$$

$$= \frac{\pi}{2} + \frac{\pi}{2}\mathrm{e}^{-2} - 2\pi t \mathrm{e}^{-2t},$$

特别，当 $t_0 = \dfrac{1}{2}$ 时

$$V_0\left(\frac{1}{2}\right) = \frac{\pi}{2} + \frac{\pi}{2\mathrm{e}^2} - \frac{\pi}{\mathrm{e}}.$$

（4）**方法 1**　若考虑区域 σ 绕直线 $x=1$ 旋转时，其旋转体体积 V_1 采用对变量 y 的积分，则应关注 σ 的边界曲线 $y=\mathrm{e}^{-x}$，即 $x=-\ln y$ 上点到该旋转体的中心轴直线 $x=1$ 的距离，即其旋转半径是多少，这里的半径为 $1-x=1-(-\ln y)$. 则按旋转体的定积分常规性表示与定积分的分段性性质得 σ 绕 $x=1$ 旋转一周所得的旋转体体积为

$$
\begin{aligned}
V_1(t) &= \pi\int_{\mathrm{e}^{-1}}^{\mathrm{e}^{-t}}\left[1-(-\ln y)\right]^2\mathrm{d}y + \pi\int_{\mathrm{e}^{-t}}^{1}\left\{1^2-\left[1-(-\ln y)\right]^2\right\}\mathrm{d}y \\
&= \pi\int_{\mathrm{e}^{-1}}^{\mathrm{e}^{-t}}\left[1+2\ln y+(\ln y)^2\right]\mathrm{d}y - \pi\int_{\mathrm{e}^{-t}}^{1}\left[2\ln y+(\ln y)^2\right]\mathrm{d}y \\
&= \pi(2t^2\mathrm{e}^{-t}+\mathrm{e}^{-t}-2\mathrm{e}^{-1}).
\end{aligned}
$$

特别，当 $t_0=\dfrac{1}{2}$ 时，$V_1\left(\dfrac{1}{2}\right)=\left(\dfrac{3}{2\sqrt{\mathrm{e}}}-\dfrac{2}{\mathrm{e}}\right)\pi$.

其中，由分部积分法得

$$
\int(\ln y)^2\mathrm{d}y = y(\ln y)^2 - \int 2\ln y\,\mathrm{d}y = y(\ln y)^2 - 2(y\ln y-y) + C.
$$

方法 2　对这个问题的求解，如果按旋转体的定积分**柱壳法**的几何意义计算，则应对变量 x 积分. 并注意到区域 σ 的边界曲线 $y=\mathrm{e}^{-x}$ 上点到旋转中心轴 $x=1$ 的距离（旋转半径）为 $1-x$，由定积分的分段性便得该旋转体的体积为

$$
\begin{aligned}
V_1(t) &= 2\pi\int_0^t(1-x)(\mathrm{e}^{-x}-\mathrm{e}^{-t})\mathrm{d}x + 2\pi\int_t^1(1-x)(\mathrm{e}^{-t}-\mathrm{e}^{-x})\mathrm{d}x \\
&= 2\pi\int_0^t(1-x)\mathrm{e}^{-x}\mathrm{d}x - 2\pi\mathrm{e}^{-t}\int_0^t(1-x)\mathrm{d}x + 2\pi\mathrm{e}^{-t}\int_t^1(1-x)\mathrm{d}x \\
&\quad - 2\pi\int_t^1(1-x)\mathrm{e}^{-x}\mathrm{d}x = \pi(2t^2\mathrm{e}^{-t}+\mathrm{e}^{-t}-2\mathrm{e}^{-1})
\end{aligned}
$$

其中，由分部积分法得

$$
\int(1-x)\mathrm{e}^{-x}\mathrm{d}x = -(1-x)\mathrm{e}^{-x} - \int\mathrm{e}^{-x}\mathrm{d}x = x\mathrm{e}^{-x} + C.
$$

注记 （i）如本例所用的求旋转体体积的两种方法中的任何一种方法，读者都应格外关注相应的旋转半径，因为选定正确的旋转半径才能应对求解以平面上各种直线为中心轴的旋转体体积的问题．

借助于类比思维，读者还可以考虑用柱壳法求相应平面区域 σ 绕直线 $y = y_0$ 旋转一周的旋转体体积．例如，本例第（3）小题所求的旋转体体积 V_0 用柱壳法来计算是

$$V_0 = 2\pi \int_{e^{-t}}^{1} yx\,\mathrm{d}y + 2\pi \int_{e^{-1}}^{e^{-t}} y(1-x)\,\mathrm{d}y$$

$$= 2\pi \int_{e^{-t}}^{1} y(-\ln y)\,\mathrm{d}y + 2\pi \int_{e^{-1}}^{e^{-t}} y[1-(-\ln y)]\,\mathrm{d}y$$

$$= \pi y^2 \left(\frac{1}{2} - \ln y\right)\Big|_{e^{-t}}^{1} + \pi(e^{-2t} - e^{-2}) + \pi y^2 \left(\ln y - \frac{1}{2}\right)\Big|_{e^{-1}}^{e^{-t}}$$

$$= \frac{\pi}{2} + \frac{\pi}{2}e^{-2} - 2\pi t e^{-2t}.$$

其中，由分部积分得

$$\int 2y\ln y\,\mathrm{d}y = y^2 \ln y - \int y^2 y^{-1}\,\mathrm{d}y = y^2 \ln y - \frac{1}{2}y^2 + C.$$

（ii）本例第（4）题还有一种方法是：令 $\begin{cases} u = x-1, \\ v = y, \end{cases}$ 则将 $x-y$ 坐标系变换为 $u-v$ 坐标系，使直线 $x=1$ 变为 v 轴，x 轴取为 u 轴，原点右移了一个单位．这样，原曲线 $y = e^{-x}$. 在 $u-v$ 坐标系中为 $v = e^{-u-1}$，或为 $u = -1 - \ln v$，则题设的平面图形 σ 化为它与直线 $v = e^{-t}$，$u = -1$，$u = 0$ 所围的平面图形，于是原旋转体体积等于这个平面图形绕 v 轴旋转一周的旋转体体积

$$V_1 = \pi \int_{e^{-1}}^{e^{-t}} (-1-\ln v)^2\,\mathrm{d}v + \pi \int_{e^{-t}}^{1} [1-(-1-\ln v)^2]\,\mathrm{d}v.$$

它与方法 1 是一样的．

坐标变换往往可以使有关问题及其计算简洁. 例如, 计算由曲线 $x^2-y^2=2$, $x+y=\sqrt{2}$, $x+y=3\sqrt{2}$ 及 $y=x$ 围成的平面图形绕直线 $y=x$ 旋转一周的旋转体的体积与其侧面积, 可以先作变换

$$u=\frac{1}{\sqrt{2}}(x+y), \quad v=-\frac{1}{\sqrt{2}}(x-y),$$

使其化为在 $u-v$ 坐标系中, 由曲线 $uv=-1$, $u=1$, $u=3$ 及 $v=0$ (即 u 轴) 围成的平面图形绕直线 $v=0$ (即 u 轴) 旋转一周的旋转体的相应问题. 请读者自行完成它们的计算.

(iii) 容易求得下列平面图形 σ 绕直线 $x=2$ 旋转一周的旋转体体积:

(1) σ_1 由 $x^2+y^2 \leqslant 2x$ 与 $y \geqslant x$ 确定.

(2) σ_2 由抛物线 $y=x^2$ 与直线 $y=t^2$, $t \in [0, 2]$ 以及 $x=2$, $x=0$ 围成.

(iv) 实际上, 旋转体的体积也可以用重积分计算. 不过那时候应该先由空间解析几何的知识建立旋转体的侧曲面方程. 详见重积分的几何应用部分.

例 8 设 $f(x)=\lim\limits_{n \to \infty} \dfrac{x}{e^{-nx}-(x^2+1)}$, 求曲线 $y=f(x)$ 与直线 $y=-\dfrac{x}{2}$ 所围平面图形绕 Ox 轴旋转所成旋转体的体积.

解 先求 $f(x)$ 的表达式. 注意到函数 e^x 在 $x \to +\infty$ 与 $x \to -\infty$ 的极限, 可知

$$f(x)=\begin{cases} 0, & x<0, \\ \dfrac{-x}{x^2+1}, & x>0, \end{cases} \quad 且 \lim\limits_{x \to 0} f(x)=0.$$

当 $x>0$ 时, $y=f(x)$ 与 $y=\dfrac{-x}{2}$ 的交点坐标为 $x=1$, 且显然 $0<x<1$ 时 $-\dfrac{x}{2}>\dfrac{-x}{x^2+1}$, 所以所求旋转体体积为

$$\int_0^1 \left[\pi \left(-\frac{x}{x^2+1} \right)^2 - \pi \left(-\frac{x}{2} \right)^2 \right] \mathrm{d}x$$

$$= \pi \left[\int_0^1 \frac{x^2}{(x^2+1)^2} \mathrm{d}x - \int_0^1 \frac{x^2}{4} \mathrm{d}x \right]$$

$$= \pi \left[\left(\frac{\pi}{8} - \frac{1}{4} \right) - \frac{1}{12} \right] = \left(\frac{\pi}{8} - \frac{1}{3} \right) \pi,$$

其中，令 $x = \tan t$ 得

$$\int_0^1 \frac{x^2}{(x^2+1)^2} \mathrm{d}x = \int_0^{\frac{\pi}{4}} \frac{\tan^2 t}{\sec^2 t} \mathrm{d}t = \int_0^{\frac{\pi}{4}} \frac{\sec^2 t - 1}{\sec^2 t} \mathrm{d}t$$

$$= \frac{\pi}{4} - \int_0^{\frac{\pi}{4}} \cos^2 t \mathrm{d}t = \frac{\pi}{4} - \int_0^{\frac{\pi}{4}} \frac{1 + \cos 2t}{2} \mathrm{d}t$$

$$= \frac{\pi}{4} - \frac{1}{2} \left(t + \frac{\sin 2t}{2} \right) \Big|_0^{\frac{\pi}{4}} = \frac{\pi}{8} - \frac{1}{4}.$$

例 9 设曲线 $y = \mathrm{e}^{-\frac{1}{2}x} \sqrt{\sin x}$ 在 $x \geqslant 0$ 部分与 Ox 轴所围成的平面区域记为 σ，试求平面区域 σ 绕 Ox 轴旋转所得的旋转体体积 V.

解 注意，函数 $y = \mathrm{e}^{-\frac{1}{2}x} \sqrt{\sin x}$ 的定义域只能是使 $\sin x$ 取正值的区间，即 $x \in [2k\pi, (2k+1)\pi]$，$k = 0, 1, 2, \cdots$. 则平面区域 σ 绕 Ox 轴旋转所得的旋转体体积为

$$V = \lim_{n \to +\infty} \sum_{k=0}^n \int_{2k\pi}^{(2k+1)\pi} \pi \mathrm{e}^{-x} \sin x \mathrm{d}x.$$

因为由分部积分得

$$\int \mathrm{e}^{-x} \sin x \mathrm{d}x = -\mathrm{e}^{-x} \cos x - \int \mathrm{e}^{-x} \cos x \mathrm{d}x$$

$$= -\mathrm{e}^{-x} \cos x - \mathrm{e}^{-x} \sin x - \int \mathrm{e}^{-x} \sin x \mathrm{d}x,$$

故得定积分

$$\int_{2k\pi}^{(2k+1)\pi} \mathrm{e}^{-x} \sin x \mathrm{d}x = -\frac{1}{2} (\cos x + \sin x) \mathrm{e}^{-x} \Big|_{2k\pi}^{(2k+1)\pi}$$

$$= \frac{1}{2} (1 + \mathrm{e}^{-\pi}) \mathrm{e}^{-2k\pi}.$$

于是,所求的体积

$$V = \lim_{n \to +\infty} \frac{\pi}{2}(1 + e^{-\pi}) \sum_{k=0}^{n} e^{-2k\pi}$$

$$= \frac{\pi}{2}(1 + e^{-\pi}) \lim_{n \to +\infty} \frac{1 - (e^{-2\pi})^n}{1 - e^{-2\pi}} = \frac{\pi}{2(1 - e^{-\pi})}.$$

例 10 设 $f(x)$ 在 $[0,1]$ 上连续且可导,在 $(0,1)$ 内 $f(x) > 0$,还满足

$$xf'(x) = f(x) + \frac{3}{2}tx^2;$$

又设 $y = f(x)$ 与 $x = 1$, $y = 0$ 所围的平面图形 σ 的面积等于 2. 试求函数 $y = f(x)$;并求使平面图形 σ 绕 Ox 轴旋转一周的旋转体体积最小时常数 t 的值.

解 因 $f(x)$ 在 $x = 0$ 处连续,则由题设条件

$$\frac{\mathrm{d}}{\mathrm{d}x}\left(\frac{f(x)}{x}\right) = \frac{xf'(x) - f(x)}{x^2} = \frac{3}{2}t, \quad x \neq 0,$$

得 $f(x) = \frac{3}{2}tx^2 + Cx$, $x \in [0,1]$,其中 $f(0) = 0$.

因平面图形 σ 的面积为

$$\int_0^1 f(x)\mathrm{d}x = \int_0^1 \left(\frac{3}{2}tx^2 + Cx\right)\mathrm{d}x = \frac{1}{2}t + \frac{1}{2}C = 2,$$

故 $C = 4 - t$,所以 $f(x) = \frac{3}{2}tx^2 + (4 - t)x$.

平面图形 σ 绕 Ox 轴旋转一周的旋转体体积

$$V(t) = \pi\int_0^1 \left[\frac{3}{2}tx^2 + (4 - t)x\right]^2 \mathrm{d}x = \frac{\pi}{3}\left(\frac{1}{10}t^2 + t + 16\right).$$

令 $\frac{\mathrm{d}V}{\mathrm{d}t} = \frac{\pi}{3}\left(\frac{1}{5}t + 1\right) = 0$,得 $t_0 = -5$,且 $\frac{\mathrm{d}^2V}{\mathrm{d}t^2} = \frac{\pi}{15} > 0$,则当 $t_0 = -5$ 时该旋转体的体积最小.

例 11 设某容器形状是由曲线 $x = f(y)$ 在 Oy 轴上方部分绕

Oy 轴旋转而成的立体,今按速率 $2t\,\mathrm{cm}^3/\mathrm{s}$ 往里倒水,为使水平面上升速度恒为 $\dfrac{2}{\pi}\,\mathrm{cm/s}$,$f(y)$ 应是怎样的函数?

解 设 t 时刻水平面高度为 $h=h(t)$,则 $h(0)=0$,$\dfrac{\mathrm{d}h}{\mathrm{d}t}=\dfrac{2}{\pi}$,因此,$h=\dfrac{2}{\pi}t$,当水面高度为 h 时的水量为

$$V(h)=\int_0^h \pi f^2(y)\mathrm{d}y,$$

因此,$\dfrac{\mathrm{d}V}{\mathrm{d}h}=\pi f^2(h)$. 由于 $\dfrac{\mathrm{d}V}{\mathrm{d}t}=\dfrac{\mathrm{d}V}{\mathrm{d}h}\dfrac{\mathrm{d}h}{\mathrm{d}t}=\pi f^2(h)\dfrac{2}{\pi}=2f^2(h)$ 及题设 $\dfrac{\mathrm{d}V}{\mathrm{d}t}=2t$ 知 $f(h)=\sqrt{t}$,所以 $f\left(\dfrac{2}{\pi}t\right)=\sqrt{t}$,由此解得 $f(y)=\sqrt{\dfrac{\pi}{2}y}$.

注记 设一容器的内壁是由抛物线 $y=\dfrac{3}{8}x^2$ 绕 Oy 轴旋转一周而成的旋转抛物面,开口朝上,其内盛有高为 H 的水,现将半径为 r 的铁球完全浸入水中,且水未溢出,请读者求解其水平面上升的高度.

例 12 设空间直角坐标系 $Oxyz$ 中平面 π 过点 $A(O,R,H)$,$R>0$,$H>0$,且与 Oz 轴正方向成 α 角;立体 V 由圆柱面 $x^2+y^2=R^2$ 与平面 π 及平面 $z=0$ 围成;其中,$\alpha\geqslant\arctan\dfrac{2R}{H}$,试求该立体 V 的体积.

解法 1 题设所围立体是一段圆柱体,如图 6-7(a) 所示. 这段立体用 Oyz 平面所截的截面为图 6-7(b) 所示,其中注意到 $\tan\alpha\geqslant\dfrac{2R}{H}$ 便知所截截面是一梯形,且它的两平行底边的长分别为 H 与 $H_0=H-2R\cot\alpha$. 用位于 $x\in[-R,R]$ 处垂直于 Ox 轴的平面截这段圆柱体得到的截面也是梯形,如图 6-7(c) 所示. 它的两平行底边长分别是

$$H_1=H-(R-y)\cot\alpha,\qquad H_2=H-(R+y)\cot\alpha.$$

于是,位于 $x\in[-R,R]$ 处垂直于 Ox 轴的截面梯形的面积为

$$A(x) = 2y(H - R\cot\alpha) = 2(H - R\cot\alpha)\sqrt{R^2 - x^2}.$$

所以,所求的这段圆柱体体积为

$$V = \int_{-R}^{R} A(x)\,\mathrm{d}x = 4(H - R\cot\alpha)\int_{0}^{R}\sqrt{R^2 - x^2}\,\mathrm{d}x$$
$$= \pi R^2(H - R\cot\alpha).$$

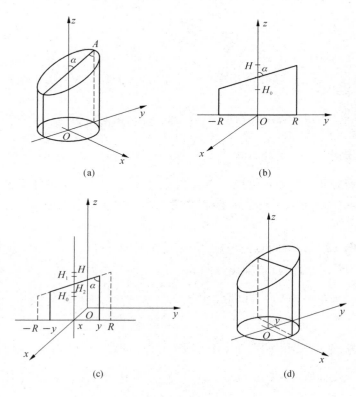

图 6-7

解法 2　过点 $A(O, R, H)$ 且与 Oz 轴正方向成 α 角的平面的法矢量为 $-\cos\alpha\,\boldsymbol{j} + \sin\alpha\,\boldsymbol{k}$,故该平面方程为

$$-\cos\alpha(y - R) + \sin\alpha(z - H) = 0,$$

即　　　　　　　　$z = y\cot\alpha + (H - R\cot\alpha).$

用位于 $y \in [-R, R]$ 处垂直于 Oy 轴的平面截这段圆柱体得到的截面都是长方形,如图 6-7(d)所示. 这个长方形截面的高为 $z = y\cot\alpha + (H - R\cot\alpha)$,宽为 $2x = 2\sqrt{R^2 - y^2}$,则位于 $y \in [-R, R]$ 处垂直于 Oy 轴的长方形截面面积为

$$A(y) = 2\sqrt{R^2 - y^2}(y\cot\alpha + H - R\cot\alpha),$$

所以,所求的这段圆柱体体积为

$$V = \int_{-R}^{R} 2\sqrt{R^2 - y^2}(y\cot\alpha + H - R\cot\alpha)\mathrm{d}y$$

$$= 0 + 4(H - R\cot\alpha)\int_0^R \sqrt{R^2 - y^2}\,\mathrm{d}y = \pi R^2 (H - R\cot\alpha).$$

注记 (i) 本例的两种解法是属于"求已知平行截面面积的立体体积"的问题. 解法 1 是考虑立体的垂直于 Ox 轴的平行截面,它们都为梯形;解法 2 是考虑立体的垂直于 Oy 轴的平行截面,它们都是长方形,其面积均容易求得.

(ii) 如果 $\alpha < \arctan\dfrac{2R}{H}$,则解法 1 中平行截面退化为直角三角形;解法 2 对 y 的定积分的积分限将有所改变. 请读者用这两种解法求解 $\alpha < \arctan\dfrac{2R}{H}$ 时本例考虑的这个立体的体积.

(iii) 一般,"求已知平行截面面积的立体体积"都可以用重积分求解. 例如,直接用重积分表述与计算本例所求的立体体积将比上述解法更为简洁与直观,该立体的体积

$$V = \iint\limits_{x^2+y^2 \leqslant R^2} \mathrm{d}x\mathrm{d}y \int_0^{y\cot\alpha + H - R\cot\alpha} \mathrm{d}z$$

$$= \iint\limits_{x^2+y^2 \leqslant R^2} (y\cot\alpha + H - R\cot\alpha)\mathrm{d}x\mathrm{d}y$$

$$= (H - R\cot\alpha)\iint\limits_{x^2+y^2 \leqslant R^2} \mathrm{d}x\mathrm{d}y + \cot\alpha \iint\limits_{x^2+y^2 \leqslant R^2} y\mathrm{d}x\mathrm{d}y$$

$$= (H - R\cot\alpha)\pi R^2 + \cot\alpha \int_0^{2\pi} \mathrm{d}\theta \int_0^R r^2 \sin\theta\mathrm{d}r$$

$$= (H - R\cot \alpha)\pi R^2.$$

3. 平面曲线的弧长与旋转体的侧面积

在这里,请熟记平面曲线在各类坐标系下弧长的定积分公式与旋转体侧面积的定积分公式. 事实上,它们分别是今后学习的第一类曲线积分与第一类曲面积分的特殊情形.

例 13 求下列平面曲线的弧长 l.

(1) 抛物线 $y = a^2 x^2$ 在直线 $y = 1$ 下方部分的弧段,其中常数 $a > 0$.

(2) 曲线弧段为 $y = \int_0^x \sqrt{\sin t}\,dt$, $0 \leqslant x \leqslant \pi$.

解 (1) 易得 $y = a^2 x^2$ 与 $y = 1$ 的交点为 $(-a^{-1}, 1)$ 与 $(a^{-1}, 1)$. 因该抛物线关于 Oy 轴对称,故所求弧段的弧长为

$$l = 2\int_0^{\frac{1}{a}} \sqrt{1 + (y')^2}\,dx = 2\int_0^{\frac{1}{a}} \sqrt{1 + 4a^4 x^2}\,dx$$

$$= \frac{1}{2a^2}\Big[2a^2 x\sqrt{1 + 4a^4 x^2} + \ln(2a^2 x + \sqrt{1 + 4a^4 x^2}) \Big]\Big|_0^{\frac{1}{a}}$$

$$= \frac{1}{2a^2}\Big[2a\sqrt{1 + 4a^2} + \ln(2a + \sqrt{1 + 4a^2}) \Big].$$

(2) 因 $\dfrac{dy}{dx} = \sqrt{\sin x}$,故所求弧段的弧长为

$$l = \int_0^\pi \sqrt{1 + (y')^2}\,dx = \int_0^\pi \sqrt{1 + \sin x}\,dx = \int_0^\pi \frac{|\cos x|}{\sqrt{1 - \sin x}}\,dx$$

$$= -\int_0^{\frac{\pi}{2}} \frac{d(1 - \sin x)}{\sqrt{1 - \sin x}} + \int_{\frac{\pi}{2}}^\pi \frac{d(1 - \sin x)}{\sqrt{1 - \sin x}} = 4.$$

例 14 设曲线 Γ 的极坐标方程 $r = r(\theta)$, $P(r, \theta)$ 是曲线 Γ 上的任一点,点 $P_0(2, 0)$ 是 Γ 上的一定点,又设极径 OP_0, OP 与曲线 Γ 所围成的曲边扇形面积值等于曲线 Γ 上 P_0, P 两点间弧长值的一半,求曲线 Γ 的方程.

解 由极坐标下平面图形的面积公式以及平面曲线的弧长公

式,得

$$\frac{1}{2}\int_0^\theta r^2\,\mathrm{d}\theta = \frac{1}{2}\int_0^\theta \sqrt{r^2 + \left(\frac{\mathrm{d}r}{\mathrm{d}\theta}\right)^2}\,\mathrm{d}\theta.$$

对该式两边关于 θ 求导,得 $r^2 = \sqrt{r^2 + \left(\dfrac{\mathrm{d}r}{\mathrm{d}\theta}\right)^2}$,即 $\dfrac{\mathrm{d}r}{\mathrm{d}\theta} = \pm\, r\sqrt{r^2 - 1}$,

故有

$$\frac{\mathrm{d}r}{r\sqrt{r^2 - 1}} = \pm\,\mathrm{d}\theta,\quad r(0) = 2,$$

因

$$\int \frac{1}{r\sqrt{r^2 - 1}}\mathrm{d}r = -\int \frac{1}{\sqrt{1 - \dfrac{1}{r^2}}}\mathrm{d}\frac{1}{r} = C - \arcsin\frac{1}{r},$$

故积分上式,得该微分方程的通解为

$$C - \arcsin\frac{1}{r} = \pm\,\theta.$$

把初始条件 $r(0) = 2$ 代入后得 $C = \dfrac{\pi}{6}$,故所求曲线 Γ 的方程是

$$r = \csc\left(\frac{\pi}{6} \pm \theta\right),$$

亦即是直线 $x \pm \sqrt{3}\,y = 2$.

例 15 设曲线 $x = \displaystyle\int_1^t \frac{\cos u}{u}\mathrm{d}u$, $y = \displaystyle\int_1^t \frac{\sin u}{u}\mathrm{d}u$,试求自原点到此曲线右边第一条垂直于 Ox 轴的切线之间的弧长.

解 由 $\dfrac{\mathrm{d}x}{\mathrm{d}t} = \dfrac{\cos t}{t}$, $\dfrac{\mathrm{d}y}{\mathrm{d}t} = \dfrac{\sin t}{t}$ 知 $\dfrac{\mathrm{d}y}{\mathrm{d}x} = \tan t$,因此,$t = \dfrac{\pi}{2}$ 处曲线的切线为曲线在原点右侧的第一条垂直于 Ox 轴的切线. 又由于原点处对应于 $t = 1$,因此,所求弧长为

$$l = \int_1^{\frac{\pi}{2}} \sqrt{\left(\frac{\mathrm{d}x}{\mathrm{d}t}\right)^2 + \left(\frac{\mathrm{d}y}{\mathrm{d}t}\right)^2}\,\mathrm{d}t = \int_1^{\frac{\pi}{2}} \sqrt{\left(\frac{\cos t}{t}\right)^2 + \left(\frac{\sin t}{t}\right)^2}\,\mathrm{d}t$$

$$= \int_1^{\frac{\pi}{2}} \frac{\mathrm{d}t}{t} = \ln\frac{\pi}{2}.$$

例 16 记星形线在第一象限部分的弧段为 l，它的参数方程为
$$\begin{cases} x = a\cos^3 t, \\ y = a\sin^3 t, \end{cases} 0 \leqslant t \leqslant \frac{\pi}{2}.$$
试求（1）弧段 l 的弧长成 $1:3$ 的分点坐标；（2）弧段 l 绕 Ox 轴旋转一周所得的旋转曲面的面积.

解 （1）记弧段 l 的弧长成 $1:3$ 的分点为 $Q(x_0,\ y_0)$，它对应的参数值为 $t_0 \in \left[0,\ \frac{\pi}{2}\right]$. 因 $\dfrac{\mathrm{d}x}{\mathrm{d}t} = -3a\cos^2 t\sin t\,\mathrm{d}t$，$\dfrac{\mathrm{d}y}{\mathrm{d}t} = 3a\sin^2 t\cos t\,\mathrm{d}t$，故由点 $P(a,\ 0)$ 到分点 $Q(x_0,\ y_0)$ 一段星形线弧长为

$$l(t_0) = \int_0^{t_0} \sqrt{\left(\frac{\mathrm{d}x}{\mathrm{d}t}\right)^2 + \left(\frac{\mathrm{d}y}{\mathrm{d}t}\right)^2}\,\mathrm{d}t = 3a\int_0^{t_0} \sin t\cos t\,\mathrm{d}t$$

$$= \frac{3}{4}a(1-\cos 2t_0),$$

其中，点 $P(a,\ 0)$ 的参数值为 $t = 0$. 显然，当 $t_0 = \dfrac{\pi}{2}$ 时 $l\left(\dfrac{\pi}{2}\right) = \dfrac{3}{2}a$ 为星形线在第一象限部分的弧长.

使弧段 l 的弧长成 $1:3$，就是使

$$\frac{3}{4}a(1-\cos 2t_0) = \frac{1}{4}\,\frac{3}{2}a,$$

或

$$\frac{3}{4}a(1-\cos 2t_0) = \frac{3}{4}\,\frac{3}{2}a,$$

即使 $\cos 2t_0 = \pm\dfrac{1}{2}$，则得 $t_0 = \dfrac{\pi}{6}$ 或 $\dfrac{\pi}{3}$. 把 t_0 代入星形线方程得所求的分点为 $\left(\dfrac{3\sqrt{3}}{8}a,\ \dfrac{1}{8}a\right)$ 或 $\left(\dfrac{1}{8}a,\ \dfrac{3\sqrt{3}}{8}a\right)$.

（2）弧段 l 绕 Ox 轴旋转一周的旋转曲面的面积为

$$S = 2\pi \int_0^{\frac{3}{2}a} y \, \mathrm{d}l = 2\pi \int_0^{\frac{\pi}{2}} a \sin^3 t \sqrt{\left(\frac{\mathrm{d}x}{\mathrm{d}t}\right)^2 + \left(\frac{\mathrm{d}y}{\mathrm{d}t}\right)^2} \, \mathrm{d}t$$

$$= 6\pi a^2 \int_0^{\frac{\pi}{2}} \sin^4 t \cos t \, \mathrm{d}t = \frac{6}{5}\pi a^2.$$

例 17 设 Oyz 平面上曲线 $z = 13 - y^2$ 与 $y^2 + z^2 = 25$ 分别绕 Oz 轴旋转一周所得的旋转曲面记为 S_0 与 S, 曲面 S_0 将曲面 S 分成三部分, 试求这三部分曲面的面积之比.

解 联立两曲线方程得 $z^2 - z - 12 = 0$, 即 $z = -3$ 或 $z = 4$. 于是, 题给两曲线的交点为 $B(0, 3, 4)$ 与 $C(0, 4, -3)$, 又记点 $A(0, 0, 5)$. 旋转曲面 S 在平面 $z = 4$ 上方的部分曲面记为 S_1, 即 S_1 是由 $y^2 + z^2 = 25$ 上圆弧段 $\overset{\frown}{AB}$ 绕 Oz 轴旋转一周的旋转曲面; 旋转曲面 S 夹在平面 $z = 4$ 与 $z = -3$ 之间的部分曲面记为 S_2, 即 S_2 是由 $y^2 + z^2 = 25$ 上圆弧段 $\overset{\frown}{BC}$ 绕 Oz 轴旋转一周的旋转曲面. 显然, 曲面 S 是半径为 5 的球面, 它的总面积 $S = 100\pi$.

因为 $y^2 + z^2 = 25$ 的弧长微分 $\mathrm{d}l = \sqrt{1 + \left(\frac{\mathrm{d}y}{\mathrm{d}z}\right)^2} \, \mathrm{d}z = \frac{5}{\sqrt{25 - z^2}} \mathrm{d}z$,

所以由旋转体侧面积的定积分计算方法得曲面 S_1 与 S_2 的面积分别为

$$S_1 = \int_{\overset{\frown}{AB}} 2\pi y \, \mathrm{d}l = \int_4^5 2\pi \sqrt{25 - z^2} \, \frac{5}{\sqrt{25 - z^2}} \mathrm{d}z = 10\pi,$$

$$S_2 = \int_{\overset{\frown}{BC}} 2\pi y \, \mathrm{d}l = \int_{-3}^4 2\pi \sqrt{25 - z^2} \, \frac{5}{\sqrt{25 - z^2}} \mathrm{d}z = 70\pi,$$

于是, 旋转曲面 S 被曲面 S_0 所截的三部分面积比为

$$10\pi : 70\pi : (100\pi - 10\pi - 70\pi) = 1 : 7 : 2.$$

注记 (i) 请读者用定积分求解本例所给的旋转曲面 S_0 在旋转曲面 S 内部部分的面积为 $\frac{\pi}{6}(65^{\frac{3}{2}} - 37^{\frac{3}{2}})$.

(ii) 由空间解析几何知识得知, 旋转曲面 S_0 与 S 的方程为

$$S_0 : z = 13 - x^2 - y^2; \quad S : x^2 + y^2 + z^2 = 25.$$

若按第一类曲面积分计算,则得

$$S_1 = \iint\limits_{S_1} \mathrm{d}S = \iint\limits_{x^2 + y^2 \leqslant 9} \frac{5}{\sqrt{25 - x^2 - y^2}} \mathrm{d}x\mathrm{d}y = \int_0^{2\pi} \mathrm{d}\theta \int_0^3 \frac{5r}{\sqrt{25 - r^2}} \mathrm{d}r$$
$$= 10\pi.$$

$$S_2 = \iint\limits_{S_2} \mathrm{d}S$$

$$= \iint\limits_{9 \leqslant x^2 + y^2 \leqslant 25} \frac{5}{\sqrt{25 - x^2 - y^2}} \mathrm{d}x\mathrm{d}y + \iint\limits_{16 \leqslant x^2 + y^2 \leqslant 25} \frac{5}{\sqrt{25 - x^2 - y^2}} \mathrm{d}x\mathrm{d}y$$

$$= \int_0^{2\pi} \mathrm{d}\theta \int_3^5 \frac{5r}{\sqrt{25 - r^2}} \mathrm{d}r + \int_0^{2\pi} \mathrm{d}\theta \int_4^5 \frac{5r}{\sqrt{25 - r^2}} \mathrm{d}r = 70\pi.$$

6.2.2 定积分在物理中的应用

用定积分表达和计算的物理量主要有:变力沿直线作功;液体的静压力;某些密度分布不均匀物体的质量与质心;引力以及连续函数在闭区间上的平均值等.

1. 静压力

例 18 设有一梯形闸门的上底为 $2a$,下底为 $2b$,高为 h,把它垂直置于水面下,且其上底边与水平面平行,相距 l.

(1) 试求该闸门所受的总水压力.

(2) 记梯形闸门的上底边与水平面持平时闸门所受的压力为 F_0,要使闸门所受的压力增加两倍,试求闸门的上底边与水平面的距离.

解 (1) **方法 1** 选取坐标系如图 6-8(a),则梯形一条腰 AB 的点 A 坐标为 (l, a),点 B 为 $(l+h, b)$,由直线的两点式知,直线段 AB 的方程为

$$y - a = \frac{b-a}{h}(x-l).$$

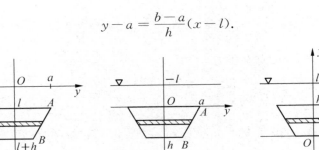

图 6-8

位于微元区间 $[x,\, x+\mathrm{d}x] \subset [l,\, l+h]$ 上小横条面的面积元是 $2y\mathrm{d}x = 2\Big[a + \dfrac{b-a}{h}(x-l)\Big]\mathrm{d}x$，其压强为 ωx，故该小横条面上所受的水压力的微元是

$$\mathrm{d}F = \omega x\, 2y\mathrm{d}x = 2\omega\Big[ax + \frac{b-a}{h}x(x-l)\Big]\mathrm{d}x,$$

其中，ω 是水的相对密度，$\omega = 1$.

于是，所求的总压力

$$F = 2\omega\int_{l}^{l+h}\Big[ax + \frac{b-a}{h}x(x-l)\Big]\mathrm{d}x = l(a+b)h + \Big(\frac{1}{3}a + \frac{2}{3}b\Big)h^2.$$

方法 2 选取坐标系如图 6-8(b)，则梯形一条腰 AB 的点 A 坐标为 $(0,\, a)$，点 B 为 $(h,\, b)$，故直线段 AB 的方程为

$$y - a = \frac{b-a}{h}x.$$

位于 $[x,\, x+\mathrm{d}x] \subset [0,\, h]$ 上小横条面的面积元是 $2y\mathrm{d}x = 2\Big(a + \dfrac{b-a}{h}x\Big)\mathrm{d}x$，其压强为 $\omega(x+l)$，则该小横条面上所受的水压力的微元是

$$dF = \omega(x+l)2y\,dx = 2\omega(x+l)\left(a + \frac{b-a}{h}x\right)dx.$$

于是,所求的总水压力

$$F = 2\omega\int_0^h (x+l)\left(a + \frac{b-a}{h}x\right)dx = l(a+b)h + \left(\frac{1}{3}a + \frac{2}{3}b\right)h^2.$$

方法 3 选取坐标系如图 6-8(c),则梯形腰 AB 的点 $A(a, h)$,点 $B(b, 0)$,故直线 AB 的方程为 $y = \dfrac{h}{a-b}(x-b)$.

位于 $[y, y+dy] \subset [0, h]$ 上小横条面的面积元是 $2x\,dy = 2\left(b + \dfrac{a-b}{h}y\right)dy$,其压强为 $\omega(l+h-y)$,则该小横条面上所受的水压力微元是 $dF = 2\omega(l+h-y)\left(b + \dfrac{a-b}{h}y\right)dy$. 于是所求的总压力

$$F = 2\omega\int_0^h (l+h-y)\left(b + \frac{a-b}{h}y\right)dy$$

$$= l(a+b)h + \left(\frac{1}{3}a + \frac{2}{3}b\right)h^2.$$

(2) 由题设知:当 $l = 0$ 时 $F_0 = \dfrac{1}{3}(a+2b)h^2$. 要使闸门所受的压力增加两倍,即使

$$F = l(a+b)h + \frac{1}{3}(a+2b)h^2 = 3F_0 = (a+2b)h^2,$$

解得闸门的上底边与水平面相距 $l = \dfrac{2(a+2b)h}{3(a+b)}$.

注记 定积分的物理应用可以选取不同的坐标系. 在不同的坐标系中,同一物理量的定积分表达式是各不相同的,即被积函数、积分区间、积分变量等都是不一样的,而且积分计算的繁简程度也不一样. 当然,所求得的物理量是物理系统本身固有的确定值,但是其定积分的表达式必须与所选取的坐标系相吻合.

例 19 有一矩形容器内盛满等体积不能充分混合的两种液体,

其中,一种液体的相对密度是另一种液体相对密度的 a 倍 $(a>1)$,设该容器一壁的矩形宽为 $2b$,深为 $2h$,试求该矩形壁所受的压力.

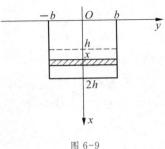

图 6-9

解 设一种液体的相对密度为 ω,另一种液体相对密度为 $a\omega$,则显然相对密度为 ω 的液体在容器的上半部分. 取坐标系如图 6-9 所示,则位于 $[x,\,x+\mathrm{d}x]\subset[0,\,h]$ 上小横条面的面积元为 $2b\mathrm{d}x$,压强为 ωx,故其上所受的压力微元为 $2b\omega x\mathrm{d}x$;若 $[x,\,x+\mathrm{d}x]\subset[h,\,2h]$,则该小横条面的压强为 $\omega h+a\omega(x-h)$,故此时其上所受的压力微元为 $2b\omega[h+a(x-h)]\mathrm{d}x$. 于是,该矩形壁所受的压力为

$$F=\int_0^h 2b\omega x\mathrm{d}x+\int_h^{2h} 2b\omega[h+a(x-h)]\mathrm{d}x=b\omega h^2(3+a).$$

2. 变力沿直线作功

例 20 设一底半径为 r、高为 h 的圆锥形容器被隔成左右对称不相连通的两部分,两部分都盛满水. 若把右半部分的水抽出一部分,使容器的中间隔板的左边所受的压力 F_Z 为右边所受压力 F_Y 的 8 倍,求抽掉右边那部分水所需作的功 W.

解 选取坐标系如图 6-10 所示,则直线段 OA 的方程为 $y=\dfrac{h}{r}x$.

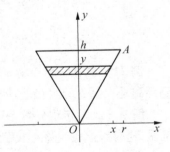

图 6-10

圆锥形容器的左半部分盛满水,位于 $[y,\,y+\mathrm{d}y]\subset[0,\,h]$ 小横条面的面积元为 $2x\mathrm{d}y$,其压强为 $\omega(h-y)$,其中,ω 为水的相对密度,则该小横条面的左边所受压力的微元为 $\omega(h-y)\cdot 2x\mathrm{d}y$,故中间隔板左边所受的压力

$$F_Z = \int_0^h \omega(h-y) \cdot 2x\,\mathrm{d}y = \frac{2\omega r}{h}\int_0^h y(h-y)\,\mathrm{d}y$$

$$= \frac{1}{3}\omega rh^2.$$

设容器的右半部分抽掉一部分水后的水平面高为 t，$0 \leqslant t \leqslant h$，同理可得中间隔板右边所受的压力

$$F_Y = \int_0^t \omega(t-y) \cdot 2x\,\mathrm{d}y = \frac{2\omega r}{h}\int_0^t y(t-y)\,\mathrm{d}y = \frac{\omega rt^3}{3h}.$$

由题设知，$\dfrac{1}{3}\omega rh^2 = \dfrac{8\omega rt^3}{3h}$，故得 $t = \dfrac{1}{2}h$. 即当容器的右半部分的水平面下降到一半时，中间隔板右边受的压力是左边受的压力的 1/8.

要抽掉容器右半部分位于 $\left[\dfrac{h}{2},\ h\right]$ 那部分水所需作的功，为此考察位于 $[y,\ y+\mathrm{d}y] \subset \left[\dfrac{1}{2}h,\ h\right]$ 的半圆形薄片，它的质量元为 $\dfrac{1}{2}\omega\pi x^2\,\mathrm{d}y$，它的位移为 $h-y$，故它所需作的功的微元为 $\dfrac{1}{2}\omega\pi x^2(h-y)\,\mathrm{d}y$，则所需作的功为

$$W = \int_{\frac{1}{2}h}^h \frac{1}{2}\omega\pi x^2(h-y)\,\mathrm{d}y = \frac{\omega\pi r^2}{2h^2}\int_{\frac{1}{2}h}^h (hy^2 - y^3)\,\mathrm{d}y$$

$$= \frac{11}{384}\omega\pi r^2 h^2.$$

例 21 设有一半径为 a 的半球形水池，盛满水. 现将池水全部抽到距离池口高 b 的水箱上，问至少该作多少功.

解法 1 用定积分微元分析法求解. 选取如图 6-11(a) 所示的坐标系，这时水池底线圆的方程为 $x^2 + y^2 = a^2$. 将水抽到水箱中，需克服重力作功. 考虑池内位于 $[x,\ x+\mathrm{d}x] \subset [0,\ a]$ 的圆形薄片中的水提到水箱口所需作的功，它的质量元为 $\omega\pi y^2\,\mathrm{d}x$，其中，$\omega$ 为水的相对密度，它的位移为 $x+b$，功的微元 $\mathrm{d}\omega = \omega\pi y^2(x+b)\,\mathrm{d}x = \omega\pi(x+b)(a^2-x^2)\,\mathrm{d}x$，于是将水池内所有水抽到水箱上所需作的功为

$$W = \int_0^a \omega\pi(x+b)(a^2-x^2)\mathrm{d}x = \omega\pi a^3\left(\frac{2b}{3}+\frac{a}{4}\right).$$

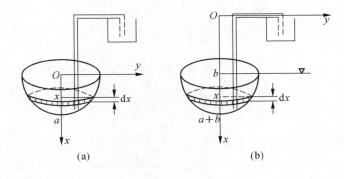

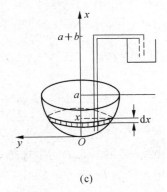

图 6-11

解法 2 选取如图 6-11(b) 所示的坐标系,这时水池底线圆的方程为 $(x-b)^2+y^2=a^2$. 考虑池内位于 $[x, x+\mathrm{d}x] \subset [b, a+b]$ 的圆形薄片中水提至水箱口的位移为 x,功的微元为

$$\mathrm{d}w = x\omega\pi y^2\mathrm{d}x = \omega\pi x[a^2-(x-b)^2]\mathrm{d}x.$$

于是将水池内所有水抽到水箱内所需作的功为

$$W = \int_b^{a+b} \omega\pi x[a^2-(x-b)^2]\mathrm{d}x = \omega\pi\left(\frac{2}{3}a^3b+\frac{1}{4}a^4\right).$$

解法 3 选取如图 6-11(c) 所示的坐标系,这时水池底线圆的方程为 $(x-a)^2+y^2=a^2$,池内位于 $[x, x+\mathrm{d}x]\subset[0, a]$ 的圆形薄片中水提至水箱口的位移为 $(a-x)+b$,则所需作的功为

$$W = \omega\pi\int_0^a y^2[(a-x)+b]\mathrm{d}x$$

$$= \omega\pi\int_0^a [a^2-(x-a)^2](a+b-x)\mathrm{d}x$$

$$= \omega\pi a^3\left(\frac{2b}{3}+\frac{a}{4}\right).$$

注记 本例用三重积分微元分析法求解或许更直观些. 选取的坐标系使球体的方程为 $x^2+y^2+z^2\leqslant a^2$,$-a\leqslant z\leqslant 0$. 考虑水池内 (x, y, z) 处的一个体积微元 $\mathrm{d}V$,则它的质量微元为 $\omega\mathrm{d}V$,位移为 $b-z$,因此,功的微元 $\mathrm{d}W=\omega(b-z)\mathrm{d}V$,于是所需作的功为

$$W = \iiint\limits_V \omega(b-z)\mathrm{d}V = \omega\int_{-a}^0 \mathrm{d}z\iint\limits_{D_z}(b-z)\mathrm{d}x\mathrm{d}y$$

$$= \omega\int_{-a}^0 \pi(b-z)(a^2-z^2)\mathrm{d}z = \omega\pi a^3\left(\frac{2b}{3}+\frac{a}{4}\right),$$

其中,$D_z=\{(x, y)\mid x^2+y^2\leqslant a^2-z^2,\ 0\leqslant\mid z\mid\leqslant a\}$.

例 22 设某水箱的底部半径为 r 的半球体,上部为同直径的高为 H 的圆柱体,水箱内水深为 h,且 $0<h-r<H$,求将水全部抽出所需作的功.

解 取坐标系如图 6-12,则底部的半球体的边界圆方程为 $x^2+y^2=r^2$.

考察圆柱体内位于 $[x, x+\mathrm{d}x]\subset$ $[-h+r, 0]$ 的圆形薄片,它的质量元为 $\omega\pi r^2\mathrm{d}x$,其中,ω 为水的相对密度,它的位移为 $H-(-x)=H+x$,故它所作的功的微元 $\mathrm{d}W_1=(H+x)\omega\pi r^2\mathrm{d}x$,则圆柱体内的水抽完所需作的功为

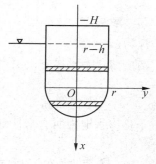

图 6-12

210

$$W_1 = \omega\pi r^2 \int_{r-h}^{0} (H+x)\mathrm{d}x = \frac{1}{2}\omega\pi r^2(h-r)(2H+r-h),$$

考察半球体内位于$[x, x+\mathrm{d}x]\subset[0, r]$的圆形薄片,它的质量元为$\omega\pi y^2\mathrm{d}x = \omega\pi(r^2-x^2)\mathrm{d}x$,它的位移为$H+x$,则半球体内的水抽完所需作的功为

$$W_2 = \omega\pi\int_{0}^{r}(H+x)(r^2-x^2)\mathrm{d}x = \omega\pi r^3\left(\frac{2}{3}H+\frac{1}{4}r\right).$$

于是,所需作的功

$$\begin{aligned}
W &= W_1 + W_2\\
&= \omega\pi r^3\left(\frac{2}{3}H+\frac{1}{4}r\right)+\frac{1}{2}\omega\pi r^2(h-r)(2H+r-h).
\end{aligned}$$

注记 请读者取其他坐标系计算本例所需作的功.

例 23 设有一半径为 R 的匀质半球体沉于水中,其大圆面与水平面齐平,该半球体相对密度为 ω,且 $\omega>1$,现将该半球体捞出水面,并提升到距水平面上方高为 H 的平台上,试求至少所需作的功.

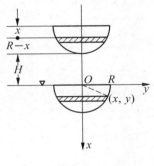

图 6-13

解 取坐标系如图 6-13 所示. 这时,半球体边界圆的方程为 $x^2+y^2=R^2$. 考察位于区间 $[x, x+\mathrm{d}x]$ 上半球体的一薄片捞出水面所需作的功的微元 $\mathrm{d}W_1$ 与将该薄片从水面提升到距水面上方高为 H 的平台上所需作的功的微元 $\mathrm{d}W_2$.

把位于 $[x, x+\mathrm{d}x]$ 上半球体的薄片捞出水面的位移是 x,其重力是

$$(\omega-1)\pi y^2\mathrm{d}x = (\omega-1)\pi(R^2-x^2)\mathrm{d}x.$$

于是,该薄片捞出水面所需作的功

$$\mathrm{d}W_1 = \pi(\omega-1)x(R^2-x^2)\mathrm{d}x,$$

所以，半球体捞出水面所需作的功

$$W_1 = \pi(\omega - 1)\int_0^R x(R^2 - x^2)\mathrm{d}x = \frac{1}{4}\pi(\omega - 1)R^4.$$

要把整个半球体提到水面上方高为 H 的平台上，则位于 $[x, x + \mathrm{d}x]$ 的半球体小薄片在水面上方位移 $H + R - x$，其重力是 $\omega\pi y^2\mathrm{d}x = \omega\pi(R^2 - x^2)\mathrm{d}x$. 于是，半球体从水面提升到距水面上方高为 H 的平台上所需作的功

$$W_2 = \pi\omega\int_0^R (H + R - x)(R^2 - x^2)\mathrm{d}x$$

$$= \frac{2}{3}\pi\omega(H + R)R^3 - \frac{1}{4}\omega\pi R^4$$

所以，将该匀质半球体捞出水面并提升到距水面上方高为 H 的平台上所需作的总功

$$W = W_1 + W_2 = \frac{2}{3}\pi\omega(H + R)R^3 - \frac{1}{4}\pi R^4.$$

注记 （i）如果物体的相对密度 $\omega = 1$，即半球体与水的相对密度相同，则它在水下作上下移动时不作功. 故在 $\omega = 1$ 时把半球体捞出水面并提升到距水面上方高为 H 的平台上所需作的总功 $W = W_2$，其中，$W_1 = 0$. 特别，如果仅把半球体捞出水面，即高 $H = 0$，则 $W = W_2 = \frac{5}{12}\pi\omega R^4$.

再请读者选取其他坐标系求取以上相应问题所需作的功.

（ii）作为练习，请读者求解下题：

为清除井底的污泥，用缆绳将抓斗放入井底，抓住污泥后提出井口（图6-14）. 已知井深 30 m，抓斗自重 400 N，缆绳每米重 50 N，抓斗抓起的污泥重 2 000 N，提升速度 3 m/s，在提升过程中，污泥以 20

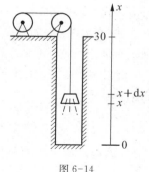

图 6-14

212

N/s 的速率从抓斗缝隙中漏掉. 现将抓起污泥的抓斗提升到井口, 问克服重力需作多少焦耳的功. 其中, 假定抓斗的高度及位于井口上方的缆绳长度忽略不计.

例 24 设水的密度为 1. 现把一个半径为 1, 相对密度为 0.1 的均质球体放入水中.

(1) 求该球体在水中的深度 h 应满足的方程.

(2) 证明 (1) 所建立的方程在开区间 $(0, 2)$ 内有唯一的实根 h_0.

(3) 如果对该球体施加压力, 把它的一半压入水中, 求其克服浮力所作的功 W 关于 h_0 的表达式.

解 取该球体的球面在水下的最低点为坐标系的原点, 过原点与球心的直线为 Ox 轴, 且其正向取为垂直于水平面向上方向, 它的截面图如图 6-15 所示.

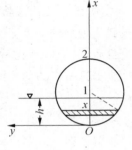

图 6-15

因球体在水中的深度为 h, 故水平面的方程为 $x = h$. 又球面在该平面坐标系 Oxy 的截面圆方程为 $(x-1)^2 + y^2 = 1$.

(1) 由上述分析便知, 球体在水下部分的体积

$$V = \pi \int_0^h y^2 \mathrm{d}x = \pi \int_0^h [1 - (x-1)^2] \mathrm{d}x = \pi \left(h^2 - \frac{1}{3}h^3\right).$$

因水的密度为 1, 于是由物理知识知, 球体所受的浮力为 $\pi \left(h^2 - \frac{1}{3}h^3\right)$. 它应等于该球体的重量 $\frac{4}{3}\pi \times 0.1 = \frac{2}{15}\pi$, 化简得 h 应满足的方程为

$$5h^3 - 15h^2 + 2 = 0.$$

(2) 显然, 函数 $f(h) = 5h^3 - 15h^2 + 2$ 在闭区间 $[0, 2]$ 上连续, 又 $f(0) = 2 > 0$, $f(2) = -18 < 0$, 则根据闭区间上连续函数的性质得方程 $5h^3 - 15h^2 + 2 = 0$ 在开区间 $(0, 2)$ 内至少存在一实根.

因为在 $0 < h < 2$ 时 $f'(h) = 15h^2 - 30h < 0$, 故 $f(h)$ 在 $0 <$

$h<2$ 内严格单调减少,于是方程 $5h^3-15h^2+2=0$ 在 $(0,2)$ 内有唯一实根 h_0. h_0 表示在不加外力时该球体放入水中处于平衡状态时这个球体在水下的深度.

(3) 将球体下压需克服浮力作功. 注意到把球体下压 $\mathrm{d}x$, 克服浮力 $\pi\left(x^2-\dfrac{1}{3}x^3\right)$ 所作的微元功为 $\mathrm{d}W=\pi\left(x^2-\dfrac{1}{3}x^3\right)\mathrm{d}x$, 则所求的克服浮力所作的功

$$W=\pi\int_{h_0}^1\left(x^2-\frac{1}{3}x^3\right)\mathrm{d}x=\pi\left(\frac{1}{4}-\frac{1}{3}h_0^3+\frac{1}{12}h_0^4\right).$$

例 25 用汽锤将一桩打入地层. 设地层对桩的阻力 $f(x)$ 与桩被打入地层的深度 x 成正比(比例常数为 $k,k>0$);且设汽锤第一次击打后将桩打入地层的深度为 a;又设汽锤每次打桩所作的功与其前一次击打所作的功之比为常数 $r,0<r<1$. 试求:

(1) 问汽锤击打第二次后能把桩打入地层多深?

(2) 若不限制击打次数,汽锤最多能将桩打入地下多深?

解 (1) 由题设知,地层对桩的阻力 $f(x)=kx$. 则在小区间 $[x,x+\mathrm{d}x]$ 内桩位移 $\mathrm{d}x$ 克服阻力所作的微元功 $\mathrm{d}W=kx\mathrm{d}x$, 故汽锤第一次击桩所作的功是

$$W_1=\int_0^a kx\mathrm{d}x=\frac{1}{2}ka^2.$$

设汽锤第二次击打后,桩进入地层的总深度为 x_2, 则第二次击桩所作的功是

$$W_2=\int_a^{x_2}kx\mathrm{d}x=\frac{1}{2}k(x_2^2-a^2).$$

再由题设得 $W_2=rW_1$, 即得 $x_2^2=(1+r)a^2$, 则第二次击打后桩打入地层的总深度为 $x_2=a\sqrt{1+r}$.

(2) 记汽锤第 n 次击打后,桩进入地层的总深度为 x_n;第 n 次击桩所作的功为 W_n. 设 $x_n=a\sqrt{1+r+\cdots+r^{n-1}}$, 则

$$W_{n+1} = \int_{x_n}^{x_{n+1}} kx\,\mathrm{d}x = \frac{1}{2}k(x_{n+1}^2 - x_n^2)$$
$$= \frac{1}{2}k[x_{n+1}^2 - a^2(1 + r + \cdots + r^{n-1})].$$

由题设知 $W_{n+1} = rW_n = \cdots = r^n W_1$，即有 $x_{n+1}^2 - a^2(1 + r + \cdots + r^{n-1}) = r^n a^2$，则得

$$x_{n+1} = a\sqrt{1 + r + r^2 + \cdots + r^n} = a\sqrt{\frac{1 - r^{n+1}}{1 - r}}.$$

因 $0 < r < 1$，有 $\lim\limits_{n \to \infty} r^{n+1} = 0$，故 $\lim\limits_{n \to \infty} x_{n+1} = \dfrac{a}{\sqrt{1-r}}$. 即在汽锤的打击次数不受限制时，最多能将桩打入地下的深度为 $\dfrac{a}{\sqrt{1-r}}$.

注记 本例是克服阻力作功的问题，它与前面克服重力作功的问题是不同的，而与克服弹力作功问题类同. 请注意它们微元功选取的差异，并求解. 把弹簧拉长 5 cm 所作的功，其中，已知用 2 kg 的力能拉长弹簧 1 cm.

3. 质量与质心

例 26 （1）求匀质平面图形 $\sigma = \{(x, y) \mid 2 - x \leqslant y \leqslant 4 - x^2, -1 \leqslant x \leqslant 2\}$ 的质心 $(\bar{x}, \bar{y})$，其中，σ 的面密度 μ 为常数.

（2）求平面图形 $\sigma_1 = \{(x, y) \mid 2 - x \leqslant y \leqslant 4 - x^2, 0 \leqslant x \leqslant 2\}$ 绕 Oy 轴旋转一周所得的匀质旋转体 V 的质心 (x, y, z)，其中，V 的体密度 ρ 是常数.

解 （1）显然，平面曲线 $y = 4 - x^2$ 与 $y = 2 - x$ 交于点 $(-1, 3)$ 与 $(2, 0)$，则平面图形 σ（图 6-16）的质量 m 与质心 $(\bar{x}, \bar{y})$ 分别为

$$m = \mu \int_{-1}^{2} [(4 - x^2) - (2 - x)]\,\mathrm{d}x = \mu \int_{-1}^{2} (2 + x - x^2)\,\mathrm{d}x = \frac{9}{2}\mu.$$

$$\bar{x} = \frac{1}{m} \int_{-1}^{2} \mu x[(4 - x^2) - (2 - x)]\,\mathrm{d}x = \frac{2}{9} \int_{-1}^{2} (2x + x^2 - x^3)\,\mathrm{d}x$$

$$= \frac{9}{4} \cdot \frac{2}{9} = \frac{1}{2}.$$

$$\overline{y} = \frac{1}{m}\left\{\int_0^3 \mu y\left[\sqrt{4-y}-(2-y)\right]\mathrm{d}y\right.$$

$$+\int_3^4 \mu y\left[\sqrt{4-y}-(-\sqrt{4-y})\right]\mathrm{d}y\Bigg\}$$

$$= \frac{2}{9}\left[\int_0^3 y\sqrt{4-y}\,\mathrm{d}y - \int_0^3 (2y-y^2)\mathrm{d}y + 2\int_3^4 y\sqrt{4-y}\,\mathrm{d}y\right]$$

$$= \frac{2}{9}\,\frac{162}{15} = \frac{12}{5}.$$

所以,所求匀质平面图形 σ 的质心为 $\left(\dfrac{1}{2}, \dfrac{12}{5}\right)$. 其中,令 $t = \sqrt{4-y}$ 得

$$\int y\sqrt{4-y}\,\mathrm{d}y = \int (4-t^2)t(-2t)\mathrm{d}t = -2\int (4t^2-t^4)\mathrm{d}t$$

$$= \frac{2}{5}t^5 - \frac{8}{3}t^3 + C$$

$$= \frac{2}{5}(4-y)^{\frac{5}{2}} - \frac{8}{3}(4-y)^{\frac{3}{2}} + C.$$

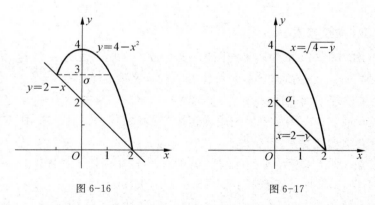

图 6-16   图 6-17

（2）注意到平面图形 σ_1（图 6-17）绕 Oy 轴旋转一周的匀质旋转体 V 关于 Oxy，Oyz 平面都对称,故其质心 $(\widetilde{x}, \widetilde{y}, \widetilde{z})$ 的 $\widetilde{z}=0$，$\widetilde{x}=0$，且该立体 V 的质量 m 与质心的 $\widetilde{y}$ 对 y 的定积分为

$$m = \rho\int_0^4 \pi x_{抛}^2(y)\mathrm{d}y - \rho\int_0^2 \pi x_{直}^2(y)\mathrm{d}y$$

216

$$= \rho\pi\int_0^4 (4-y)\,\mathrm{d}y - \rho\pi\int_0^2 (2-y)^2\,\mathrm{d}y = 8\rho\pi - \frac{8}{3}\rho\pi = \frac{16}{3}\rho\pi.$$

$$\tilde{y} = \frac{1}{m}\left[\int_0^4 \rho\pi yx_{\text{抛}}^2(y)\,\mathrm{d}y - \int_0^2 \rho\pi yx_{\text{直}}^2(y)\,\mathrm{d}y\right]$$

$$= \frac{3}{16}\left[\int_0^4 (4y - y^2)\,\mathrm{d}y - \int_0^2 y(2-y)^2\,\mathrm{d}y\right]$$

$$= \frac{3}{16}\left[\left(32 - \frac{64}{3}\right) - \left(12 - \frac{32}{3}\right)\right] = \frac{7}{4}.$$

所以,匀质旋转体 V 的质心为 $\left(0, \dfrac{7}{4}, 0\right)$.

注记 （i）用重积分计算本例几何图形的质心将更容易理解. 例如,本例(1)平面图形 σ 的质量 m 与质心 $(\overline{x}, \overline{y})$ 分别为

$$m = \iint_\sigma \mu\,\mathrm{d}\sigma = \mu\int_{-1}^2 \mathrm{d}x\int_{2-x}^{4-x^2}\mathrm{d}y = \frac{9}{2}\mu.$$

$$\overline{x} = \frac{1}{m}\iint_\sigma \mu x\,\mathrm{d}\sigma = \frac{2}{9}\int_{-1}^2 x\,\mathrm{d}x\int_{2-x}^{4-x^2}\mathrm{d}y = \frac{1}{2}.$$

$$\overline{y} = \frac{1}{m}\iint_\sigma \mu y\,\mathrm{d}\sigma = \frac{2}{9}\int_{-1}^2 \mathrm{d}x\int_{2-x}^{4-x^2}y\,\mathrm{d}y = \frac{12}{5}.$$

又如,设有一半径为 R 的半圆形薄板 σ 的面密度 $\mu = a + br$,其中,r 为其上点到圆心的距离.

如果用定积分求解该薄板 σ 的质量 m,则应用同心圆将它分割成若干个半圆环(图 6-18),则

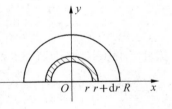

图 6-18

$$m = \int_0^R \mu\pi r\,\mathrm{d}r = \pi\int_0^R (a+br)r\,\mathrm{d}r = \pi\left(\frac{1}{2}aR^2 + \frac{1}{3}bR^3\right).$$

如果用二重积分求解 σ 的质量 m,则由极坐标得

$$m = \iint_\sigma \mu\,\mathrm{d}\sigma = \int_0^\pi \mathrm{d}\theta\int_0^R (a+br)r\,\mathrm{d}r = \pi\left(\frac{1}{2}aR^2 + \frac{1}{3}bR^3\right).$$

同理,用三重积分可以求解本例(2).

(ii) 请读者求解匀质薄板 $\sigma = \{(x, y) \mid x^2 + y^2 \leqslant a^2,\ x + y \geqslant a,\ a > 0\}$ 的质量与质心.

4. 引 力

例 27 设有一长度为 l 的细杆 AB,该细杆上任一点处的线密度与该点到细杆一端(如为 A 端)的距离成正比(比例系数为 μ).

(1) 当一个质量为 m 的质点位于细杆 AB 的延长线上,且距离 A 端为 a 处,求细杆 AB 对质点 m 的引力大小.

(2) 当一个质量为 m 的质点位于细杆 AB 的中垂线上,且距细杆为 h 处,求细杆 AB 对质点 m 的引力大小.

解 (1) 取细杆 AB 的 A 端为坐标原点 O, Ox 轴落在细杆 AB 上,方向指向 B 端,如图 6-19 所示,则在细杆 AB 上任一点 x 处的线密度 $\rho(x) = \mu x$. 于是细杆上一小段区间 $[x, x+\mathrm{d}x] \subset [0, l]$ 的质量元为 $\mu x\,\mathrm{d}x$,把它视作一质点,其到已知质点 m 的距离为 $x + a$. 根据万有引力定律知,这一小段细杆对质点 m 的引力微元大小为

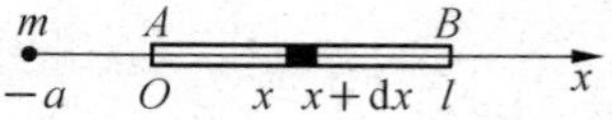

图 6-19

$$\mathrm{d}F = k\,\frac{m\mu x\,\mathrm{d}x}{(x+a)^2}.$$

因此,细杆 AB 对已知质点 m 的引力大小为

$$F = \int_0^l km\mu\,\frac{x}{(x+a)^2}\mathrm{d}x = km\mu\int_0^l \frac{(x+a) - a}{(x+a)^2}\mathrm{d}x$$
$$= km\mu\left[\ln(x+a) + \frac{a}{x+a}\right]\Bigg|_0^l = km\mu\left(\ln\frac{l+a}{a} - \frac{l}{l+a}\right).$$

(2) 取细杆 AB 为 Ox 轴,且其中点为坐标原点 O,细杆 AB 的中垂线为 Oy 轴,其中,质点 m 落在 Oy 轴正向部分,如图 6-20 所示,则细杆 AB 上任一点 x 处的线密度 $\rho(x) = \mu\left(x + \dfrac{l}{2}\right)$. 于是细杆上一小段区间 $[x, x+\mathrm{d}x] \subset \left[-\dfrac{l}{2}, \dfrac{l}{2}\right]$ 的质量元为 $\mu\left(x + \dfrac{l}{2}\right)\mathrm{d}x$,把它看

作一质点,其到已知质点 m 的距离为 $\sqrt{h^2+x^2}$. 根据万有引力定律知,这一小段细杆对已知质点 m 的引力大小的微元为

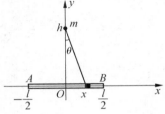

$$k\,\frac{m\mu\left(x+\dfrac{l}{2}\right)\mathrm{d}x}{h^2+x^2},$$

引力的方向从质点 m 指向 x 处,并设它与 Oy 轴上 Om 段的夹角为 θ（图 6-20）. 现把各小段细杆对已知质

图 6-20

点 m 的引力分解成水平分力与垂直分力. 由对称性知,水平分力相互抵消得水平合力为零,为此只需计算其垂直分力,于是,细杆 AB 对已知质点 m 的引力方向垂直向下,引力大小为

$$F=\int_{-\frac{l}{2}}^{\frac{l}{2}}k\,\frac{m\mu\left(x+\dfrac{l}{2}\right)\mathrm{d}x}{h^2+x^2}\cos\theta=km\mu\int_{-\frac{l}{2}}^{\frac{l}{2}}\frac{x+\dfrac{l}{2}}{h^2+x^2}\,\frac{h}{\sqrt{h^2+x^2}}\mathrm{d}x$$

$$=0+km\mu lh\int_{0}^{\frac{l}{2}}\frac{1}{(h^2+x^2)^{3/2}}\mathrm{d}x$$

$$=km\mu lh\,\frac{x}{h^2\sqrt{h^2+x^2}}\bigg|_{0}^{l/2}=\frac{km\mu l^2}{h\sqrt{4h^2+l^2}}.$$

例 28 设有一半径为 R 的质量均匀分布的半圆弧细丝,其线密度为 ω,在半圆弧的圆心处置有一质量为 m 的质点,求该细丝对质点 m 的引力.

解 取坐标系如图 6-21. 由对称性知,细丝对质点的引力在水平的 Ox 轴方向上的分力为零,故只需计算该引力在垂直的 Oy 轴方向上的分力 F_y.

考察圆心角 θ 的位于微区间 $[\theta,\theta+\mathrm{d}\theta]\subset[0,\pi]$ 上的一小段细丝 AB 对质点 m 的引力,这一小段细丝的弧长

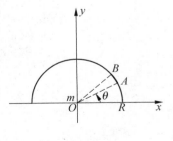

图 6-21

为 $R\mathrm{d}\theta$，故其质量元为 $\omega R\mathrm{d}\theta$. 于是该一小段细丝对质点 m 的 Oy 方向引力微元为

$$\mathrm{d}F_y = k\frac{m\omega R\mathrm{d}\theta}{R^2}\sin\theta = \frac{k\omega m\sin\theta}{R}\mathrm{d}\theta.$$

所以，该半圆弧细丝对质点 m 的引力在垂直的 Oy 方向上分力大小是

$$F_y = \int_0^\pi \frac{k\omega m\sin\theta}{R}\mathrm{d}\theta = \frac{2k\omega m}{R}.$$

5. 平均值

连续函数 $f(x)$ 在区间 $[a,b]$ 上的平均值是 $\dfrac{1}{b-a}\displaystyle\int_a^b f(x)\mathrm{d}x$.

例 29 求下列函数 $f(x)$ 在相应区间上的平均值.

(1) $f_1(x) = \dfrac{x^2}{\sqrt{1-x^2}},\ \dfrac{1}{2} \leqslant x \leqslant \dfrac{\sqrt{3}}{2}$；

(2) $f_2(x) = \begin{cases} A\sin x, & 0 \leqslant x \leqslant \pi, \\ 0, & \pi < x \leqslant 2\pi, \end{cases}$ 其中 A 是常数.

解 (1) 连续函数 $f_1(x)$ 在 $\left[\dfrac{1}{2}, \dfrac{\sqrt{3}}{2}\right]$ 上平均值是

$$\left(\frac{\sqrt{3}}{2} - \frac{1}{2}\right)^{-1}\int_{\frac{1}{2}}^{\frac{\sqrt{3}}{2}} \frac{x^2}{\sqrt{1-x^2}}\mathrm{d}x = \frac{-2}{\sqrt{3}-1}\int_{\frac{1}{2}}^{\frac{\sqrt{3}}{2}}\left(\sqrt{1-x^2} - \frac{1}{\sqrt{1-x^2}}\right)\mathrm{d}x$$

$$= -\frac{2}{\sqrt{3}-1}\left[\left(\frac{1}{2}\arcsin x + \frac{1}{2}x\sqrt{1-x^2}\right) - \arcsin x\right]\Big|_{\frac{1}{2}}^{\frac{\sqrt{3}}{2}}$$

$$= \frac{1}{12}(1+\sqrt{3})\pi.$$

(2) 连续函数 $f_2(x)$ 在 $[0, 2\pi]$ 上平均值是

$$\frac{1}{2\pi-0}\int_0^{2\pi} f(x)\mathrm{d}x = \frac{1}{2\pi}\left(\int_0^\pi A\sin x\mathrm{d}x + \int_\pi^{2\pi} 0\mathrm{d}x\right) = \frac{A}{\pi}.$$

*6. 其他物理量

利用定积分还可以求解其他有关的物理量.

例 30 (1) 试求匀质平面图形 $\sigma = \left\{ (x, y) \left| \dfrac{x^2}{a^2} + \dfrac{y^2}{b^2} \leqslant 1, a > 0, b > 0, \dfrac{x}{a} + \dfrac{y}{b} \geqslant 1 \right. \right\}$ 关于 Oy 轴的转动惯量.

(2) 试求由平面图形 $\sigma = \{ (x, y) \mid (x-b)^2 + y^2 \leqslant a^2, b > a > 0 \}$ 绕 Oy 轴旋转一周而成的匀质立体 V 关于 Oy 轴的转动惯量.

解 (1) 由物理知识知道:转动惯量 $J = mr^2$,其中,m 为质点的质量,r 为质点到某定轴的距离. 记 σ 的面密度为常数 μ. 显然,位于 $[x, x+dx] \subset [0, a]$ 上 σ 的一小条面积为 $\left[b\sqrt{1 - \dfrac{x^2}{a^2}} - b\left(1 - \dfrac{x}{a}\right) \right] dx$,则它对 Oy 轴的转动惯量微元是 $dJ = \mu x^2 b \left[\sqrt{1 - \dfrac{x^2}{a^2}} - \left(1 - \dfrac{x}{a}\right) \right] dx$,于是匀质平面区域 σ 对 Oy 轴的转动惯量

$$
\begin{aligned}
J_1 &= \int_0^a \mu b x^2 \left(\sqrt{1 - \frac{x^2}{a^2}} - 1 + \frac{x}{a} \right) dx \\
&= \frac{\mu b}{a} \int_0^a (x^2 \sqrt{a^2 - x^2} - a x^2 + x^3) dx \\
&= \mu b a^3 \left(\frac{\pi}{16} - \frac{1}{12} \right).
\end{aligned}
$$

其中,令 $x = a\sin t$ 得

$$
\int_0^a x^2 \sqrt{a^2 - x^2} \, dx = a^4 \int_0^{\frac{\pi}{2}} \sin^2 t \cos^2 t \, dt = \frac{1}{16} \pi a^4.
$$

(2) 注意,本例考虑的是旋转立体 V. 它位于 $[x, x+dx] \subset [b-a, b+a]$ 上 σ 的一小条绕 Oy 轴旋转一周的旋转立体的微元体积(柱壳法) 为 $2\pi x \left[\sqrt{a^2 - (x-b)^2} - (-\sqrt{a^2 - (x-b)^2}) \right] dx = 4\pi x \cdot \sqrt{a^2 - (x-b)^2} \, dx$. 记 V 的密度为常数 ρ,则该立体微元对 Oy 轴的转动惯量微元是 $dJ = x^2 4\pi \rho x \cdot \sqrt{a^2 - (x-b)^2} \, dx$. 于是,令 $t = x - b$

221

得匀质旋转立体 V 关于 Oy 轴的转动惯量

$$J_2 = \int_{b-a}^{b+a} 4\pi\rho x^3 \sqrt{a^2 - (x-b)^2}\, \mathrm{d}x = 4\pi\rho \int_{-a}^{a} (t+b)^3 \sqrt{a^2 - t^2}\, \mathrm{d}t$$

$$= 8\pi\rho \int_0^a (3bt^2 + b^3) \sqrt{a^2 - t^2}\, \mathrm{d}t = \frac{3}{2}\rho b\pi^2 a^4 + 2\rho\pi^2 a^2 b^3.$$

例 31 设油在一圆管内的流速 v 沿其横截圆面的直径(取它的某一直径为 x 轴)按抛物线形状分布,即 $v = v_0\left(1 - \dfrac{1}{a^2}x^2\right)$,其中,$a$ 为圆管内半径,v_0 为圆管中心处的速度. 试求油通过圆管的流量 Q.

解 根据题设的流速 v 的分布情况,考察位于 $[x,\, x+\mathrm{d}x] \subset [0,\, a]$ 上的小圆环,它的面积元是 $2\pi x\mathrm{d}x$. 由物理知识可知,流量表示单位时间内流过的流体体积,则该小圆环上油的流量微元 $\mathrm{d}Q = v \cdot 2\pi x\mathrm{d}x = 2\pi v_0 x\left(1 - \dfrac{1}{a^2}x^2\right)\mathrm{d}x$,故油通过圆管的流量

$$Q = \int_0^a v \cdot 2\pi x\mathrm{d}x = 2\pi v_0 \int_0^a x\left(1 - \frac{1}{a^2}x^2\right)\mathrm{d}x = \frac{1}{2}\pi v_0 a^2.$$

例 32 设一总质量为 M、半径为 R 的匀质圆薄板,以角速度为 ω 绕其中心轴(过圆心且垂直于圆薄板的轴)旋转,求此圆薄板的转动动能 E.

解 取圆薄板的中心为原点,其某一直径为 Ox 轴. 考虑位于 $[x,\, x+\mathrm{d}x] \subset [0,\, R]$ 上的小圆环,它的面积元是 $2\pi x\mathrm{d}x$,它的质量元是 $\dfrac{M}{\pi R^2} \cdot 2\pi x\mathrm{d}x = \dfrac{2M}{R^2}x\mathrm{d}x$. 由物理知识知道:动能 $E = \dfrac{1}{2}m\omega^2 r^2$,其中,$r$ 为相应质点到其中心轴的距离. 则该小圆环对其中心轴的转动动能微元是

$$\mathrm{d}E = \frac{1}{2}\frac{2M}{R^2}x\mathrm{d}x\omega^2 x^2 = \frac{\omega^2 M}{R^2}x^3\mathrm{d}x.$$

所以,此圆薄板绕其中心轴的转动动能

$$E = \int_0^R \frac{\omega^2 M}{R^2}x^3\mathrm{d}x = \frac{1}{4}\omega^2 MR^2.$$

注记 其实,用重积分求解上述这些物理量更方便. 例如,以二重积分求解本例如下:取薄板圆心为原点建立直角坐标系,则所求的转动动能

$$E = \iint\limits_{x^2+y^2 \leqslant R^2} \frac{1}{2}\omega^2(x^2+y^2)\frac{M}{\pi R^2}\mathrm{d}x\mathrm{d}y = \frac{M\omega^2}{2\pi R^2}\int_0^{2\pi}\mathrm{d}\theta\int_0^R r^3\,\mathrm{d}r$$

$$= \frac{1}{4}\omega^2 MR^2.$$